VON ZAHLEN UND FIGUREN

PROBEN MATHEMATISCHEN DENKENS
FÜR LIEBHABER DER MATHEMATIK

AUSGEWÄHLT UND DARGESTELLT

VON

HANS RADEMACHER UND OTTO TOEPLITZ

PROFESSOR DER MATHEMATIK
AN DER UNIVERSITÄT
BRESLAU

PROFESSOR DER MATHEMATIK
AN DER UNIVERSITÄT
BONN

ZWEITE AUFLAGE

MIT 129 TEXTFIGUREN

SPRINGER-VERLAG BERLIN HEIDELBERG GMBH 1933

ISBN 978-3-662-35411-7   ISBN 978-3-662-36239-6 (eBook)
DOI 10.1007/978-3-662-36239-6

Vorwort zur ersten Auflage.

Die Mathematik ist durch ihre eigenartige Formelsprache, durch ihre Integral- und Summenzeichen wie durch eine hohe Mauer von der Umwelt abgeschlossen. Was dahinter vor sich geht, bleibt dem Außenstehenden in der Regel ein Geheimnis; er denkt an die „nüchternen Zahlen", an einen blutleeren Mechanismus, der nach Gesetzen von unausweichlicher Notwendigkeit funktioniert. Dem, der auf der Innenseite der Mauer steht, beengt sie vielfach den Blick auf die Außenwelt; nur zu leicht ist er geneigt, die mathematischen Dinge nach einem eigenen Maß zu messen und ist stolz darauf, wenn nichts Profanes in ihren Bereich eindringt.

Ist es möglich, diese Scheidewand zu durchbrechen, Mathematik vor anderen auszubreiten, vor anderen so auszubreiten, daß sie einen Genuß davon haben? Ist solches Erleben der Mathematik nicht auf den engen Kreis derer beschränkt, die spezifisch „mathematisch begabt" sind? Gewiß, mathematisch begabt, d. h. begabt, neue mathematische Wahrheiten selbst zu entdecken, sind nur wenige. Aber auch musikalisch etwa sind nur wenige in dem Sinne, daß sie selbst Stücke von einigem Wert komponieren könnten. Trotzdem gibt es viele musikalische Menschen, die Musik auffassen, vielleicht reproduzieren können, jedenfalls Freude daran haben. Wir glauben, die Quote der Menschen, die *einfache* mathematische Dinge *rezipieren* können, ist nicht geringer als die Quote derer, die man gemeinhin musikalisch nennt — wofern es nur gelingt, die Scheu wegzuschieben, die so viele auf Grund gewisser Jugenderlebnisse allem Mathematischen bewahren.

Dies zu versuchen, zu zeigen, daß die Abneigung gegen die Mathematik weicht, wenn man es nur unternimmt, das wirklich Mathematische unverhüllt zu zeigen, ist die Absicht dieser Blätter. Sie sollen Proben geben von allen den vielgestaltigen Geschehnissen, die sich unter dem Namen Mathematik begreifen, von der Mathematik um ihrer selbst willen, von den *inneren* Werten, die sie um ihrer selbst willen hat.

Es ist schon manches Mal versucht worden, vor Nichtmathematikern von Mathematik zu reden. Aber zumeist hat man sich bemüht, dadurch verständlich zu werden, daß man ihren Nutzen für die übrige Welt in den Vordergrund stellte; man hat den Vorteil geschildert, den sie für irgendeine technische oder sonstige Anwendung darbietet und hat ihn an faßlichen Beispielen erläutert. Oder man hat über mathematische

Spiele und Unterhaltungen Bücher geschrieben, die viel Amüsantes enthalten und doch von dem, was Mathematik ist, nur ein Zerrbild geben. Oder man hat endlich die Grundlagen der Mathematik in ihrer allgemeinen philosophischen Geltung erörtert; und ein Leser dieser Seiten, der auf die reine, die absolute Mathematik eingestellt ist, wird mit besonderer Spannung seinen Sinn gerade auf solche erkenntnistheoretische, weltanschauliche Auswertung der Mathematik richten. Aber auch hierin würden wir im Grunde nur einen äußeren Wert der Mathematik erblicken, ein Suchen ihres Wertes nach Maßstäben außerhalb ihrer selbst.

Nicht einmal die Auswirkung, die die vorzutragenden Gedanken innerhalb der Mathematik selbst haben, sozusagen die inneren Anwendungen auf andere Bereiche des Mathematischen, werden wir zur Geltung bringen können. Auf etwas ganz Wesentliches von der Natur des mathematischen Gebäudes müssen wir damit verzichten, auf die großen, die überraschenden Querverbindungen, die dieses Gebäude nach allen Richtungen durchziehen. An dieser Stelle ist unser Verzicht ein unfreiwilliger; denn es sind die grandiosesten mathematischen Entdeckungen, die sich in der Bloßlegung solcher Querverbindungen, solcher weiten Zusammenhänge offenbart haben. Sie vorzutragen würde umfassende, weitausholende Vorbereitungen erfordern, mehr noch: eine gründliche Trainierung des Aufnehmenden, wie sie nicht in unserer Absicht liegen kann.

Mit einem Wort: das Schwergewicht unserer Darstellung wird nicht auf *Tatsachen* liegen, wie sie andere Wissensgebiete dem Außenstehenden erschließen, sondern auf dem *Typus der Geschehnisse*, auf der *Methode des Fragenstellens*, auf der *Methode, gestellte Fragen zu lösen*. Freilich, das Auffassen der *großen* mathematischen Ereignisse, der *kompakten* Theorien erfordert eine lange Schulung, eine dauernde Vertiefung. Auch dies liegt in der Musik ganz ähnlich. Wer zum ersten Male ein Konzert besucht, wird Bachs „Kunst der Fuge" in keiner Weise würdigen können, wird den Aufbau einer Symphonie nicht sofort übersehen. Aber es gibt neben den großen Tonwerken die kleinen Lieder, in denen bisweilen etwas von wahrer Herrlichkeit lebt und deren Genius sich jedermann offenbart. Solche „kleinen Lieder" möchten wir hier aus dem großen Bereich der Mathematik herausgreifen: eine Reihe von Themen, deren jedes einzeln ganz in sich verständlich, in sich zu werten ist; jedes erfordert nicht mehr als eine Stunde Vortrags; das nächste Mal soll man inhaltlich vergessen haben können, was das vorige Mal erzählt wurde. Man soll auch vergessen haben können, was man in jungen Jahren von der Mathematik hat lernen müssen; von Logarithmen, von Trigonometrie wird nirgends die Rede sein, geschweige denn von Differentialrechnung oder gar von Integralen. An die Kongruenzsätze, an das Ausmultiplizieren von Klammern wird der Leser ganz allmählich wieder erinnert werden; das wird alles sein.

An einem Liede ist die Linie der Melodie, mit der es anhebt, nicht das einzige, wodurch es schön sein kann; eine kleine Abwandlung des Grundthemas, ein überraschender Wechsel der Tonart kann die Pointe des ganzen darstellen; nur wer vorher auf das Grundthema genau hingehört hat, wird sie ganz wahrnehmen und auffassen. In einem ähnlichen Sinne wird auch unser Leser auf das Grundmotiv der Fragestellung, mit der ein Thema anhebt, auf ihren Aufbau, auf die ersten einfachen Beispiele, an denen jedes einzelne Thema eingeübt wird, ehe die entscheidende Abwandlung zum Hauptgedanken erfolgt, genau und gern „hinhören" müssen, wird um einen Grad aktiver dem Gedankengang folgen müssen, als es sonst bei Lektüre gefordert wird. Tut er dies, so wird er keine Schwierigkeit finden, den entscheidenden Gedanken jedes Themas zu begreifen; er wird dann einiges von dem zu schauen vermögen, was einzelne große Denker ersonnen haben, wenn sie gelegentlich aus dem Schaffensbereich ihrer umfassenden Theorien herausgetreten sind und irgendeinen schlichten Sachverhalt als ein kleines, in sich geschlossenes Kunstwerk hingestellt haben, ein Stück von dem Urbild des Mathematischen.

Für wertvolle Ratschläge und Anregungen sowie für freundliche Hilfe bei den Korrekturen danken wir vor allem Herrn H. CLOOS (Bonn), Herrn S. HELLER (Schleswig), Herrn A. JOHNSEN (Berlin), Herrn H. LESSHEIM (Breslau), Frau G. NEUGEBAUER (Göttingen), Frau E. STAIGER (Schleswig). Der Verlagsbuchhandlung sind wir für das Interesse, das sie unserem Buch hat angedeihen lassen, zu besonderem Danke verpflichtet.

Breslau und Bonn, im April 1930.

H. RADEMACHER.
O. TOEPLITZ.

Vorwort zur zweiten Auflage.

Die zweite Auflage weist nur geringe Änderungen gegenüber der ersten auf. Die 8. Vorlesung („Die Schnitte des geraden Kreiskegels") ist durch ein Thema aus der Kombinatorik ersetzt, das vielleicht weniger verbreitet ist; an die 6. Vorlesung wurde mit der freundlichen Erlaubnis des Autors ein noch unveröffentlichter Beweis eingefügt, der dem Gegenstande und der Methode dieser Vorlesung verwandt und von bemerkenswerter Einfachheit ist.

Einige Rezensenten haben bemerkt, daß in unserem Buche einzelne Teile der Mathematik — der eine redet von Algebra, der andere von Geometrie — „zu kurz gekommen seien". Es würde der Absicht des

Buches, wie wir sie in der Vorrede zur ersten Auflage gekennzeichnet haben, widersprechen, wenn wir diesem Einwand Rechnung tragen würden. Nirgends waren für uns die Gegenstände an sich bestimmend, sondern überall die Frage, ob ein Gegenstand sich so schlicht und voraussetzungslos darstellen läßt, wie wir es in diesen 22 Vorträgen zu tun versucht haben. Für dasjenige Bild, das wir damit von der Mathematik geben wollten, erscheint es uns unerheblich, welchen Disziplinen die Vorträge entnommen sind. Die Aufnahme, die das Buch beim Publikum und bei den meisten Kritikern gefunden hat, scheint uns zu zeigen, daß unsere Absicht im allgemeinen so verstanden worden ist, wie sie gemeint war.

Breslau und Bonn, im Januar 1933.

H. RADEMACHER.
O. TOEPLITZ.

Inhaltsverzeichnis.

1. Von der Reihe der Primzahlen.

6 ist gleich 2 mal 3. Die 7 läßt sich nicht in ähnlicher Weise in zwei Faktoren zerlegen. Darum nennt man 7 eine *Primzahl*. Primzahl nennt man also eine ganze positive Zahl, die sich nicht in zwei kleinere Faktoren zerlegen läßt. Auch 5, auch 3 ist Primzahl; 4 nicht, da $4 = 2 \cdot 2$ ist. Die 2 selbst ist auch Primzahl zu nennen. Bei der 1 hat es keinen rechten Sinn mehr, davon zu reden. Die ersten Primzahlen sind also:

$$2, 3, 5, 7, 11, 13, 17, 19, 23, 29, 31, 37, \ldots$$

Dem unmittelbaren Anblick nach ist ihre Reihe etwas kraus; ein einfaches Gesetz bietet sich darin nicht sofort dar.

Man kann jede Zahl so lange zerlegen, bis sie in lauter Primzahlen zerfällt ist. Bei $6 = 2 \cdot 3$ ist das unmittelbar der Fall; 30 ist $= 5 \cdot 6$, und 6 ihrerseits $= 2 \cdot 3$, also $30 = 2 \cdot 3 \cdot 5$, das Produkt von drei Primfaktoren; $24 = 3 \cdot 8 = 3 \cdot 2 \cdot 4 = 3 \cdot 2 \cdot 2 \cdot 2$ weist vier Primfaktoren auf, darunter mehrmals denselben, die 2. Aber — unter Zulassung solcher Wiederholungen — leuchtet ein, daß die Zerfällung bei jeder Zahl möglich sein muß. Die Primzahlen sind also in diesem Sinne die Bausteine der gesamten Zahlenreihe.

Im 9. Buche von EUKLIDS Elementen wird, ziemlich unvermittelt, die Frage aufgeworfen, *ob es mit der Reihe dieser Primzahlen einmal ein Ende hat.* Und es wird sofort die Antwort gegeben; es wird bewiesen, daß sie kein Ende hat, daß hinter jeder Primzahl immer noch eine weitere gefunden werden kann.

Der Beweis EUKLIDS ist ungemein scharfsinnig. Er baut sich auf der folgenden simplen Bemerkung auf. Das Einmaleins mit der 3, das jeder Anfänger lernt,

$$3, 6, 9, 12, 15, 18, 21, 24, \ldots$$

enthält alle Zahlen, in denen die 3 aufgeht; in keiner anderen Zahl geht die 3 auf, insbesondere also in keiner Zahl, die unmittelbar auf ein Vielfaches von 3 folgt, wie z. B. $19 = 6 \cdot 3 + 1$, $22 = 7 \cdot 3 + 1$ usw. Ebenso wird die Zahl 5 nie in einer Zahl aufgehen können, die auf ein Vielfaches von 5 folgt, wie $21 = 4 \cdot 5 + 1$, und Ähnliches wird für 7, für 11 gelten usf.

Bei EUKLID werden nun die Zahlen gebildet
$$2 \cdot 3 + 1 = 7$$
$$2 \cdot 3 \cdot 5 + 1 = 31$$
$$2 \cdot 3 \cdot 5 \cdot 7 + 1 = 211$$
$$2 \cdot 3 \cdot 5 \cdot 7 \cdot 11 + 1 = 2311$$
$$2 \cdot 3 \cdot 5 \cdot 7 \cdot 11 \cdot 13 + 1 = 30031$$

usw., d. h. es werden einige der ersten Primzahlen miteinander multipliziert und dann wird die auf das Ergebnis folgende Zahl betrachtet. Die eben dem Beweise vorangestellte einfache Bemerkung lehrt nunmehr, daß die so gebildeten Zahlen nie durch die bei ihrer Bildung verwendeten Primzahlen aufgehen können. Z. B. die zuletzt hingeschriebene kann nicht durch 3 aufgehen, weil sie um 1 größer ist als ein Vielfaches von 3; ebenso ist sie aber um 1 größer als ein Vielfaches von 5 oder von irgendeiner der anderen bei ihrer Bildung verwendeten Primzahlen. Keine der Zahlen 2, 3, 5, 7, 11, 13 kann also in ihr aufgehen. Sollte also 30031 im Gegensatz zu 7, 31, 211, 2311, die sämtlich Primzahlen sind, keine Primzahl sein, so ist sicher, daß keine der Zahlen 2, 3, 5, 7, 11, 13 unter ihren Primfaktoren vorkommt, daß also selbst der kleinste dieser Primfaktoren noch *größer* als 13 ist. In Wirklichkeit findet man durch einiges Probieren, daß $30031 = 59 \cdot 509$ ist, und diese ihre beiden Primfaktoren 59 und 509 sind in der Tat über 13 gelegen.

Die gleiche Überlegung ist nun aber anwendbar, wenn wir mit diesen Bildungen beliebig weit fortfahren. Sei p *irgend* eine Primzahl, und bilden wir aus allen Primzahlen von 2 bis p die Zahl
$$2 \cdot 3 \cdot 5 \cdot 7 \cdot 11 \cdots p + 1 = N,$$

so wird keine der bei der Konstruktion verwendeten Primzahlen 2, 3, 5, ..., p in N aufgehen. Entweder wird N also selbst Primzahl sein — und dann eine viel größere als p — oder es wird in Primfaktoren zerfallen, die sicher nicht unter den Zahlen 2, 3, 5, ..., p zu finden sind, die also jedenfalls auch alle größer als p sind. In jedem Falle also muß es Primzahlen geben, die größer als p sind. Hinter jeder Primzahl muß es also noch eine weitere geben.

Das aber war die Behauptung.

Man weiß nicht, was man an dieser Stelle des EUKLID mehr bewundern soll: daß die griechischen Mathematiker sich überhaupt eine solche Frage gestellt haben, ganz um ihrer selbst willen, aus innerem Drang zu mathematischem Denken, wie er uns von keinem Volk vordem überliefert ist, und wie ihn auch alle späteren Völker direkt von den Griechen übernommen haben; oder daß sie gerade *diese* Frage gestellt haben, die der naive Betrachter so leicht übersieht, für überflüssig hält, für trivial, und die erst dem in ihrer Schwierigkeit sich erschließt, der sich vergebens bemüht hat, in der Reihe der Primzahlen ein einfaches Gesetz zu finden, das ihm ein unbegrenztes Fortschreitenkönnen in dieser Reihe verbürgt; oder endlich, daß sie imstande waren, diesen Mangel an einer solchen Gesetzmäßigkeit durch die kunstvolle Beweisführung zu umschiffen, die wir eben kennengelernt haben.

In Wirklichkeit liefert das Euklidische Beweisverfahren durchaus nicht die *nächste* Primzahl hinter p, sondern überhaupt nur *eine*, die vielfach reichlich weit hinter p liegt; z. B. ergibt der Beweis als Primzahl, die sicher hinter 11 liegt, nicht 13, sondern 2311; hinter 13 liefert es erst 59 usf. In Wahrheit sind — was hier nicht näher begründet werden soll — jeweils noch Massen niedrigerer Primzahlen dazwischen gelegen. Gerade dies ist ein Zeichen genauen Taktgefühls des griechischen Mathematikers, daß er hier so weise Beschränkung übt und dadurch den Weg über die abstrusen Tücken der Primzahlreihe hinwegfindet.

Wir wollen von dieser Abstrusität der Primzahlreihe noch eine etwas konkretere Vorstellung geben und nachweisen, daß es sehr große Lücken in dieser Reihe geben kann. Wir wollen z. B. zeigen, daß es vorkommen kann, daß von 1000 aufeinander folgenden Zahlen keine einzige Primzahl ist. Wir gehen dabei von einer Überlegung aus, die derjenigen EUKLIDS sehr verwandt ist.

Wir bemerkten oben, daß $2 \cdot 3 \cdot 5 + 1 = 31$ durch keine der Primzahlen 2, 3, 5 teilbar ist. Wir gehen jetzt von der einfachen Vorbemerkung aus, daß die Summe zweier Zahlen, in denen die 3 aufgeht, ebenfalls eine Zahl ist, in der die 3 aufgeht, und daß Ähnliches für 5, für 7 und jeden anderen Teiler gilt. Wir folgern daraus, daß keine der Zahlen

$$2 \cdot 3 \cdot 5 + 2 = 32, \ 2 \cdot 3 \cdot 5 + 3 = 33, \ 2 \cdot 3 \cdot 5 + 4 = 34, \ 2 \cdot 3 \cdot 5 + 5 = 35,$$
$$2 \cdot 3 \cdot 5 + 6 = 36$$

Primzahl sein kann; denn was hier zu 30 dazukommt, ist alles entweder durch 2 oder durch 3 oder durch 5 teilbar, und da 30 dies auch ist, so auch die Summe. Erst bei $2 \cdot 3 \cdot 5 + 7 = 37$ versagt diese Schlußweise, und in der Tat ist 37 auch durch keine der Zahlen 2, 3, 5 teilbar, da sie selbst Primzahl ist.

Genau ebenso kann man argumentieren, wenn man unter p die erste vierstellige Primzahl versteht (d. h. 1009) und die 1000 Zahlen

$$2 \cdot 3 \cdots p + 2, \ \ 2 \cdot 3 \cdots p + 3, \cdots, \ \ 2 \cdot 3 \cdots p + 1001$$

bildet. Denn jede der Zahlen 2, 3, ..., 1001 ist durch mindestens eine der Primzahlen 2, 3, ..., p teilbar, das Produkt $2 \cdot 3 \cdots p$ aber ebenfalls, also auch alle die eben hingeschriebenen Zahlen; keine derselben ist also Primzahl. Hier sind 1000 aufeinanderfolgende Zahlen gefunden, von denen keine einzige Primzahl ist.

Natürlich muß man ziemlich weit in der Reihe der Primzahlen hinausgehen, ehe man eine derartige Lücke antrifft. Aber, wenn man weit genug geht, wird man nach dem gleichen Prinzip auch eine Lücke finden, die eine Million sukzessiver Zahlen umfaßt oder eine wie große Lücke man sich immer zu finden vornimmt.

Diese zweite Fragestellung und dieser zweite Beweis, so nahe sie auch beide dem ersten verwandt sind, finden sich bei keinem griechischen Mathematiker. Die moderne Mathematik hat sie geschaffen, und sie hat daran ein Bündel weiterer Fragen angeschlossen, deren Beweis zumeist nicht mehr so einfach war, und aus denen sich eines der tiefsten, eines der in seinen noch ungelösten Teilen gerade heute aufregendsten Kapitel mathematischer Forschung herausentwickelt hat.

Aus diesem Bündel von weiteren Fragen sei hier noch eine kleine Probe herausgegriffen, die sich mit der Methode EUKLIDS unmittelbar erledigen läßt und die eine Ahnung davon gibt, in welcher Richtung die heutige Mathematik die Fragestellung der Griechen fortführt. Es wurde oben das Einmaleins mit der 3 betrachtet, die Zahlen 3, 6, 9, ..., und dann die Folge der auf diese Zahlen folgenden Zahlen, 4, 7, 10, ...; jetzt sollen die noch übriggebliebenen Zahlen betrachtet werden

$$2, 5, 8, 11, 14, 17, 20, 23, \ldots,$$

also die Zahlen, die durch 3 geteilt den Rest 2 lassen. Es soll gezeigt werden, daß sich auch unter diesen Zahlen allein bereits unendlich viele Primzahlen befinden, daß also die Folge der Primzahlen

$$2, 5, 11, 17, 23, \ldots$$

ebenfalls nicht abbricht.

Der Beweis bedarf einer einfachen Vorbereitung. Wenn man irgend zwei Zahlen der Folge 1, 4, 7, 10, 13, ... miteinander multipliziert, so ergibt sich wieder eine Zahl dieser Folge. In der Tat: alle diese Zahlen lassen, durch 3 geteilt, den Rest 1, sind von der Gestalt 3 mal etwas plus 1, also $3x + 1$; multipliziert man zwei solche Zahlen, etwa $3x + 1$ und $3y + 1$, miteinander, so erhält man

$$(3x + 1)(3y + 1) = 9xy + 3y + 3x + 1$$
$$= 3(3xy + y + x) + 1,$$

also wiederum ein Vielfaches von 3, vermehrt um 1.

Aus dieser einfachen Bemerkung geht hervor, daß sich unter den Primfaktoren irgend einer der Zahlen 2, 5, 8, 11, ... stets mindestens einer befinden muß, der eben dieser Folge angehört, wie z. B. bei $14 = 2 \cdot 7$ die 2 oder bei $35 = 5 \cdot 7$ die 5. Denn keiner dieser Primfaktoren kann dem Einmaleins mit der 3 selbst angehören, das mit Ausnahme der 3 keine einzige Primzahl enthält. Würde jene Zahl aber *nur* aus Primfaktoren der Folge 4, 7, 10, 13, ... bestehen, so würde sie nach der vorausgeschickten Bemerkung selbst *dieser* Folge angehören. Soll sie also der Folge 2, 5, 8, ... angehören, so muß sie zum mindesten *einen* Primfaktor aus dieser Folge selbst enthalten.

Mit diesem Hilfssatz ausgerüstet, kann man nun die aufgestellte Behauptung sofort beweisen, wenn man an dem euklidischen Arrangement die kleine Modifikation anbringt, daß man statt

$$2 \cdot 3 \cdot 5 \cdot 7 \cdot 11 \cdots p + 1 = N$$

den Ausdruck

$$2 \cdot 3 \cdot 5 \cdot 7 \cdot 11 \cdots p - 1 = M$$

betrachtet, und zwar deshalb, weil dieser eine Einheit *kleiner* ist, als ein Vielfaches von 3, also der Folge 2, 5, 8, 11, ... angehört. Von M ist ebenso wie von N klar, daß es durch keine der zu seinem Aufbau verwendeten Primzahlen 2, 3, 5, 7, 11, ..., p teilbar sein kann. Sei es nun, daß M selber Primzahl ist, sei es, daß es in mehrere Primfaktoren zerfällt, so werden diese sämtlich größer als p sein. Der vorausgeschickte Hilfssatz lehrt nun, daß unter diesen Faktoren sicher einer sein muß, der der Folge 2, 5, 8, 11, ... angehört. Also gibt es in dieser Folge sicher Primzahlen, die über irgend einer Primzahl p gelegen sind, also beliebig weit draußen.

Die Frage, ob auch die Folge 1, 4, 7, 10, 13, ... unendlich viele Primzahlen enthält, ist damit in keiner Weise entschieden; es wäre wohl denkbar, daß von der Gesamtheit der Primzahlen unendlich viele auf die Folge 2, 5, 8, ... entfallen, aber nur endlich viele auf die Folge 1, 4, 7, ...; zusammen wären das immerhin noch unendlich viele. Aber der Nachweis, daß auch die andere Folge unendlich viele Primzahlen enthält, erfordert bereits ganz andere methodische Hilfsmittel, von denen eine spätere Vorlesung einen kleinen Begriff zu geben versuchen wird. Hier sollte nur gezeigt werden, wie die moderne Mathematik nicht nur gelegentlich, sondern in lebenswichtigen Kapiteln an die Griechen in Fragestellung und Methode anknüpft. Und zwar sei dies deshalb hervorgehoben, weil Spengler mit seiner Behauptung viel Aufsehen erregt hat, die griechische Mathematik und die heutige seien grundverschieden, seien zwei getrennte Mathematiken. Jedenfalls ist eine so schematische Formel nicht geeignet, dem komplexen Sachverhalt, der vorliegt, irgendwie gerecht zu werden.

2. Das Durchlaufen von Kurvennetzen.

Eine Straßenbahngesellschaft will alle Linien, mit denen sie ihr Schienennetz befährt, neu gruppieren. Sie will die Linien so legen, daß in Zukunft auf jeder Strecke nur eine einzige Linie verkehrt; der Passagier, der auf ein einfaches Billett beliebig oft umsteigen darf, wechselt so oft den Wagen, bis er zu dem vielleicht auf einer ganz anderen Strecke gelegenen Ziel gelangt ist. *Wieviele Linien — das ist das Problem — muß die Gesellschaft zum mindesten einrichten, um diesen Grundsatz für ihr Schienennetz restlos durchzuführen?*

In einer kleinen Stadt, deren Schienennetz durch Fig. 1 gegeben ist, liegt die Sache sehr einfach. Entweder wird eine Linie von A nach B und eine von C nach D eingerichtet, oder aber die Strecken von A

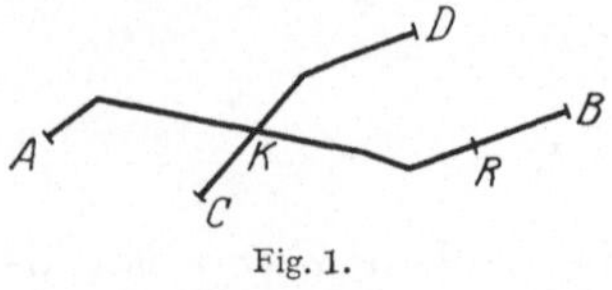
Fig. 1.

nach K und von K nach D werden zu einer Linie vereinigt und eine andere Linie wird von B über K nach C geführt, oder schließlich eine von A über K nach C und eine von B über K nach D. Damit sind ersichtlich alle Möglichkeiten erschöpft, und in jedem Falle haben sich zwei Linien als nötig erwiesen. Mit einer einzigen kommt man, wie man auch die 4 Strecken kombinieren mag, nicht aus. Dabei ist von der unpraktischen Maßnahme abgesehen, eine von K kommende Linie etwa in R endigen und dort eine neue von R nach B anheben zu lassen, also bei R eine Umsteigestelle einzurichten, wie sie bei Reparaturarbeiten gelegentlich notwendig ist. Dann würde man natürlich mehr als zwei Linien benötigen, und man könnte deren

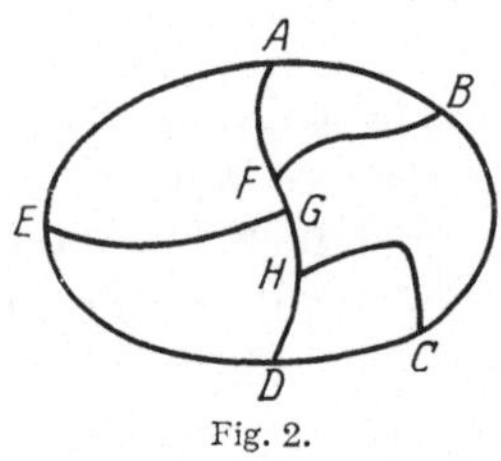
Fig. 2.

Zahl sogar auf ähnliche Art nach Belieben erhöhen. Aber die naturgemäße Aufgabe war, mit einer *Mindestzahl* von Linien auszukommen.

Schwieriger ist die Überlegung für eine Gesellschaft, die das durch Fig. 2 gegebene, immer noch recht einfache Netz bewirtschaftet. Sie kann außen herum eine Ringbahn anlegen, von A über B, C, D, E nach A zurück, dann eine 2. Linie quer hindurch von A über F, G, H nach D, und muß offenbar noch 3 weitere Linien hinzufügen, EG, BF, CH, das sind insgesamt 5 Linien. Eine davon kann sie noch einsparen; sie kann etwa Linie 1 und 2 in eine einzige zusammenziehen, also von A über B, C, D, E nach A und von da weiter über F, G, H nach D durchführen. *Aber geht es vielleicht schon mit drei Linien?* Oder um noch ein Beispiel zu nehmen: in Fig. 3 kann man etwa außen rund herum von A über B, C, D, E

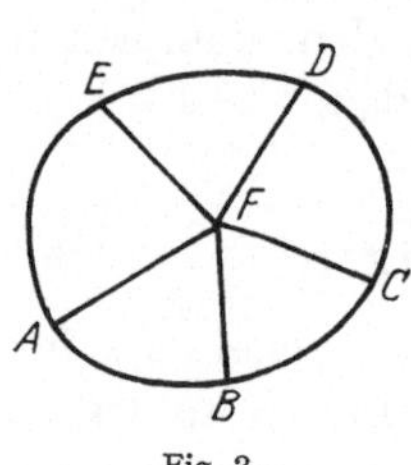
Fig. 3.

zurück nach A und von da über F nach B fahren. Man behält dann noch 3 weitere Linien FC, FD, FE übrig. Aber auch diese kann man noch zusammenfassen, indem man etwa Linie 2 von C über F nach D durchlegt und dann auf der Strecke FE einen Pendelverkehr einrichtet. So kommt man mit 3 Linien aus, von denen zwei bei F durchfahren, während nur eine dort endet. *Aber geht es nicht vielleicht schon mit zwei Linien?*

In diesen Fällen, die immer noch relativ einfach sind, ist die Zahl der sämtlichen Möglichkeiten, die man durchprobieren müßte, um einen ähnlich erschöpfenden Überblick wie bei Fig. 1 zu erhalten, bereits so groß, daß ihre restlose Durchmusterung eine erhebliche

Geduldprobe darstellen würde. Eine solche Durchmusterung würde auch hier Klarheit darüber bringen, ob mit weniger Linien auszukommen ist oder nicht.

Durch die äußere Einkleidung der Aufgabe, die den Gepflogenheiten der großstädtischen Straßenbahngesellschaften so gar nicht gemäß ist, schimmert hier zuerst etwas hindurch von einem mathematischen Problem, wenn auch einem sehr einfachen. Denn das Durchprobieren sämtlicher Möglichkeiten, das an der Hand von Fig. 1 vollzogen wurde, lieferte zwar das gewünschte Ergebnis (nämlich: zwei Linien), war aber keine wirkliche mathematische Überlegung; und wenn man bei Fig. 2 alle Möglichkeiten unermüdlich erschöpfte, bis das Resultat gesichert ist, daß man mit weniger als 4 Linien nicht auskommt, so wäre dies auch keine mathematische Überlegung, sowenig es Mathematik ist, wenn man die Multiplikation zweier siebenstelligen Zahlen geduldig und fehlerfrei vollzieht. Mathematik oder wenigstens ein kleiner Hauch von Mathematik erhebt sich erst dann, wenn man durch einen *Gedanken*, nicht durch Durchmusterung aller Fälle, für Fig. 2 nicht nur, sondern für beliebig komplizierte Kurvennetze mit einem Schlage die Aufgabe zu lösen weiß.

Der Gedanke, auf den es ankommt, ist sehr einfach. Man überlege, wo *Enden* der einzelnen Linien liegen *müssen*. Sie müssen zunächst einmal ganz gewiß dort liegen, wo eine Strecke ihr Ende findet, wie in den Punkten A, B, C, D von Fig. 1. Da hier 4 solche Enden insgesamt vorhanden sind, und da jede Linie höchstens zwei Enden hat (wenn sie nämlich keine Ringbahn ist), so ist klar, daß mindestens 2 Linien zwischen diesen 4 Enden eingerichtet werden müssen. Was also oben durch *Ausprobieren* sich ergab, ist hier durch eine einheitliche *Überlegung* dargetan.

Aber in Fig. 2 sind überhaupt keine freien Enden vorhanden. Dagegen gibt es hier Stellen, wie z. B. die Stelle A, wo 3 Strecken zusammenlaufen. Soll wirklich *nie* eine Strecke von zweierlei Linien befahren werden, so muß an einer solchen Stelle offenbar mindestens *ein* Ende einer Linie liegen. Da Fig. 2 im ganzen 8 Stellen dieser Art hat, wie man leicht durchzählt, müssen hier also zumindest 8 Enden vorhanden sein. 8 Enden, das ist wieder eine gerade Zahl, die Zahl der Enden von 4 Linien. 4 Linien müssen also in Fig. 2 zumindest eingerichtet werden, 3 können unmöglich ausreichen. Bei Fig. 3 liegt es ähnlich: 5 Kreuzungspunkte von derselben Art, wie die oben betrachteten, und dazu ein sechster in F, in dem nicht 3, sondern 5 Strecken zusammenlaufen, ein „Kreuzungspunkt 5. Ordnung“, wie wir sagen wollen; mögen zwei mal zwei von diesen, wie in der obigen zu Fig. 3 gegebenen Lösung, zu einer Linie zusammengehören, einer bleibt übrig, der ein Ende darstellen muß. Und das nämliche wird bei jedem Kreuzungspunkte *ungerader* Ordnung gelten. Die 6 Enden, die sich als notwendig ergeben haben, wiederum eine gerade Zahl, erfordern zumindest 3 Linien; mit zweien kann man nicht ausreichen. Und es ist klar, wie für jedes noch so verwickelte Kurvennetz sofort eine Mindestzahl von nötigen Linien errechnet werden kann: man mustere lediglich die sämtlichen Kreuzungspunkte durch und zähle ab, wie viele von ungerader Ordnung darunter sind: halb so viele Linien müssen dann mindestens eingerichtet werden.

Nachdem wir das Problem so weit bewältigt haben, wollen wir es auch vollständig lösen; wir wollen zeigen, daß die Anzahl der Kreuzungspunkte ungerader Ordnung stets gerade ist, und daß es stets möglich ist, mit der halb so großen Zahl von Linien auszukommen. Eben dies, was für Fig. 2 und Fig. 3 durch Angabe einer passenden Linienführung ganz einfach direkt nachzuweisen war, ist das weniger einfache, wenn man es für jede noch so verwickelte Figur im Prinzip erkennen will.

Es ist klar, daß man jedes noch so verwickelte Kurvensystem überhaupt so mit Linien bewirtschaften kann, daß keine Strecke von zwei Linien befahren wird; man braucht nur auf jeder einzelnen Strecke, die von einem Kreuzungspunkte zu einem anderen läuft, einen Pendelverkehr einzurichten, und bedarf dazu ebenso vieler Linien, als es Strecken gibt. Aber es ist zugleich klar, daß man damit im allgemeinen viel zu viele Linien einrichtet. Was uns interessiert, ist die *Mindest*zahl der Linien, mit denen man auskommt. Unter allen denkbaren Linienführungen — das ist weiterhin klar — muß es gewiß solche geben, die durch keine andere Linienführung an Zahl zu unterbieten sind, die das Optimum darstellen, „optimale Linienführungen" — ebenso, wie es im Prinzip einleuchtet, daß unter den Kindern einer Schulklasse ein minimales Alter vorhanden sein muß, auch ehe man noch durch Aufnahme der Geburtsdaten ermittelt hat, welches dieses Mindestalter sein mag.

Es ist nun weiter klar, daß eine Linienführung sicher dann *keine* optimale sein kann, wenn sie solche unnötigen Enden enthält, wie die Reparaturstelle R in Fig. 1. Und auch dann nicht, wenn wie bei Fig. 3 zuerst ungeschickterweise bei F die Strecken CF, DF noch nicht zu einer Linie zusammengefügt waren, sondern wie EF in F ihr Ende hatten; solche Paare von Enden kann man durch Zusammenfassen von Linien immer beseitigen und so die Zahl der Linien vermindern; bei einer optimalen Linienführung, wo eine solche Verminderung aber unmöglich sein soll, müssen also alle solchen Paare bereits zusammengefaßt sein, und es kann bei einer optimalen Linienführung also in einem Kreuzungspunkte ungerader Ordnung nur ein einziges Ende liegen, bei einem gerader Ordnung überhaupt keines.

Es bleibt nur noch zu erörtern, ob bei einer optimalen Linienführung in sich zurücklaufende, endenlose Ringbahnen auftreten können. Eine solche Ringbahn ist uns bei der Betrachtung von Fig. 2 an-

fänglich begegnet, wo sie außen herum geführt war; wir haben sie
dort zu beseitigen gelernt, indem wir sie bei A an die mitten hindurch
gehende Linie $DHGFA$ anschlossen und dadurch die Zahl der Linien
von 5 auf 4 herabsetzten. Dieses Verfahren wird stets anwendbar sein,
wenn auf der Ringlinie ein Kreuzungspunkt *ungerader* Ordnung gelegen
ist. Bei einer *optimalen* Lösung kann also eine solche Ringbahn nicht
vorkommen, da sonst die Zahl der Linien noch reduzierbar wäre. Liegen
auf der Ringbahn lediglich Kreuzungspunkte *gerader* Ordnung, so kann
man ähnlich verfahren. Sei A ein solcher Kreuzungspunkt gerader Ordnung (Fig. 4) auf der (achtförmig gezeichneten) Ringbahn; der weitere
Verlauf der von A sonst ausstrahlenden (in der
Figur gestrichelten) Äste ist nicht gezeichnet
und kann ganz beliebig sein. Wie schon
überlegt, ist A für die gestrichelten Äste, die
darin einmünden, bei einer optimalen Linienführung sicher nicht Ende; die von B aus in A
eintreffende Linie findet in einem dieser Äste,
sagen wir in AE, ihre Fortsetzung. Dann lassen
wir diese Linie in dem Augenblick, wo sie von

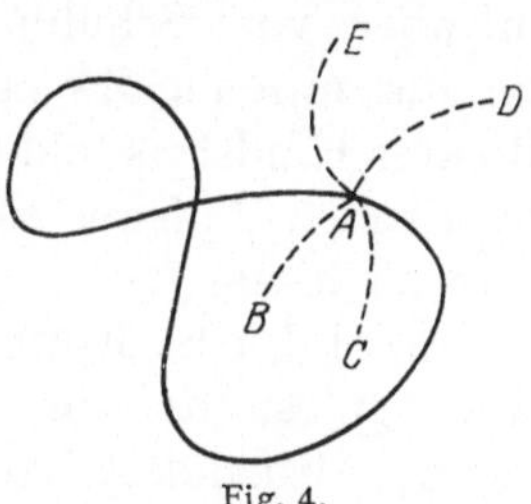

Fig. 4.

B aus in A einläuft, halten, jetzt erst den Ring umlaufen, und dann
ihren Weg nach E fortsetzen: der Ring ist damit in diese andere Linie ein-
bezogen, die Zahl der Züge vermindert, und das ist wiederum bei optimaler Führung nicht denkbar.

Insgesamt hat sich also ergeben, daß bei einer optimalen Linienführung Enden an Linien nur in Kreuzungspunkten ungerader Ordnung
auftreten können, und zwar in jedem nur eins, daß ferner Ringbahnen
überhaupt nicht vorkommen außer in dem Falle, daß nur Kreuzungspunkte *gerader* Ordnung vorhanden sind, und zwar auch dann nur
eine einzige, die das ganze Schienennetz befährt. Die Anzahl der
Kreuzungspunkte ungerader Ordnung ist also gleich der Anzahl der
Linienenden bei optimaler Linienführung. Daraus folgt zuerst einmal,
daß die Anzahl der Kreuzungspunkte ungerader Ordnung stets gerade
ist, und dann, daß man die Linien stets so führen kann, daß ihre Zahl
der halben Anzahl der Kreuzungspunkte ungerader Ordnung lediglich
gleich ist. Sind sämtliche Kreuzungspunkte gerader Ordnung, so kommt
man mit einer einzigen endenlosen Ringbahn aus.

3. Einige Maximumaufgaben.

1. Vergleichen wir verschiedene Rechtecke miteinander, die sämtlich einen Umfang von 4 cm haben, wie sie die umstehende Fig. 5
zeigt. Die breiten, niedrigen, die nahezu 2 cm breit sind, werden einen
kleinen Inhalt haben, einen um so kleineren, je niedriger sie sind;
ebenso die schmalen, hohen. Die proportionierteren dazwischen werden

größere Inhalte haben, und man kann nach demjenigen unter ihnen fragen, das bei genau 4 cm Umfang den größten Inhalt hat.

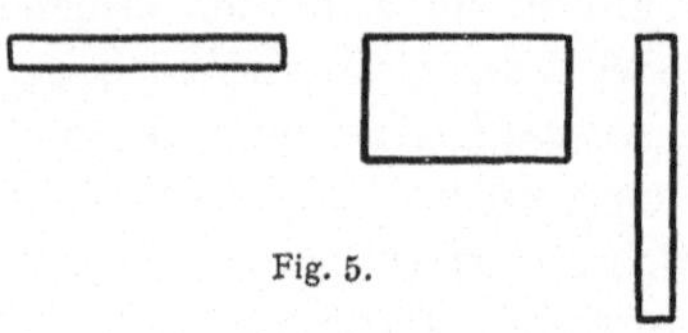

Fig. 5.

Das ist der Typus einer Maximumaufgabe. Die genannte ist vielleicht die einfachste und vielleicht die älteste von allen, die je behandelt worden sind. Gerade darum ist sie vielleicht die geeignetste, das Wesen einer solchen Aufgabe zu erläutern, bevor wir an diejenige herantreten, die in dem heutigen Vortrage behandelt werden soll. Ist doch das Thema Maximumaufgaben vom Schulunterricht her mit allerlei Erinnerungen belastet, die für unseren Zweck nicht nur nicht fördernd sind, sondern ein direktes Hindernis bilden. Ich hoffe, daß Sie bei der Lösung dieser vorbereitenden Aufgabe sich gewöhnen werden, diese Reminiszenzen beiseite zu legen.

Im VI. Buche EUKLIDS, Satz 27, wird die Aufgabe in der folgenden Weise gelöst, die wir nur in der äußeren Darstellung, aber nicht im Prinzip abgeändert haben. Wir zeichnen außer irgendeinem Rechteck $ABCD$ von dem gegebenen Umfang U das Quadrat $BEFG$ von der

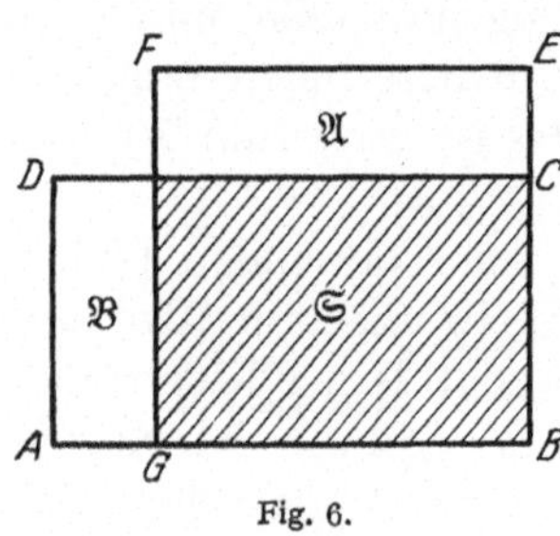

Fig. 6.

Seitenlänge $\frac{1}{4} U$, das also den gleichen Umfang U haben wird, und behaupten, daß es die Lösung der Aufgabe darstellt, daß also sein Inhalt größer ist als der des Rechtecks. So, wie das Quadrat in der nebenstehenden Figur in das Rechteck hineingelegt ist, haben beide das schraffierte Rechteck $\mathfrak{S}$ gemeinsam. Das Quadrat besteht aus diesem und der Fläche $\mathfrak{A}$, das ursprünglich gegebene Rechteck aus dem schraffierten und der Fläche $\mathfrak{B}$. Nun ist aber $AB + BC$ als halber Umfang des gegebenen Rechtecks $= GB + BE$, dem halben Umfang des Quadrats, also $AG + GB + BC = GB + BC + CE$, woraus $AG = CE$ hervorgeht: das Rechteck $\mathfrak{A}$ ist genau so hoch, wie $\mathfrak{B}$ breit ist. Die

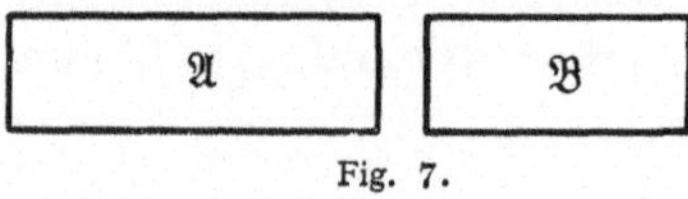

Fig. 7.

andere Erstreckung des Rechtecks $\mathfrak{A}$ aber ist die Seite des Quadrats, während die andere Erstreckung von $\mathfrak{B}$ ein *Teil* der Quadratseite ist, also kürzer. Von zwei Rechtecken aber, die in der einen Erstreckung übereinstimmen (Fig. 7), ist dasjenige das größere, bei dem die andere Erstreckung überwiegt. Also ist $\mathfrak{A}$ größer als $\mathfrak{B}$ und folglich auch $\mathfrak{A} + \mathfrak{S}$ größer als $\mathfrak{B} + \mathfrak{S}$, d. h. das Quadrat ist größer als das gegebene Rechteck. Nur wenn dieses von vornherein gerade ein Quadrat gewesen wäre, wäre die Höhe von $\mathfrak{B}$ nicht ein Teil, sondern die ganze Quadratseite gewesen; dann wäre das konstruierte Quadrat eben nicht größer als das gegebene

Rechteck, sondern mit diesem identisch. *Das Quadrat ist also in der Tat größer als alle anderen Rechtecke gleichen Umfanges.*

Sind x, y die Längen der Rechtecksseiten in cm, so besagt das erlangte Resultat, daß $x\,y$, die Zahl der qcm, die das Rechteck mißt, kleiner ist als der Inhalt des Quadrats vom Umfang $x + y + x + y = 2(x + y)$; die Seite dieses Quadrats ist der vierte Teil hiervon, also $\frac{1}{2}(x + y)$, und daher ergibt sich der Inhalt dieses Quadrats, indem man $\frac{1}{2}(x + y)$ ins Quadrat erhebt. Wenn man also das gewonnene geometrische Ergebnis aus der griechischen Redeweise in die Formelsprache der modernen Mathematik umsetzt[1], so besagt es: *Für irgend zwei positive Zahlen x, y gilt stets*

$$(1) \qquad x\,y \leq \left(\frac{x + y}{2}\right)^2$$

oder

$$(2) \qquad \sqrt{x\,y} \leq \frac{x + y}{2},$$

d. h. *das geometrische Mittel zweier Zahlen ist stets kleiner als das arithmetische,* und Gleichheit tritt nur dann ein, wenn x und y einander gleich sind.

2. Es wird nun klar sein, was eine Maximumaufgabe ist und was unter einer wirklichen Lösung zu verstehen ist: die Aufweisung einer Lösung und der Nachweis, daß diese in der in Rede stehenden Eigenschaft (hier im Flächeninhalt) alle Vergleichsfiguren übertrifft. Wir wenden uns nun zu dem eigentlichen Thema dieses Vortrags, zu der Aufgabe, *unter allen einem gegebenen Kreise eingeschriebenen Dreiecken dasjenige vom größten Inhalt zu finden.* Eine Stelle in PLATONS Menon läßt es möglich erscheinen, daß schon zu PLATONS Zeit, also ein Jahrhundert vor EUKLIDS Unterrichtswerk, diese Aufgabe erörtert, wo nicht gelöst war. Allerdings weder EUKLID noch übrigens auch ein heutiges Buch gibt die hier folgende Lösung, die ihrem Stil nach den Alten wohl bekannt gewesen sein könnte.

Ich betrachte neben irgend einem unserem Kreise einbeschriebenen Dreieck ABC das gleichseitige Dreieck $A_0 B_0 C_0$, das man ihm (oder einem ihm gleichen Kreise) einbeschreiben kann und das seiner Größe nach ein völlig bestimmtes

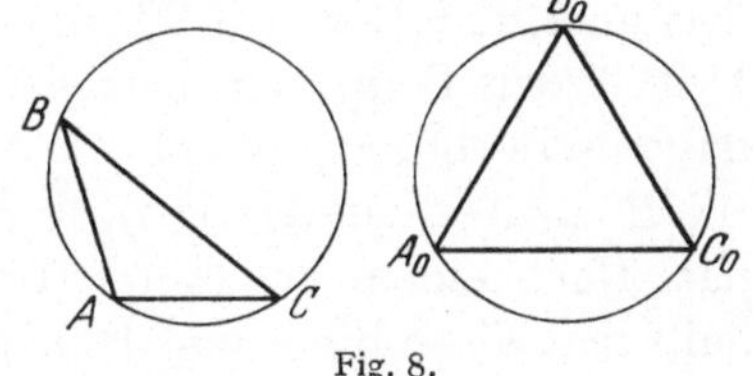

Fig. 8.

ist, nur noch irgendwie gedreht werden kann. Ich behaupte, daß dieses einen größeren Inhalt hat als jedes andere dem gleichen Kreise einbeschriebene, daß es also die Lösung unserer Aufgabe darstellt.

Zum Beweise gehe ich von der Bemerkung aus, daß die Peripherie unseres Kreises von dem gleichseitigen Dreieck in drei gleiche Bögen

---

[1] Wir gebrauchen auch das in der modernen Mathematik übliche Zeichen $<$ für „kleiner als" (z. B. $3 < 5$) und $\leq$ für „kleiner als oder höchstens gleich".

geteilt wird, von dem anderen Dreieck in drei irgendwelche Bögen, die aber zusammen ebenfalls die volle Peripherie des Kreises ausmachen. Jedenfalls wird also einer dieser drei letzteren Bögen weniger ausmachen als das genaue Drittel der vollen Peripherie, und einer der drei Bögen mehr betragen als dieses genaue Drittel. Denn würde kein einziger kleiner sein als das genaue Drittel, so würden alle drei zusammen mehr betragen als die volle Peripherie, es sei denn, daß sie alle gerade gleich dem genauen Drittel sind, also gerade das gleichseitige Dreieck bilden, von dem aber das beliebig vorgelegte Dreieck hier verschieden sein soll; genau so schließt man, daß einer der drei Bögen über dem genauen Drittel liegen muß. Ob der dritte der drei Bögen über oder unter dem genauen Drittel liegt, bleibt dabei offen; darüber läßt sich nichts Allgemeingültiges aussagen, und wir brauchen das auch nicht.

Seien die Ecken unseres beliebig vorgegebenen Dreiecks so benannt, daß der Bogen AB jedenfalls unter, der Bogen BC jedenfalls über dem genauen Drittel liegt. Dann tragen wir (Fig. 9) den Bogen AB von C aus auf dem Bogen CB ab bis B'', so daß das Dreieck CAB'' das Spiegelbild des Dreiecks ACB bezüglich des zu AC senkrechten Durchmessers unseres Kreises ist. Außerdem tragen wir von A aus in der Richtung auf B zu ein genaues Drittel der vollen Peripherie ab, AB'. Jeden-

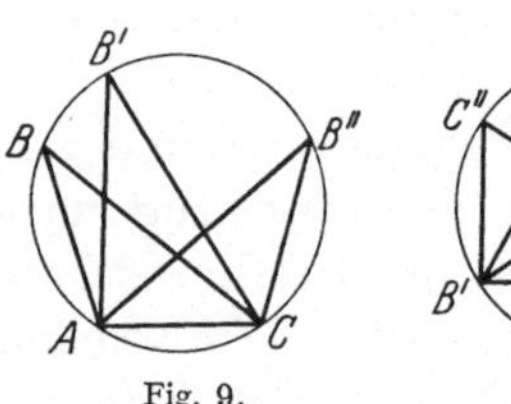

Fig. 9.   Fig. 10.

falls wird B' über B hinausreichen, da nach Annahme der Bogen AB weniger als das genaue Drittel der vollen Peripherie betrug. Andererseits aber wird B' vor B'', also zwischen B und B'' zu liegen kommen; denn läge es noch hinter B'', so wäre der Bogen AB' größer als der Bogen AB'', der seinerseits seinem Spiegelbild CB gleich ist; und da dieser nach Annahme mehr als ein Drittel der vollen Peripherie ausmacht, täte dies auch der Bogen AB'', und AB' müßte infolgedessen mehr als ein Drittel der Peripherie betragen, während es doch genau ein Drittel davon sein soll. Da nun also B' zwischen B und B'' liegt, ist das Dreieck ACB' höher als das Dreieck ACB, das die nämliche Grundlinie AC hat. Nach einem bekannten Dreieckssatze (Dreiecksinhalt gleich einhalb mal Grundlinie mal Höhe) hat also ACB' einen größeren Inhalt als ACB. Wir haben also in ACB' ein neues Dreieck gefunden, das ebenfalls dem gegebenen Kreise einbeschrieben ist, das einen größeren Inhalt hat, als das ursprünglich gegebene und dessen eine Seite AB' der Seite des demselben Kreise einbeschriebenen gleichseitigen Dreiecks gleich ist.

Vielleicht ist ACB' schon ein gleichseitiges Dreieck geworden. Das wird dann der Fall sein, wenn der durch das gegebene Dreieck bestimmte Bogen AC ein genaues Kreisdrittel war. In diesem Falle wäre der Beweis bereits fertig, daß das gleichseitige Dreieck größer ist als das gegebene, nicht-gleichseitige. Sonst betrachten wir jetzt AB' als Basis der ganzen Figur, an Stelle von AC, das wir bisher als die Basis angesehen hatten (wir drehen sie deshalb so, daß AB' nun unten zu liegen kommt, Fig. 10); wenden wir auf $AB'C$ mit der Basis AB' das gleiche Verfahren an, wie eben auf ACB mit der Basis AC, so gelangen wir dazu, von B' aus in der Richtung auf C zu wiederum ein Drittel der vollen Peripherie abzutragen, bis zu einem Punkte C', der also mit A und B' zusammen ein dem Kreis einbeschriebenes gleichseitiges Dreieck bildet, das dem Dreieck $A_0 B_0 C_0$ von Fig. 8 genau gleich ist. Wir erkennen so nach Analogie des Vorigen, daß dieses gleichseitige Dreieck einen noch größeren Inhalt hat, als $AB'C$, und also erst recht einen größeren als das ursprünglich gegebene Dreieck — alles unter der Annahme, daß dieses irgend ein nicht-gleichseitiges sei. Also ist in der Tat das gleichseitige von größerem Inhalt als jedes andere dem Kreise einbeschriebene Dreieck.

3. Die ganze Schlußweise ist so angelegt, daß man ohne große Veränderungen nun auch zeigen kann, *daß unter allen n-Ecken, die einem und demselben Kreise einbeschrieben sind, das regelmäßige den größten Inhalt hat.*

Es ist lediglich nötig, eine ganz einfache Vorbemerkung einzuschalten: wenn man irgend ein n-Eck hat (Fig. 11), das einem Kreise einbeschrieben ist, so kann man demselben Kreise ein anderes n-Eck einbeschreiben, das die gleichen Seiten hat, nur in irgend einer anderen, beliebig gewählten Reihenfolge. Man braucht nämlich nur den Kreis durch die nach den Eckpunkten des gegebenen n-Ecks gezogenen Radien in n Sektoren zerlegt zu denken und diese aus der Kreisscheibe, die etwa

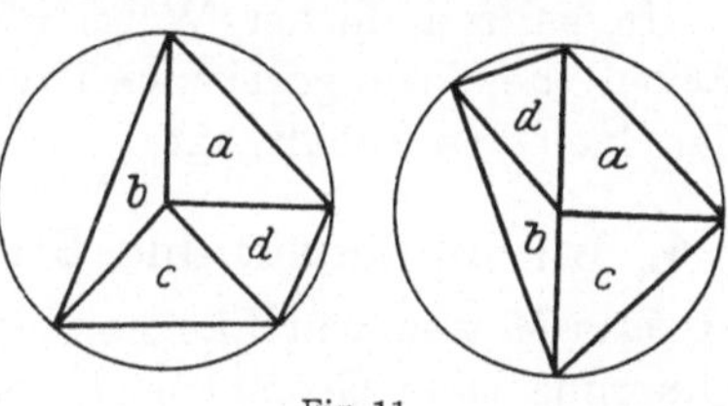

Fig. 11.

aus Pappe gedacht sei, ausgeschnitten, so sieht man unmittelbar, daß man diese ausgeschnittenen Sektoren in irgend einer beliebig gewählten Reihenfolge aufs neue zu einer Kreisscheibe zusammenfügen kann. Damit erhält man das gewünschte n-Eck. Offenbar ist auch sein Inhalt der gleiche geblieben.

Auf diese Vorbemerkung gestützt, kann man nun ganz ähnlich wie beim Dreieck damit beginnen, daß in einem dem Kreise einbeschriebenen n-Eck, das kein regelmäßiges ist, notwendig eine Seite ein Stück der Peripherie ausschneiden muß, das weniger als den n-ten Teil der vollen Peripherie ausmacht, und eine ein größeres. Es ist nun an sich hier nicht gesagt, daß diese beiden Seiten des n-Ecks gerade benachbart liegen. Denn während beim Dreieck jede der drei Seiten an jede der beiden anderen angrenzt, ist das beim n-Eck mit mehr als drei Seiten nicht mehr der Fall. Sollten nun jene zwei Seiten unseres n-Ecks nicht benachbart sein, so gestattet die vorangeschickte Bemerkung, ein anderes demselben Kreise einbeschriebenes n-Eck herzustellen, dessen Inhalt offenbar der gleiche ist und bei dem diese beiden Seiten be-

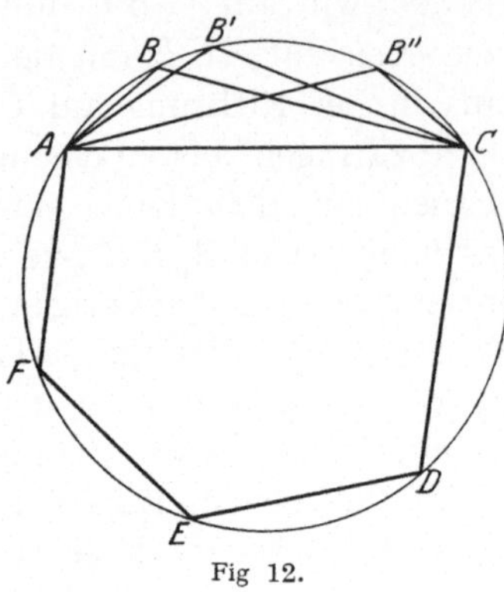

Fig 12.

nachbart sind. Alsdann heiße die kleinere von beiden AB, die größere BC. Man kann dann von A aus in der Richtung auf B zu das genaue n-tel der vollen Peripherie bis B' abtragen und wieder überlegen, daß B' zwischen B und dem Spiegelbild B'' von B liegen muß. Ersetzt man also in dem gegebenen n-Eck B durch B', während man alle anderen Ecken beibehält, so hat man damit den Inhalt vergrößert und zugleich erreicht, daß eine Seite der des eingeschriebenen regelmäßigen n-Ecks gleich geworden ist.

Mit den $n-1$ übrigen Seiten verfahre man nun genau so, indem man sich dauernd der Vorbemerkung bedient. Dann erkennt man am Schluß, daß das gegebene n-Eck kleiner ist als das regelmäßige, zu dem man am Ende des Verfahrens notwendig gelangt, da eine Seite nach der anderen der des regelmäßigen n-Ecks gleich geworden ist, bis es schließlich alle geworden sind.

In ganz ähnlicher Weise könnte man zeigen, daß unter allen n-Ecken, die einem gegebenen Kreise *um*beschrieben sind, das regelmäßige den kleinsten Inhalt hat.

4. Inkommensurable Strecken und irrationale Zahlen.

Das Messen von Längen, Flächen, Rauminhalten ist zweifellos der Ursprung jeder Geometrie. Es ist sehr einfach, eine Strecke durch eine andere zu messen, wenn diese in jener genau aufgeht (Fig. 13). Geht sie nicht auf und bleibt beim mehrfachen Abtragen der kleineren auf der

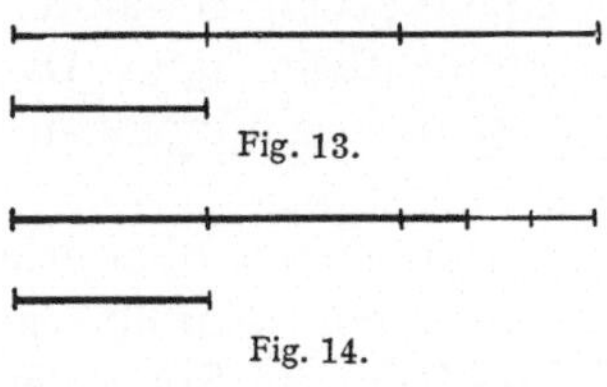

Fig. 13.

Fig. 14.

größeren ein Rest (Fig. 14), so wird man zunächst versuchen, ob dieser Rest die Hälfte der messenden Strecke ist, oder ein Drittel oder zwei Drittel von ihr oder ein derartiger Bruchteil. Ist dies der Fall, so hat man einen gewissen Ersatz dafür, daß die messende Strecke nicht in der zu messenden aufgeht: ein gewisser Bruchteil der messenden Strecke tut dies statt ihrer, und da er als Bruchteil der messenden Strecke auch in dieser aufgeht, hat man damit wenigstens eine Strecke, eine dritte Strecke, die zugleich in beiden, der gemessenen und der messenden, aufgeht, ein „gemeinsames Maß" der beiden vorgelegten Strecken.

Die frühesten geometrischen Überlegungen haben zweifellos von solchen „gemeinsamen Maßen" gehandelt. Wenn man z. B. ein Rechteck zeichnet, dessen eine Seite 3 cm, dessen andere Seite 4 cm lang ist, so lehrt der pythagoreische Lehrsatz, daß das Quadrat über der Diagonale des Rechtecks

$$3^2 + 4^2 = 9 + 16 = 25 \text{ qcm}$$

mißt, und also die Diagonale selbst 5 cm (Fig. 15). Die kleine Seite des Rechtecks und seine Diagonale haben also die Strecke von 1 cm zum gemeinsamen Maß, sie verhalten sich zueinander wie 3:5.

Es lag gewiß sehr nahe, statt dieses Rechtecks ein Quadrat zu nehmen und auch da nach einem gemeinsamen Maß von Seite und Diagonale zu fragen. Die ersten Abtragungsversuche, wie Fig. 16 einen zeigt, ergeben kein solches, man ist genötigt, es mit immer kleineren Bruchteilen zu versuchen und steht vor der Frage,

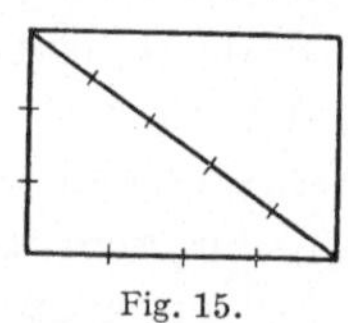

Fig. 15.

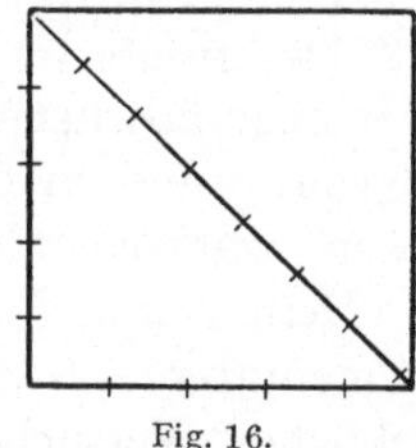

Fig. 16.

ob diese bei hinreichender Feinheit reichen werden oder ob etwa überhaupt kein gemeinsames Maß vorhanden ist, ob die Strecken nicht *„kommensurabel"*, sondern *„inkommensurabel"* sind, wie man eine solche Eventualität bezeichnen würde. Man wird damit mitten in das Problem hineingeführt, ob eine Strecke überhaupt unbegrenzt feiner Teilung fähig ist, oder ob dies eine Grenze hat, ob die Strecke in Wahrheit in sehr viele, aber endlichviele sehr kleine Indivisibilien, d. h. unteilbare Teile zerfällt, ob sie „atomistischer Struktur" ist. Wir wissen von der Generation griechischer Gelehrter, die PLATON voraufging, insbesondere von DEMOKRITOS, daß er die atomistische Struktur der Materie gelehrt hat. Das ist noch nicht das gleiche wie die atomistische Struktur der Strecke. Man könnte sich sehr wohl eine unbegrenzt teilbare, wir sagen heute „stetige" Strecke vorstellen, auf der die Materie in Atomen aufgereiht ist. Aber wir haben aus der nämlichen Zeit, um 450 v. Chr., ein paar Worte des Athener Philosophen ANAXAGORAS, die jedenfalls die Aussage enthalten, daß jede Strecke unbegrenzt teilbar ist. Wenn ein solcher Fetzen aus einem uns im übrigen verlorenen Lehrbuch oder Kolleg überliefert ist, so ist dies natürlich keine zufällige Äußerung, sondern eine zu ihrer Zeit wegen ihrer Originalität berühmte, vielumstrittene These, und man sieht sich in die Zeit versetzt, wo die Menschheit zum ersten uns noch feststellbaren Male sich mit diesem großen Problem auseinandergesetzt hat.

Wir können danach die explosive Wirkung ermessen, die die viel weiter gehende Entdeckung gehabt haben muß, *daß Seite und Diagonale eines Quadrats inkommensurabel sind.* Die vorhandenen Berichte schreiben diese Entdeckung den Pythagoreern zu, diesem süditalischen

Geheimbund, über den wir so wenig Positives wissen, und die Legende
besagt, der Pythagoreer, der diese Entdeckung zur Kenntnis der Menschen brachte — gewöhnlich werden diese Worte so gedeutet: der sie
der Allgemeinheit bekannt machte — habe dies durch Schiffbruch und
Untergang büßen müssen. Unzweifelhaft dagegen ist der Bericht
PLATONS in seinen „Gesetzen", wie sehr ihn diese Entdeckung aufgeregt
habe, als er, schon in reifen Jahren, zuerst mit ihr bekannt wurde.

Wir werden im folgenden zwei verschiedene Beweise für diese Entdeckung beibringen. Wir werden uns nicht mit der an sich sehr interessanten historischen Frage befassen, welcher von beiden der ältere
ist. Der zweite ist nicht nur bei EUKLID, sondern auch schon bei ARI-
STOTELES überliefert; der erste ist jedenfalls ganz im griechischen Geist
abgefaßt und in der Gedankensphäre vom X. Buch des EUKLID gelegen, wahrscheinlich der ältere.

Dem *ersten Beweise* schicken wir eine geometrische Betrachtung
elementarer Art voran, der man ansehen wird, daß sie aus den vergeblichen Versuchen hervorgegangen ist, durch wiederholtes gegen-
seitiges Abtragen von Seite und Diagonale aufeinander zu einem gemeinsamen Maß zu kommen. Wir tragen (Fig. 17) die Seite auf der

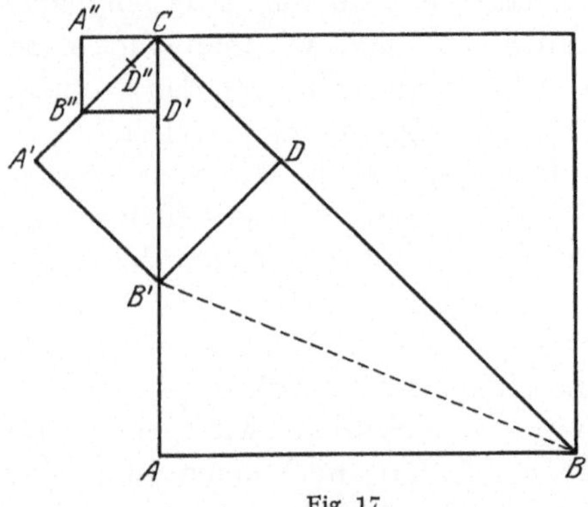

Fig. 17.

Diagonale von B aus ab, was nur
ein einziges Mal angeht, bis D,
errichten in D die Senkrechte auf
BD, die die Quadratseite AC in
B' treffen möge, und verbinden
B' mit B. Dann gilt

$$BA = BD,$$
$$BB' = BB',$$
$$\text{Winkel } BAB' = BDB'$$

als rechte Winkel; daher sind nach
dem IV. Kongruenzsatz die beiden Dreiecke BAB' und BDB'
kongruent, und folglich sind AB' und DB' einander gleich, als entsprechende Stücke in kongruenten Dreiecken. Ferner ist Winkel $B'CB$
als Winkel zwischen Seite und Diagonale des Quadrats die Hälfte eines
rechten, und da Winkel CDB' nach Konstruktion ein rechter ist, bleibt
für den dritten Winkel des Dreiecks CDB' genau ein halber rechter
Winkel übrig; dieses Dreieck ist also ein gleichschenklig-rechtwinkliges
Dreieck, und insbesondere ist daher $DB' = DC$. Im ganzen ist bisher
gezeigt:

$$(1) \qquad\qquad AB' = B'D = DC.$$

Errichtet man nun auch in C die Senkrechte auf der Diagonale,
macht diese gleich DB' und verbindet den Endpunkt A' mit B', so

bildet $A'B'CD$ ein Quadrat, das kleiner ist als das ursprüngliche; die Diagonale $B'C$ ist in ihm bereits gezogen. Auf dieses Quadrat soll jetzt genau dasselbe Verfahren angewendet werden, wie bisher auf das ursprüngliche: seine Seite soll auf seiner Diagonale bis D' abgetragen werden, in D' soll die Senkrechte zur Diagonale des kleinen Quadrats errichtet werden, die seine Seite in B'' trifft; dann gilt genau so

$$(2) \qquad A'B'' = B''D' = D'C,$$

und es leuchtet ein, daß man dieses Verfahren unbegrenzt lange fortsetzen kann. Nie wird es abbrechen, sondern es wird jedesmal ein neuer Rest bleiben, der kleiner ist als der vorangehende,

$$(3) \qquad CD > CD' > CD'' > CD''' > \dots,$$

und jeder dieser Reste ist der Unterschied zwischen Diagonale und Seite eines der sukzessive konstruierten Quadrate,

$$(4) \quad CD = CB - AB, \quad CD' = CB' - A'B', \quad CD'' = CB'' - A''B'', \dots$$

Das ist die elementargeometrische Überlegung, die wir unserem ersten Beweise voranschicken mußten. Der Beweis selbst ist ein indirekter. Gesetzt, Seite und Diagonale unseres Quadrats wären kommensurabel, gesetzt also, es gäbe ein gemeinsames Maß von beiden, einen genauen Bruchteil der Quadratseite, der auch in der Diagonale genau aufgeht, eine Strecke E. Dann müssen wir nur überlegen, daß die Differenz irgend zweier Strecken, die genaue Vielfache von E sind, ebenfalls wieder ein genaues Vielfaches von E ist (Fig. 18). Wenn also CB und AB genaue Vielfache von E sind, so wird gemäß (4) auch CD ein solches sein, und somit auch $A'B'$, das die Seite des nämlichen Quadrats ist; aber auch die Diagonale dieses Quadrats, $CB' = CA - B'A = AB - CD$ ist — auf Grund von (1) — ebenfalls die Differenz zweier genauen Vielfachen von E, also selbst ein solches. Und nachdem diese Eigenschaft für Seite und Diagonale des durch einen einzigen Akzent gekennzeichneten Quadrats nachgewiesen ist, folgt sie für alle weiteren nach Analogie.

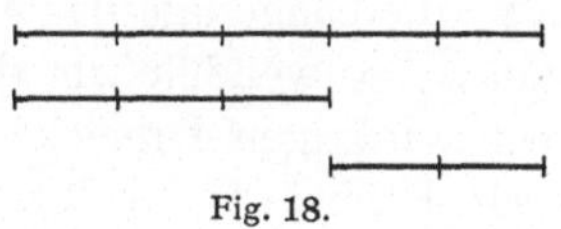

Fig. 18.

Nun kann der indirekte Beweis unmittelbar zum Ende, d. h. zu dem gewünschten Widerspruch geführt werden. Denn alle die in (3) auftretenden Strecken sind nunmehr als genaue Vielfache jener Strecke E erkannt, gesetzt, daß ein solches gemeinsames Maß von Seite und Diagonale des gegebenen Quadrats überhaupt vorhanden ist. Andererseits besagt (3), daß diese Vielfachen von E beständig kleiner werden müssen, ohne jedoch je abbrechen zu können, ohne je gleich Null werden zu können. Das ist für die Vielfachen einer festen Strecke E nicht möglich; wäre das Anfangsglied CD das 1000fache von E, so wäre CD'

ein kleineres genaues Vielfaches von E, also höchstens das 999fache usf., und spätestens also das 1000-te Glied dieser Kette müßte kleiner als E und doch ein Vielfaches von E sein, also das nullfache von E, entgegen dem, was bewiesen wurde. Das ist der Widerspruch, auf den uns die Annahme führt, es gäbe ein gemeinsames Maß von Seite und Diagonale irgend eines Quadrats.

Der *zweite Beweis* ist weit einfacher, und die kleine arithmetische Vorbereitung, die er erfordert, ist weit kürzer als die lange elementar-geometrische Betrachtung, die wir dem geometrischen ersten Beweise voranschicken mußten.

Diese arithmetische Vorbetrachtung handelt von den geraden und ungeraden Zahlen. „Gerade" heißt bekanntlich jede Zahl, die das Doppelte einer anderen ist, „ungerade" jede, die auf eine gerade Zahl folgt, also von der Form $2\,x + 1$ ist. Das Quadrat einer ungeraden Zahl ist stets wieder eine ungerade Zahl; denn

$$(2\,x + 1)^2 = 4\,x^2 + 4\,x + 1 = 2\,(2\,x^2 + 2\,x) + 1$$

folgt selbst wieder auf ein Doppeltes, ist also auch wieder ungerade. Daraus ergibt sich unmittelbar der

1. Hilfssatz. Ist das Quadrat einer Zahl gerade, so ist sie selbst gerade.

Denn wäre sie ungerade, so müßte eben ihr Quadrat, wie bewiesen, auch ungerade sein. Ebenso einfach ist der

2. Hilfssatz. Das Quadrat einer geraden Zahl ist stets durch 4 teilbar, also das Vierfache einer ganzen Zahl, $= 4\,g$. Denn $2\,x \cdot 2\,x$ ist $= 4\,x\,x$ $= 4\,g$.

Der eigentliche Beweis ist wieder indirekt. Gesetzt, Seite und Diagonale des Quadrats hätten ein gemeinsames Maß E und es wäre etwa die Diagonale das genau d-fache von E, die Seite das genau s-fache von E, so wenden wir den Satz des Pythagoras auf eines der beiden rechtwinkligen Dreiecke an, in die das Quadrat von einer Diagonale zerlegt wird. Er ergibt

$$(5) \qquad\qquad d^2 = s^2 + s^2, \quad \text{also} \quad d^2 = 2\,s^2.$$

Außerdem können wir folgendes überlegen: die beiden ganzen Zahlen d und s können als gegeneinander gekürzt angenommen werden. Denn ließen sie sich mit irgend welcher Zahl kürzen, wie z. B. 10 und 16 sich zu 5 und 8 kürzen lassen, so würde das besagen, daß wir das gemeinsame Maß E unnötig klein angenommen haben und daß es statthaft gewesen wäre, ein Vielfaches davon zu nehmen. Wir wollen und können also annehmen, daß diese Kürzung von vornherein vorgenommen sei.

Alsdann folgt aus (5) zuerst, daß d^2 ein Doppeltes einer Zahl ist, also eine gerade Zahl; der 1. Hilfssatz gestattet, daraus zu entnehmen, daß auch d eine gerade Zahl sein muß. Infolgedessen muß s ungerade sein. Denn wären d und s beide gerade, so könnte man sie mit 2 kürzen, entgegen der ausdrücklichen Annahme, sie seien schon gegeneinander gekürzt.

Aber andererseits ergibt der 2. Hilfssatz, wenn d gerade ist, daß d^2 durch 4 teilbar ist, $d^2 = 4\,g$ etwa, also daß $2\,s^2 = 4\,g$ oder $s^2 = 2\,g$ ist. Auch s wäre also eine Zahl, deren Quadrat gerade ist, und die erneute Anwendung des 1. Hilfssatzes würde ergeben, daß auch s gerade sein müßte, entgegen der ausdrücklichen Feststellung, daß s ungerade sein muß, wo d schon gerade ist. Das ist der Widerspruch, auf den uns die Annahme des indirekten Beweises geführt hat.

Der gemeinsame Kern beider Beweise ist der Schluß, daß eine absteigende Folge von ganzen Zahlen einmal ein Ende haben muß. Beim ersten Beweise trat dieser Schluß offensichtlich hervor. Beim zweiten ist er an derjenigen Stelle investiert, wo vom Kürzen die Rede war. Denn das fortgesetzte Kürzen, solange es möglich ist, verkleinert fortwährend beide der betroffenen Zahlen, und wenn oben benutzt wurde, daß es eine schließliche, gekürzte Gestalt geben müsse — ein Schluß, der im Schulunterricht ohne jede Erörterung dauernd gemacht wird —, so war dabei eben stillschweigend jener Schluß gemacht worden, daß der absteigende Kürzungsprozeß einmal abbrechen muß.

Die heute gangbare mathematische Redeweise setzt die Formel (5) in die Gestalt

$$\left(\frac{d}{s}\right)^2 = 2$$

und spricht das Ergebnis des Beweises dahin aus: es gibt keinen Bruch (keine „rationale Zahl") $x = \dfrac{d}{s}$, dessen Quadrat $= 2$ ist, oder, noch anders ausgedrückt: es gibt keine rationale Zahl x, die $= \sqrt{2}$ wäre, $\sqrt{2}$ ist eine „irrationale Zahl".

5. Eine Minimaleigenschaft des Höhenfußpunktdreiecks nach H. A. Schwarz.

Wir wollen uns dieses Mal wieder mit einer Maximum- oder richtiger einer Minimumaufgabe beschäftigen. Sie werden das Muster eines ebenso anschaulichen wie feingeschliffenen mathematischen Gedankens kennenlernen. Er stammt von dem Mathematiker Hermann Amandus Schwarz, der bis vor kurzem noch in Berlin lehrte, und dessen Genie sich ebenso in einer solchen mathematischen Miniatur äußert, wie in seinen ganz großen, umfassenden Arbeiten.

1. Wir wollen zur Einübung eine sehr einfache andere Aufgabe voranschicken, die mit dem bekannten Reflexionsgesetz der Optik zusammenhängt. Dieses besagt bekanntlich, daß ein Lichtstrahl, der — man vergleiche Figur 19 — von A ausgeht, an dem Spiegel g reflektiert wird und dann nach B gelangt, die Reflexion an g unter demselben Einfalls- und Ausfallswinkel vollzieht. Unsere Behauptung

ist, daß dieser Weg, den der Lichtstrahl wählt, der kürzeste ist, auf dem er von A unter Berührung des Spiegels g nach B gelangen kann, also derselbe, den ein Dampfer wählen wird, der von der Station A nach der Station B fahren will und dazwischen am Ufer, das die gerade Linie g darstellt, anlegen soll. Wir wollen hier nicht bei der Frage verweilen, warum der vernunftlose Lichtstrahl den nämlichen Weg wählt, wie der vernunftbegabte Kapitän des Dampfers unter ausdrücklicher Anwendung seiner Vernunft; sondern wir wollen bloß die rein mathematische Minimumstatsache feststellen, *daß der Weg ADB, der sich unter gleichem Einfalls- und Ausfallswinkel vollzieht, kürzer ist als jeder andere Weg ACB.*

Der *Beweis* beruht auf einer Maßnahme, die rein mathematisch als ein bloßer Kunstgriff erscheint, aber durch die optische Deutung nahegelegt ist. Wir spiegeln den Punkt A und die Geraden AC und AD an dem Spiegel g. Fig. 20 wiederholt Fig. 19 unter Eintragung dieses Spiegelbildes. Sei A' das Spiegelbild

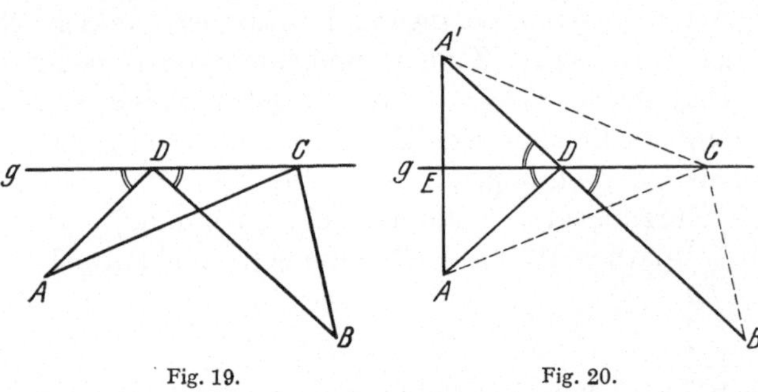

Fig. 19.   Fig. 20.

von A, so wird $A'C$ das von AC sein und $A'D$ das von AD. Es wird also $A'C = AC$ und $A'D = AD$ sein. Die Dreiecke EDA und EDA' sind daher kongruent, und also Winkel $EDA =$ Winkel EDA'. Nun ist nach Voraussetzung Winkel $EDA =$ Winkel CDB. Also spielt Winkel CDB für Winkel EDA' genau die Rolle eines Scheitelwinkels, d. h. $A'D$ ist die geradlinige Fortsetzung von DB.

Nun ist der Streckenzug $ADB = A'DB$ und $ACB = A'CB$. Da $A'DB$ eben als die geradlinige Verbindung von A' und B erkannt worden ist, ist $A'DB$ kürzer als $A'CB$ — daß die geradlinige Verbindung zweier Punkte stets die kürzeste ist, wollen wir hier nicht weiter begründen —, und folglich ist auch ADB kürzer als ACB, was zu beweisen war.

2. Die Aufgabe, mit der wir uns heute eigentlich beschäftigen wollen, ist die, *einem gegebenen spitzwinkligen Dreieck ABC ein Dreieck UVW einzubeschreiben, dessen Umfang möglichst klein ist* (Fig. 21). *Die Behauptung ist, daß das „Höhenfußpunktdreieck", d. h. das aus den Fußpunkten der drei Höhen des Dreiecks ABC gebildete Dreieck EFG* (Fig. 22) *einen kleineren Umfang hat als jedes andere Dreieck UVW, das ABC eingeschrieben ist.*

Wir schicken einen *Hilfssatz* über dieses Höhenfußpunktdreieck voraus. Wir behaupten nämlich, daß Winkel AFG gleich Winkel CFE ist (wie beim optischen Reflexionsgesetz), und daß Entsprechendes wie bei F auch bei E und bei G zutrifft. Zum Beweise dieses Hilfssatzes müssen wir etwas an die Geometriestunde in Untertertia erinnern: Satz des THALES, daß der Halbkreis den rechten Winkel faßt

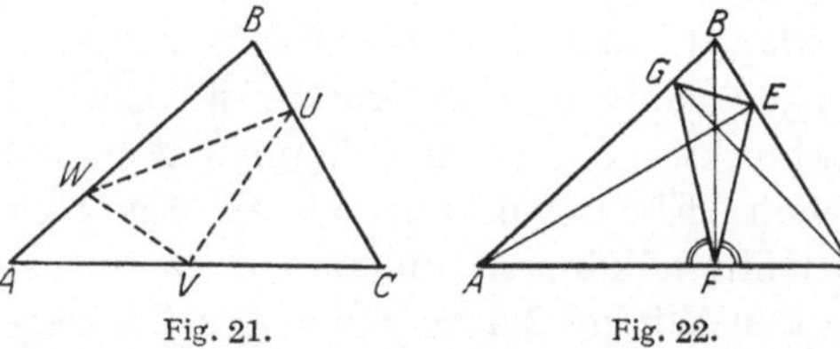

Fig. 21. Fig. 22.

(Fig. 23), Peripheriewinkelsatz (Fig. 24), Höhensatz (die Höhen im Dreieck gehen durch einen Punkt, den Höhenpunkt H). Mit diesen Reminiszenzen ausgerüstet, entnehmen wir Fig. 25, daß der Kreis mit dem Durchmesser AH durch G und F geht und ebenso der Kreis mit dem Durchmesser CH durch E und F; ferner daß Winkel AFG als

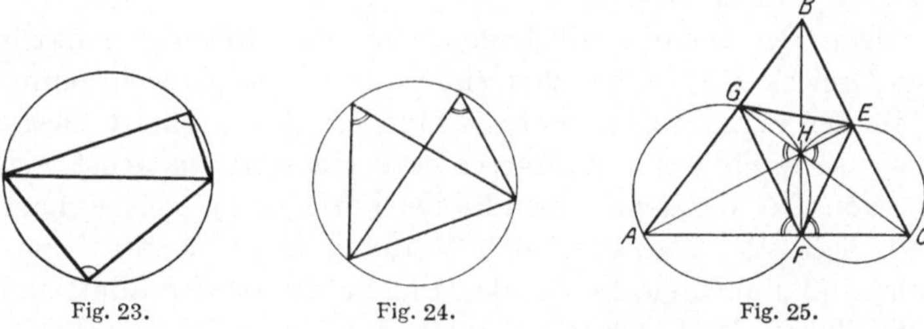

Fig. 23. Fig. 24. Fig. 25.

Peripheriewinkel über dem Bogen AG gleich Winkel AHG ist, und entsprechend Winkel CFE gleich Winkel CHE. Nun sind die Winkel AHG und CHE als Scheitelwinkel einander gleich. Also ist auch Winkel $AFG =$ Winkel CFE, wie behauptet.

3. Nach diesen Vorbereitungen treten wir an den Beweis von H. A. SCHWARZ heran. Wir spiegeln das Dreieck ABC an der Seite BC, das

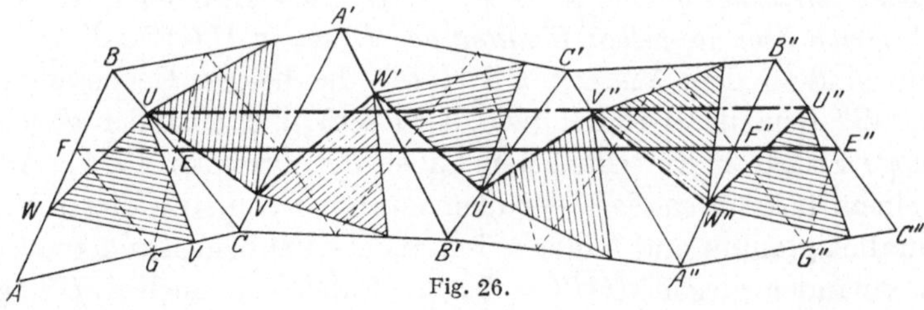

Fig. 26.

gespiegelte Dreieck an der Seite CA', das Resultat dieser zweiten Spiegelung an der Seite $A'B'$, und lassen darauf nochmals drei Spiegelungen folgen, wiederum der Reihe nach an den Seiten $B'C'$, $C'A''$, $A''B''$.

Wir überlegen zuerst, daß — was der Augenschein deutlich macht — die Endlage $A''B''C''$ gegenüber der Anfangslage ABC lediglich parallel verschoben ist. Wir überlegen, um dies einzusehen, vorab, was nach den 2 ersten Spiegelungen aus dem Dreieck geworden ist. Anstatt durch zweimalige Spiegelung, die das Dreieck aus seiner Ebene jedesmal herausklappt, hätten wir das Ausgangsdreieck in die 3. Lage auch dadurch bringen können, daß wir es in seiner Ebene unter Festhaltung des Eckpunktes C um den Winkel $2\,\gamma$ in der Richtung des Uhrzeigers drehen. Ebenso hätten wir es aus dieser 3. Lage in die 5. einfach überführen können, indem wir es unter Festhaltung des Punktes B' um den Winkel $2\,\beta$ im Sinne des Uhrzeigers drehen, und endlich durch Drehung um $2\,\alpha$ unter Festhaltung von A'' in die 7. oder Endlage. Im ganzen ist dabei das Dreieck um den Winkel $2\,\gamma + 2\,\beta + 2\,\alpha$ gedreht, also — da die Winkelsumme im Dreieck $2\,R$ beträgt — um $4\,R$ im Sinne des Uhrzeigers, d. h. um eine volle Umdrehung. Es hat also am Ende seine alte Stellung wiedererlangt, bloß daß es in eine andere Gegend seiner Ebene parallel mit sich verschoben erscheint. *Es ist also BC parallel $B''C''$.*

Verfolgen wir sodann die Lagen, die das Höhenfußpunktdreieck und das Dreieck UVW bei den sukzessiven Spiegelungen einnehmen — die in der Figur angebrachte Schraffierung erleichtert dieses Verfolgen —, so ergibt der vorausgeschickte Hilfssatz zunächst, daß die 2. Lage von EG die genau geradlinige Fortsetzung der 1. Lage FE ist, und daß sich ebenso in den weiteren Lagen immer eine Seite des Höhenfußpunktdreiecks in der Flucht dieses geradlinigen Zuges befindet. *Die in der Figur stark ausgezogene Linie EE''* enthält daher unter ihren 6 Teilstrecken zwei, die FG gleich sind, zwei, die GE gleich sind, zwei, die EF gleich sind; sie *ist also gleich dem doppelten Umfange des Höhenfußpunktdreiecks.*

Verfolgen wir in ähnlicher Weise die Lagen, die ein irgendwelches dem gegebenen Dreieck ABC einbeschriebenes Dreieck UVW nacheinander einnimmt, so sehen wir, daß analog *der stark gestrichelte gebrochene Streckenzug $UV'W'U'V''W''U''$, der sich von U bis U'' erstreckt, gleich dem doppelten Umfang des Dreiecks UVW ist.*

Nun sind in dem Viereck $EE''UU''$ die beiden Gegenseiten UE und $U''E''$ einander parallel (wie bewiesen) und einander gleich (als homologe Stücke in verschiedenen Lagen des Dreiecks ABC). Also ist nach einem bekannten Satz der elementaren Geometrie dieses Viereck ein Parallelogramm, und folglich sind auch seine beiden anderen Gegenseiten einander gleich, $UU'' = EE''$. Daher ist auch UU'' gleich dem doppelten Umfang des Höhenfußpunktdreiecks. Daß aber UU'' kürzer ist als der sich zwischen denselben Endpunkten erstreckende gebrochene Linienzug, der gleich dem doppelten Umfang von UVW erkannt ist, ist unmittelbar ersichtlich. Also ist auch der Umfang des Höhenfußpunktdreiecks kleiner als der des Dreiecks UVW, was zu beweisen war.

Das ist ein echt mathematischer Beweis. Voraussetzung und Behauptung werden so umgeformt, daß der Kern des Satzes mit einem einzigen Blick übersehen werden kann.

6. Dieselbe Minimaleigenschaft nach L. Fejér.

1. Wir haben in dem vorigen Kapitel den Satz bewiesen, daß unter allen einem spitzwinkligen Dreieck eingeschriebenen Dreiecken das Höhenfußpunktdreieck den kleinsten Umfang besitzt. Wenn wir für diesen Satz nun noch einen zweiten Beweis vorbringen, so geschieht es darum, weil uns in diesen Betrachtungen das Methodische wichtiger ist als der neue mathematische Gehalt der vorgeführten Sätze. In dem vorangehenden Beweise unseres Satzes haben wir nach H. A. Schwarz erstens die grundlegende Tatsache benutzt, daß die gerade Linie die kürzeste Verbindung zweier Punkte darstellt, und haben zweitens von Abbildungen einer Figur durch Spiegelungen Gebrauch gemacht. Diese beiden Prinzipien bilden auch für den zweiten Beweis die Grundlage; die Gegenüberstellung ihrer verschiedenen Verwendung in beiden Fällen ist gerade von besonderem Interesse. Der folgende Beweis rührt von dem ungarischen Mathematiker L. Fejér her, der ihn noch als Student gefunden und damit das besondere Gefallen von H. A. Schwarz erregt hat.

2. In das gegebene spitzwinklige Dreieck ABC (Fig. 27) sei das beliebige Dreieck UVW eingeschrieben, und zwar liege U auf BC, V auf CA, W auf AB.

Es werde nun der Punkt U an den beiden Geraden AC und AB gespiegelt; seine Spiegelbilder seien bzw. U' und U''. Dann ist auf Grund der Spiegelung die Strecke UV gleich der Strecke $U'V$ und aus demselben Grunde $UW = U''W$.

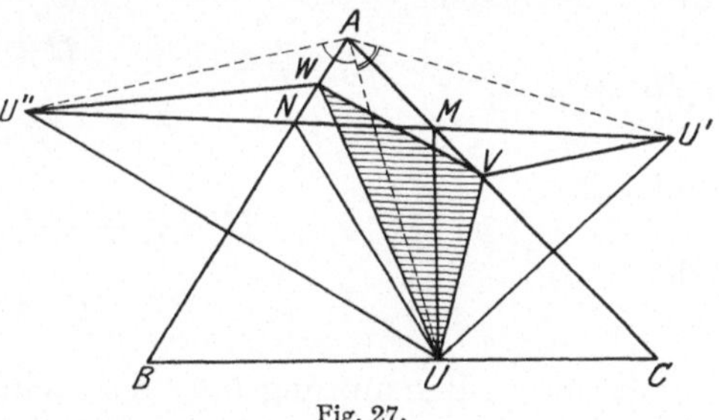

Fig. 27.

Der Umfang des Dreiecks UVW, der sich aus den Strecken UV, VW, WU zusammensetzt, ist daher ebenso groß wie die Länge des Streckenzuges $U'VWU''$.

Hält man nun den Punkt U fest und erteilt den Punkten V und W andere Lagen, so bleiben die nur durch U und das Dreieck ABC bestimmten Punkte U' und U'' fest. Der Streckenzug $U'VWU''$ bleibt dann also zwischen den festen Punkten U' und U'' eingespannt, und stets stellt dieser Streckenzug den Umfang von UVW dar. Der die Punkte U' und U'' verbindende Streckenzug ist aber nach dem vorhin erwähnten Prinzip dann am kürzesten, wenn er selbst eine gerade

Strecke ist. Die gerade Strecke $U'U''$ ist danach der kürzeste Umfang, den ein eingeschriebenes Dreieck mit der festgehaltenen Ecke U annehmen kann. Dieses Dreieck minimalen Umfangs mit der Ecke U heiße UMN.

3. Da wir nun unter allen eingeschriebenen Dreiecken mit der gemeinsamen Ecke U das von kleinstem Umfang herausgesucht haben, so brauchen wir nur noch die Minimaldreiecke, die zu verschiedenen Lagen von U gehören, zu vergleichen und aus ihnen dasjenige kleinsten Umfanges herauszusuchen, das dann also überhaupt unter allen eingeschriebenen Dreiecken den kleinsten Umfang aufweisen wird.

Es handelt sich nun also darum, U so zu legen, daß die Strecke $U'U''$ möglichst klein wird. Zu diesem Zwecke bemerken wir, daß das Dreieck $AU'U''$ *gleichschenklig* ist mit den beiden Schenkeln AU' und AU''. Denn diese Strecken sind darum einander gleich, weil jede Spiegelbild derselben Strecke AU ist, $AU = AU' = AU''$.

Während nun hiernach die Länge der beiden Schenkel des Dreiecks $AU'U''$ gleich AU ist, also von der Lage von U auf BC abhängt, ist *die Größe des Winkels $U''AU'$ von der Lage von U unabhängig* und vielmehr von vornherein durch das gegebene Dreieck ABC bestimmt. Denn auf Grund der Spiegelung gelten folgende Gleichungen zwischen den Winkeln der Figur

$$UAB = U''AB, \quad UAC = U'AC.$$

Daher ist erstens

$$U''AU = 2\,UAB$$

und zweitens

$$U'AU = 2\,UAC$$

und daher

$$U'AU + U''AU = 2\,UAB + 2\,UAC$$

oder

$$U'AU'' = 2\,BAC,$$

womit unsere Behauptung über den Winkel $U'AU''$ bewiesen ist.

4. In dem gleichschenkligen Dreieck $AU'U''$ ist nun die möglichst kurz zu machende Strecke $U'U''$ die Basis. Da der Winkel an der Spitze durch die Lage von U nicht beeinflußt wird, so stimmen alle Dreiecke $AU'U''$, die bei beliebiger Lage von U entstehen, in dem Winkel an der Spitze überein. Unter ihnen hat dasjenige die kürzeste Basis, das auch die kürzesten Schenkel hat. Die Schenkel AU' und AU'' haben aber die Länge AU. Also erhalten wir die kürzeste Strecke $U'U''$, wenn wir U so wählen, daß AU möglichst kurz ist.

Die Strecke AU stellt aber eine Verbindung des Punktes A mit der Geraden BC dar. Da nun bekanntlich die kürzeste Verbindung eines Punktes mit einer Geraden durch das von dem Punkte auf die Gerade gefällte Lot geleistet wird, so muß AU auf BC senkrecht stehen, oder anders ausgedrückt, AU muß die von A ausgehende „Höhe" im Dreieck ABC sein.

5. Jetzt läßt sich das eingeschriebene Dreieck EFG kleinsten Umfanges konstruieren. Zunächst sei E der Fußpunkt des von A auf BC gefällten Lotes. Sind E' und E'' die Spiegelbilder von E, die durch Spiegelung an AC und AB entstehen, so ist $E'E''$ die Länge des kleinsten Umfanges eines eingeschriebenen Dreiecks. Die Schnitt-
punkte F und G der Geraden $E'E''$ mit den Seiten AC und AB sind die weiteren Ecken des gesuchten Minimaldreiecks.

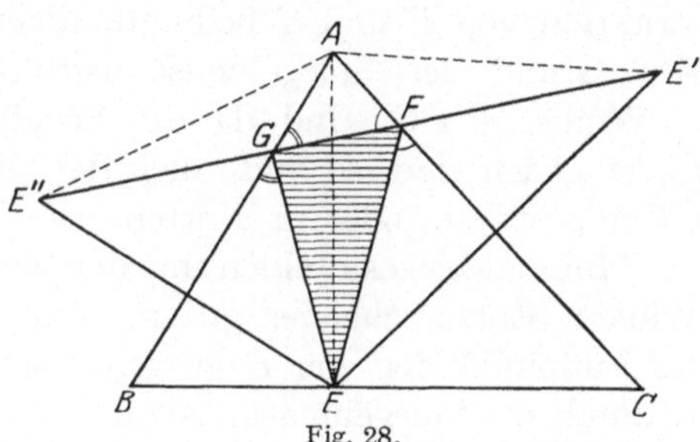

Fig. 28.

Jedes von EFG verschie-
dene eingeschriebene Dreieck UVW muß wirklich einen grö-
ßeren Umfang als EFG haben, wie wir einsehen, wenn wir unseren Gedankengang noch einmal über-
blicken. Denn entweder ist sein Eckpunkt U von E verschieden; dann gehört zu ihm eine Strecke $U'U''$, die größer als $E'E''$ ist, und die von dem Umfang jenes Dreiecks nicht unterschritten werden kann. Oder seine Ecke U fällt auf E. Dann muß mindestens eine von den Ecken V und W von F und G verschieden sein und daher der Streckenzug $E'VWE''$ von der geraden Verbindung $E'FGE''$ abweichen, also auch in diesem Falle der Umfang von UVW größer sein als der von EFG.

6. Die Aufgabe, ein eingeschriebenes Dreieck von möglichst kleinem Umfang zu suchen, hat also nur eine Lösung. Diese Eindeutigkeit machen wir uns noch für einige weitere Schlüsse zunutze. Unsere Konstruktion des Minimaldreiecks verlief nämlich für seine drei Ecken durchaus nicht gleichartig. Die eine Ecke E wird als Fußpunkt der Höhe durch A gefunden. Die beiden weiteren Ecken F und G werden dann aber ohne Zuhilfenahme der Höhen durch B und C, vielmehr durch eine gewisse von E ausgehende Spiegelungskonstruktion bestimmt.

Nun hätte man aber alle Betrachtungen an dem Dreieck ABC, die die Ecke A betrafen, auch z. B. an der Ecke B ausführen können, also statt in 2. den Punkt U an den Seiten AB und AC zu spiegeln, den Punkt V an den Seiten BA und BC spiegeln und demgemäß fort-
fahren können. Dann hätte sich als Minimaldreieck ein solches ergeben, dessen Ecke F Fußpunkt der von B ausgehenden Höhe ist. Da es nun aber nur *ein* Minimaldreieck gibt, wie wir vorhin festgestellt haben, so muß die von B ausgehende Konstruktion zu demselben Dreieck EFG führen wie die von A ausgehende. Da das gleiche für eine Bevorzugung des Punktes C gilt, so schließen wir, daß in dem Minimaldreieck EFG nicht nur E, sondern auch F und G Höhenfußpunkte sind. Damit haben

wir den angekündigten Satz über die Minimaleigenschaft des Höhenfußpunktdreiecks bewiesen.

7. Unser Beweis liefert uns aber zugleich noch mehr. Während wir nämlich eben auf Grund der Eindeutigkeit der Lösung den Punkten F und G eine Eigenschaft zugeschrieben haben, die wir an E vorfinden, so können wir auch umgekehrt schließen, daß eine durch die Konstruktion von F und G bedingte Eigenschaft auch für E gelten muß. Auf Grund der Spiegelungskonstruktion ist nämlich Winkel EFC $=$ Winkel $E'FC$. Und da die Scheitelwinkel $E'FC$ und GFA einander gleich sind, so muß auch die Gleichung Winkel $EFC =$ Winkel GFA bestehen, oder in Worten: Die beiden durch F gehenden Seiten des Minimaldreiecks bilden mit der Seite AC des Grunddreiecks gleiche Winkel. Entsprechendes gilt im Punkte G. Da wir nun, wenn wir F als Fußpunkt der von B ausgehenden Höhe konstruiert hätten, dann E durch die Spiegelungskonstruktion hätten finden können, so müssen die Winkel GEB und FEC bei E auch einander gleich sein.

Sehen wir einmal von der Minimaleigenschaft des Dreiecks EFG ab, so wissen wir aus 6., daß EFG sich als Höhenfußpunktdreieck eindeutig charakterisieren läßt. Verbinden wir diese Auffassung mit der eben durchgeführten Überlegung, so gelangen wir zu dem Satz:

Die Seiten des einem spitzwinkligen Dreieck ABC eingeschriebenen Höhenfußpunktdreiecks bilden derartig mit den Seiten von ABC paarweise gleiche Winkel, daß je einer Seite von ABC ein Paar gleicher Winkel anliegt.

Dieser Satz enthält nun keine Aussage über ein Minimum mehr und gehört seinem Typus nach ganz der herkömmlichen Elementargeometrie an, innerhalb deren er sich auch beweisen lassen muß. Das haben wir in Kapitel 5 auch wirklich ausgeführt. Der SCHWARZsche Beweis über die Minimaleigenschaft des Höhenfußpunktdreiecks benötigte nämlich diese elementargeometrische Ergänzung, die wir durch Heranziehung von Sätzen aus der Kreislehre gegeben haben. Ein Vorzug des FEJÉRschen Beweises liegt demgegenüber darin, daß er ohne weitere Hilfsmittel außer den Prinzipien der kürzesten Verbindung und der Spiegelungsabbildung zum Ziele führt. Außerdem ist der FEJÉRsche Beweis noch dadurch ausgezeichnet, daß in ihm nur zwei Spiegelungen benutzt werden, während im SCHWARZschen Beweis sechs Spiegelungen auftreten.

Es gibt zu dem Satz vom Höhenfußpunktdreieck ein Seitenstück, das folgendermaßen lautet:

In jedem spitzwinkligen Dreieck ABC gibt es einen und nur einen Punkt P, dessen Abstände von den drei Ecken eine minimale Summe haben. Dieser Punkt P liegt so, daß seine geradlinigen Verbindungen mit den drei Ecken untereinander Winkel von 120° bilden.

L. Schruttka hat in der Festschrift zum fünfzigjährigen Doktorjubiläum von Hermann Amandus Schwarz (Berlin 1914) einen Beweis für diesen Satz gegeben, der dem Beweise von H. A. Schwarz aus unserer 5. Vorlesung bewußt nachgebildet ist. Kürzlich hat ein Königsberger Student, Herr Bückner, einen bemerkenswert kurzen Beweis für diesen Satz gefunden, der dem Schruttkaschen in ähnlicher Weise an die Seite tritt wie der Fejérsche dem von H. A. Schwarz (Abb. 29a, b). Er wird nur wenige Zeilen in Anspruch nehmen.

Es sei nämlich P ein beliebiger Punkt in dem Dreieck ABC. Das Dreieck ACP werde um den Punkt A um 60^0 gedreht und kommt dann

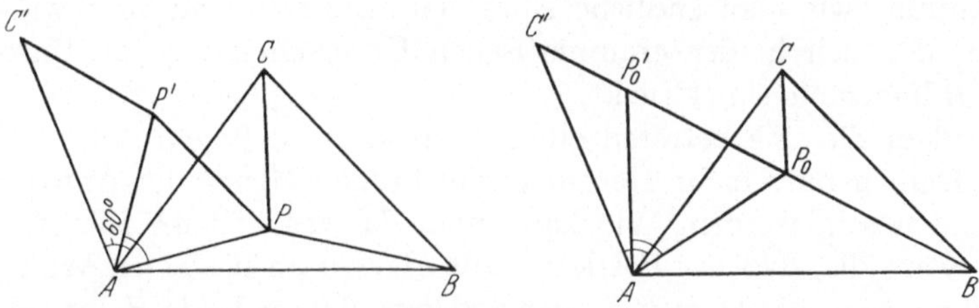

Fig. 29 a und b.

in die Lage $AC'P'$. Die Drehung soll in dem Sinn erfolgen, daß AC von dem Dreieck ABC weggedreht wird, also nachher die Gerade AC zwischen AB und AC' liegt. Dann ist $C'P' = CP$, $PP' = AP$ (denn das Dreieck APP' ist nicht nur gleichschenklig, sondern wegen des Winkels von 60^0 bei A auch gleichseitig). *Der Streckenzug $BPP'C'$ stellt also schon die Summe der Entfernungen von P von den drei Ecken A, B, C dar.* Der Punkt C' ist von der Lage von P völlig unabhängig. Alle bei beliebiger Lage von P in dem Dreieck sich ergebenden Streckenzüge sind zwischen B und C' eingespannt. Der kürzeste unter diesen Streckenzügen ist aber die gerade Strecke BC' selbst. Der Punkt P_0 liegt also bei Erfüllung der Minimalforderung auf der Strecke BC', und zwar ist seine Lage eindeutig dadurch bestimmt, daß der Winkel AP_0C' gleich 60^0 werden muß. Der Nebenwinkel AP_0B ist also 120^0. Die Konstruktion zeigt, daß es nur *einen* Minimalpunkt P_0 geben kann. Folglich führt die Konstruktion bei Vertauschung der Ecke A mit den andern Ecken zu demselben Punkt P_0, also sind auch die Winkel BP_0C und CP_0A je 120^0 groß.

7. Etwas von der Mengenlehre.

Wenn ich Ihnen heute über einen Gegenstand vortrage, der sich mit den Grundlagen meiner Wissenschaft eng berührt, so geschieht es nicht um der philosophischen Bedeutung der Grundlagen willen, sondern wegen der ganz ohne Vorkenntnisse verständlichen Begriffsbildungen und Schlußweisen des großen Begründers der Mengenlehre, Georg

CANTOR, und wegen der echt mathematischen Art dieser Schlußweisen. Denn gerade mit einem Minimum von aufzuwendendem Apparat, durch reine Gedanken, nicht durch eine Anhäufung von Rechenkunststücken, nicht-triviale Erkenntnisse zu gewinnen, das ist echte Mathematik.

Was gibt es mehr, ganze Zahlen oder gerade? Was gibt es mehr, Punkte in einer Strecke oder im ganzen Flächenstück eines Quadrats? Von solchen und ähnlichen Fragen ist G. CANTOR ausgegangen. Natürlich haben solche Fragen in dieser Gestalt keinen präzisen Sinn, und es ist CANTORS erster, bedeutungsvoller Schritt, daß er ihnen einen solchen klaren Sinn als erster beigelegt hat. Er hat dabei an die Art und Weise angeknüpft, wie man endliche Anzahlen ermittelt, und an den Unterschied, der sich in der grammatischen Unterscheidung von Kardinal- und Ordinalzahlen ausdrückt.

Denken Sie, Sie betreten einen Tanzsaal und fragen sich, ob wohl mehr Damen oder mehr Herren in der großen Menge der Anwesenden vorhanden sein werden. Wie kann man das feststellen? Die eine Methode wäre die, daß der Festleiter alle Herren an der einen Wand sich aufreihen läßt, alle Damen an der anderen, daß er beide Reihen durchzählt und die Zahlen vergleicht. Die andere Methode ist die weit einfachere: er läßt den Tanz beginnen; jeder Herr engagiert eine Dame, und ganz von selbst zeigt sich, ob Herren übrigbleiben oder Damen.

Dieses Prinzip der Paarung ist es, das CANTOR zum Ausgangspunkt genommen hat. Wenn er wissen will, ob es mehr ganze Zahlen gibt als gerade, so fragt er, ob er zwischen beiden Sorten eine Paarung vornehmen kann, die aufgeht oder nicht. Und in der Tat, man kann eine solche Paarung finden, bei der jede ganze Zahl eine gerade engagiert und keine sitzenbleibt. Man paare so:

$$1, 2, 3, 4, \quad 5, \quad 6, \ldots$$
$$2, 4, 6, 8, 10, 12. \ldots$$

in dem Sinne, daß jede ganze Zahl der oberen Serie mit der unter ihr stehenden geraden Zahl der unteren Serie gepaart sei. Keine einzige Zahl der beiden Sorten geht dabei leer aus. Es tritt hier das Merkwürdige ein, daß die Paarung zwischen der oberen Reihe und der unteren restlos aufgeht, obgleich die untere Reihe nicht irgend welche anderen Dinge enthält, sondern einen Teil derjenigen, die in der oberen Reihe stehen, aber auch nur einen *Teil* davon.

Ein Einwand wird sich Ihnen allen hierbei aufdrängen. Sie werden den einen großen Unterschied bemerken, der zwischen diesem Falle und dem der endlichen Zahlen besteht. In dem Tanzsaal, von dem wir vorhin sprachen, ist es ganz gleichgültig, welcher Herr welche Dame engagiert; wie auch immer diese vielfältigen Wahlen ausfallen mögen, die die Gemüter der Beteiligten in erster Reihe beschäftigen, die Zahl der Sitzenbleibenden wird davon unberührt, unabänderlich stets die gleiche sein, solange nicht neue Personen den Saal betreten oder andere ihn verlassen. Bei den ganzen und den geraden Zahlen liegt das allerdings anders. Oben wurde eine Paarung beschrieben, die gerade aufging; es ist leicht, daneben eine andere zu schildern, die nicht aufgeht, sondern die ganzen Zahlen ins Übergewicht setzt. Ich brauche nur die Paarung vorzunehmen, die eigentlich die nächstliegende ist, daß ich 2 mit 2, 4 mit 4, 6 mit 6 paare usf., dann ist zwar jede gerade Zahl darangekommen, aber alle ungeraden Zahlen sind — auf der Seite der ganzen Zahlen — leer ausgegangen. Das Wesentliche an der Cantorschen Begriffsbildung ist also, daß er auf die Willkürlichkeit der Paarung verzichtet, daß er nur verlangt, daß man überhaupt *eine* Paarung finden kann, die aufgeht, und daß er dann sagt, die beiden betrachteten *Mengen seien „von gleicher Mächtigkeit“.*

Die nächste Feststellung von CANTOR ist, daß die *Menge aller rationalen Zahlen, d. i. aller ganzen Zahlen und Brüche zusammengenommen, nicht mächtiger ist als die der ganzen Zahlen.*

Die Paarung, die dies dartut, beruht darauf, daß man die sämtlichen Brüche nicht nach ihrer Größe, sondern nach der Größe von Zähler und Nenner zusammengenommen ordnet. Man nimmt erst alle Brüche — natürlich nur die gekürzten — wo die Summe von Zähler und Nenner 2 beträgt; da kommt nur $\frac{1}{1} = 1$ in Betracht; sodann alle mit der Summe 3, nämlich $\frac{1}{2}$ und $\frac{2}{1} = 2$; sodann $\frac{1}{3}$, $\frac{2}{2}$, $\frac{3}{1}$, wovon $\frac{2}{2}$ ausscheidet, da es nicht gekürzt ist; dann $\frac{1}{4}$, $\frac{2}{3}$, $\frac{3}{2}$, $\frac{4}{1}$ usf. und in dieser Reihenfolge schreibe man sie unter die Reihe der natürlichen Zahlen:

$$
\begin{array}{cccccccccccc}
1 & 2 & 3 & 4 & 5 & 6 & 7 & 8 & 9 & 10 & 11 & 12\ldots \\
1 & \frac{1}{2} & 2 & \frac{1}{3} & 3 & \frac{1}{4} & \frac{2}{3} & \frac{3}{2} & 4 & \frac{1}{5} & 5 & \frac{1}{6}\ldots
\end{array}
$$

und erhält durch die Paarung übereinanderstehender die erschöpfende Paarung. Denn in der unteren Reihe kann keine rationale Zahl fehlen, jede hat schließlich eine bestimmte Summe von Zähler und Nenner und muß sicher einmal darankommen.

CANTOR drückt diese überraschende Tatsache wohl auch so aus, daß die Menge der rationalen Zahlen „abzählbar“ ist, da das Paaren mit den natürlichen Zahlen auf ein Abzählen hinausläuft. Er nennt also eine Menge abzählbar, wenn sie sich mit der Menge der natürlichen Zahlen paaren läßt, wenn sie mit der Menge der natürlichen Zahlen die gleiche Mächtigkeit hat. Er beweist dann, daß einige Mengen, die scheinbar noch wieder sehr viel umfangreicher als die Menge der Brüche sind, ebenfalls nicht mächtiger sind. Wir übergehen diese Überlegungen, die allerlei höhere mathematische Kenntnisse einbegreifen und doch nur weitere Illustrationen für das sind, was eben an einem Falle erläutert wurde.

Sodann kommt CANTOR zu derjenigen Tatsache, die seine Theorie erst lebensfähig macht, indem sie zeigt, daß es überhaupt Mengen gibt, die mächtiger sind als die der natürlichen Zahlen. Er beweist nämlich, *daß die Menge aller Punkte einer Strecke von größerer Mächtigkeit ist als die Menge der natürlichen Zahlen.* Der Beweis geht indirekt vor: gesetzt, sagt er, es gäbe eine Paarung der Punkte etwa der Strecke von 1 m Länge mit den ganzen Zahlen, also eine Abzählung der Punkte dieser Strecke, so läßt sich ein Widerspruch herleiten. Gesetzt also, man könnte die Punkte der Strecke irgendwie abzählen, man könnte sie der Reihe nach hinschreiben, selbstverständlich nicht in ihrer natürlichen Anordnung, sondern in irgendeiner anderen Reihenfolge, einen 1., einen 2. usf. Man wird am besten tun, die Punkte unserer Meterstrecke zahlenmäßig zu charakterisieren, durch die cm, mm usw., die man auf dem Metermaß abliest, also z. B. den Mittelpunkt der Strecke durch das Maß 0,5, und jeden anderen Punkt also durch einen Dezimalbruch, der bei vollkommener Genauigkeit unendlich viele Stellen enthalten wird, z. B. für den Endpunkt des 1. Drittels der Strecke 0,33333.... Was man so — nach der Annahme des indirekten Beweises — in eine Reihe abzählen könnte, wären also anstatt der Punkte der Meterstrecke die sie messenden unendlichen Dezimalbrüche; an der 1. Stelle würde irgendein solcher unendlicher Dezimalbruch stehen, der 0, ... lautet, an der 2. Stelle wieder ein solcher usf. Das Bild dieser abgezählten Reihe von unendlichen Dezimalbrüchen würde also von der Art sein, wie in dem folgenden, nur zur Illustration gewählten Beispiel — wir schreiben die Reihe diesmal aus technischen Gründen nicht horizontal, sondern vertikal auf:

$$
\begin{array}{ll}
1. & 0,\ 3\ 5\ 4\ 2\ 0\ldots \\
2. & 0,\ 6\ 1\ 7\ 7\ 3\ldots \\
3. & 0,\ 5\ 5\ 5\ 4\ 9\ldots \\
4. & 0,\ 0\ 1\ 0\ 0\ 7\ldots \\
5. & 0,\ 2\ 0\ 2\ 0\ 6\ldots \\
& \cdots\cdots\cdots\cdots \\
& \cdots\cdots\cdots\cdots
\end{array}
$$

Und nun soll gezeigt werden, daß man doch einen Punkt, das heißt also einen Dezimalbruch 0, ... finden kann, der in dieser Folge nicht darinsteht. Ich konstruiere ihn folgendermaßen: ich wähle als seine 1. Ziffer hinter dem Komma eine solche, die von der 1. Ziffer des 1. Dezimalbruchs der abgezählten Folge verschieden ist; dabei hat man noch zwischen 9 Ziffern die Wahl; um etwas Bestimmtes zu sagen, sage ich, ich nehme die Ziffer 1, es sei denn, daß die 1. Ziffer des 1. Dezimalbruchs gerade 1 ist; in diesem Falle nehme ich 2. Sodann ist soviel sicher, daß wie ich auch die weiteren Ziffern des zu konstruierenden Dezimalbruchs noch wählen werde, er jedenfalls von dem 1. Dezimalbruch der abgezählten Folge verschieden sein wird; denn wenn zwei Dezimalbrüche bereits in der 1. Ziffer verschieden sind, können sie, selbst wenn alle weiteren Ziffern übereinstimmen sollten, nicht denselben Punkt charakterisieren. Die 2. Ziffer wähle ich nun weiter = 1, außer wenn, wie in dem oben hingeschriebenen Zahlenbeispiel, der zweite Dezimalbruch an zweiter Stelle gerade eine 1 aufweist; in diesem Falle wähle ich die 2. Ziffer gleich 2, also auf jeden Fall so, daß sie von der 2. Ziffer des 2. Dezimalbruchs verschieden ist. Dann wird der in Konstruktion befindliche Dezimalbruch auf jeden Fall nicht nur von dem 1., sondern auch von dem 2. Dezimalbruch der Folge verschieden sein. In dieser Weise fahre ich fort. Im vorliegenden Beispiel wird also der zu konstruierende Dezimalbruch so anfangen: 0, 1 2 1 1 ..., und da ich das Verfahren unbegrenzt fortsetzen kann, definiert sich damit ein unendlicher Dezimalbruch, der sicher von allen der abgezählten Folge verschieden ist. Diese Folge kann also nicht die sämtlichen unendlichen Dezimalbrüche 0, ... enthalten, entgegen der Annahme des indirekten Beweises. Also kann die Menge der Punkte einer Strecke nicht abzählbar sein.

Es soll ein kleiner Einwand nicht unerwähnt bleiben, den man gegen den gegebenen Beweis erheben kann und der CANTOR veranlaßt hat, dem Beweise eine ganz andere Gestalt zu geben, der sich aber in Wahrheit sehr leicht beseitigen läßt. Dieser Einwand kommt von den sog. Neunerreihen her, d. h. von den unendlichen Dezimalbrüchen, die von einer Stelle an nur noch Neunen enthalten; z. B. 0, 2 6 9 9 9 9 ... ist in Wahrheit nichts anderes als 0, 2 7 0 0 0 0 ..., oder, wie man in diesem Falle auch kurz zu schreiben pflegt, 0,27. Es liegt also hier der unangenehme Umstand vor, daß zwei verschiedene Dezimalbrüche einen und denselben Punkt charakterisieren, und das erscheint mißlich, insofern wir in unserem Beweise die Dezimalbrüche einfach zur Charakterisierung der Punkte der Meterstrecke benutzt haben. In Wahrheit ist die Sache leicht erledigt: wir verbieten einfach den Gebrauch der Neunerreihen. Eine Sorge könnte für den vorliegenden Beweis nur dadurch entstehen, daß der in seinem Verlauf konstruierte Dezimalbruch eine Neunerreihe werden könnte. Aber dafür ist in dem Beweis bereits gesorgt, daß das nicht passiert; denn dieser Dezimalbruch besteht aus lauter Ziffern 1 und 2, es kommt also eine 9 darin überhaupt nicht vor.

Das erlangte Resultat gestattet eine interessante Folgerung. Da die Menge der rationalen Zahlen als weniger mächtig erkannt ist als die aller Zahlen zwischen 0 und 1, so muß es sicher zwischen 0 und 1 Zahlen geben, die nicht rational sind. Das Vorhandensein irrationaler Zahlen ergibt sich hier also aus einer ganz allgemeinen Betrachtungsweise, ganz anders als in Kapitel 4.

Das nächste Resultat von CANTOR ist wieder eine Überraschung: *Die Menge der Punkte einer Quadratfläche ist nicht mächtiger als die Menge der Punkte der Seite des Quadrats.* Das Überraschende daran ist die völlige Verleugnung des Dimensionsbegriffes, die sich hier einstellt; die eindimensionale Strecke ist von der gleichen Mächtigkeit wie das zweidimensionale Quadrat, und es wäre genau so zu zeigen, daß auch der dreidimensionale Würfel nicht mächtiger ist.

Der Beweis geht, wie beim vorigen Satz, rechnerisch vor. Die Punkte der Strecke charakterisiert er wieder durch unendliche Dezimalbrüche $0,\ldots$, unter Ausschluß der Neunerreihen; die Punkte des Quadrats charakterisiert er durch Paare solcher Dezimalbrüche, nämlich einerseits durch den, der den Horizontalabstand x von der linken Quadratseite mißt, andererseits durch den, der den Vertikalabstand y von der unteren Quadratseite angibt. Die Paarung wird nun folgendermaßen hergestellt. Man geht von irgendeinem Punkt der Quadratfläche aus, P, bestimmt die beiden ihn charakterisierenden Dezimalbrüche

$$x = 0, a_1 a_2 a_3 \ldots, \qquad y = 0, b_1 b_2 b_3 \ldots,$$

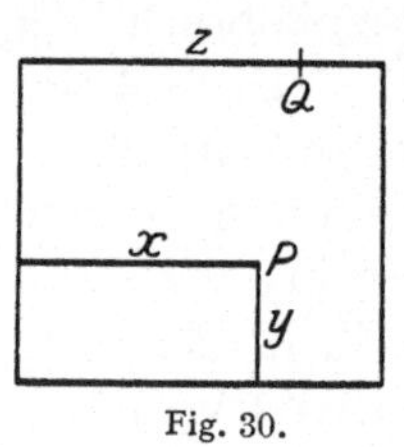

Fig. 30.

bildet aus ihnen den Dezimalbruch

$$z = 0,\, a_1 b_1 a_2 b_2 a_3 b_3 \ldots,$$

in dem die Ziffern der beiden Dezimalbrüche x, y durcheinandergeschoben sind, und bestimme diejenige Stelle Q der Strecke, die durch die Zahl z charakterisiert ist. Dem Mittelpunkt des Quadrats wird z. B. auf diese Art der aus $x = 0,500\ldots$ und $y = 0,500\ldots$ zusammengeschobene Dezimalbruch $z = 0,550000\ldots$ zugeordnet sein. Auf diese Weise ist also jedem Punkt des Quadrats ein Punkt der Strecke gepaart. Das wäre an sich noch keine Leistung, und ich könnte dasselbe einfacher machen. Wenn ich z. B. jedem Punkt P des Quadrats einfach den Fußpunkt seines Lots auf die untere Quadratseite zuordnen würde, so hätte ich dadurch jedem Punkt des Quadrats einen Punkt der unteren Quadratseite gepaart. Aber dabei würde jeder Punkt der unteren Quadratseite nicht nur mit *einem* Punkt des Quadratinneren gepaart sein, sondern mit allen den unendlichvielen, die das Lot mit diesem Fußpunkt erfüllen; das ist in der CANTORschen Vergleichung von Mengen genau so ausgeschlossen, wie es beim Tanze nicht in Betracht kommt, daß derselbe Herr mehrere Tänzerinnen zugleich hat. Die oben geschilderte raffiniertere Zuordnung aber hat die Eigenschaft, diesen Übelstand zu vermeiden. Denn würde ein anderer Punkt P' des Quadrats mit den bestimmenden Zahlen

$$x' = 0, a_1' a_2' a_3' \ldots, \qquad y' = 0, b_1' b_2' b_3' \ldots$$

derselben Stelle Q der oberen Quadratseite gepaart sein, also mit derselben bestimmenden Zahl z wie oben, so wäre

$$z = 0,\, a_1' b_1' a_2' b_2' a_3' b_3' \ldots;$$

aber zwei Dezimalbrüche haben nur dann den gleichen Wert, wenn sie Ziffer für Ziffer übereinstimmen. Also müssen alle Ziffern dieses Bruchs einzeln dieselben sein, wie die des obigen Bruchs für z, also

$$a_1' = a_1, \quad b_1' = b_1, \quad a_2' = a_2, \quad b_2' = b_2 \ldots,$$

und darin liegt zugleich, daß alle Ziffern von x' mit den entsprechenden von x übereinstimmen, und alle von y' mit den entsprechenden von y, entgegen der Annahme, daß P' von P verschieden ist. Verschiedenen Punkten des Quadrats kann also nicht der nämliche Punkt der Strecke gepaart sein. Die Paarung ist also eine vollkommene, wenn man noch zeigt, daß keine Tänzerin leer ausgegangen ist, daß jeder Punkt der Strecke wirklich einem Punkt des Quadrats gepaart ist. Das ist er in der Tat. Denn ist

$$z = 0, c_1 c_2 c_3 c_4 c_5 c_6 \ldots$$

seine bestimmende Zahl, so ist der Punkt des Quadrats mit den bestimmenden Zahlen

$$x = 0, c_1 c_3 c_5 \ldots, \qquad y = 0, c_2 c_4 c_6 \ldots$$

offenbar so beschaffen, daß ihm der Punkt der Strecke mit der aus diesen beiden durcheinandergeschobenen Dezimalbrüchen gebildeten Zahl gepaart ist, und das ist gerade die Ausgangszahl z.

Gegen diesen Beweis ist wieder der Einwand der Neunerreihen zu erheben. Bestimmt man nämlich den Punkt des Quadrats, dem der Punkt der Strecke mit der Maßzahl $0{,}2202020\ldots$ gepaart ist und der durch die beiden Zahlen

$$x = 0{,}2000\ldots, \quad y = 0{,}2222\ldots$$

charakterisiert wird, und andererseits den · dem Streckenpunkt $0{,}12929292\ldots$ zugehörigen Punkt

$$x' = 0{,}1999\ldots, \quad y' = 0{,}2222\ldots,$$

so tritt hier eine Neunerreihe auf und die Folge ist, daß zwei gänzlich verschiedene Punkte der Strecke demselben Punkt des Quadrats gepaart sind.

Durch einen ganz einfachen, wenn auch nicht selbstverständlichen Trick läßt sich dieser Mangel ausbessern. In der angegebenen Form allerdings ist der Beweis zunächst — daran ist nichts zu ändern — falsch; aber er wird durch die folgende Modifikation richtig. In dem Falle nämlich, wo in einem Dezimalbruch Neunen auftreten, fasse man diese immer mit der nächsten von 9 verschiedenen Ziffer zu einem „Molekül" zusammen, also z. B. in der Weise $0{,}(1)(2)(92)(92)(92)\ldots$ oder, um ein anderes Beispiel zu nehmen, $0{,}(7)(3)(94)(990)(9997)\ldots$, und betrachte diese Moleküle als unzertrennlich, spalte also z. B. den letztgenannten Wert, falls er als z-Wert auftritt, in der Art

$$x = 0{,}(7)(94)(9997)\ldots, \quad y = 0{,}(3)(990)\ldots$$

auf. Dann ist die Paarung nach einer anderen Regel vollzogen als oben, und man überlegt sich leicht, daß unter Beibehaltung des Verbotes der Neunerreihen nun der Einwand fortfällt.

An dieser Stelle seines Ganges trat CANTOR ein sehr merkwürdiges Problem in den Weg, nämlich die Frage, ob zwischen der Menge der natürlichen Zahlen und der Menge der Punkte einer Strecke eine Menge eingeschoben werden kann, die zwar mächtiger ist als die Menge der natürlichen Zahlen, aber weniger mächtig als die Menge der Punkte einer Strecke, oder ob es eine solche Zwischenmenge nicht gibt. Dieses Problem, das unter dem Namen „*Kontinuumproblem*" bekannt ist und an das CANTOR wie an eine harte, steile Mauer angerannt ist, ist noch heute ungelöst. Wohl nie ist ein mathematisches Problem mit einem so minimalen Apparat an Vorkenntnissen, die seine Formulierung voraussetzt, aufgestellt worden — man braucht dazu nicht einmal die Schulkenntnisse, sondern nur den Begriff der ganzen Zahl und der Strecke zu besitzen, sonst nichts —, das so ausgedehnten Anstrengungen getrotzt hätte wie dieses. Es ist natürlich keine Kunst in der Mathematik, innerhalb komplizierter Begriffssysteme Dutzende von Fragen zu stellen, die auch kluge Mathematiker nicht leicht, vielleicht auch nach heißem Bemühen nicht erledigen können. Aber aus einfachen Begriffen eine Frage aufzubauen, die nicht auch sehr einfach zu lösen ist, die nicht trivial ist, das ist die eigentliche Kunst mathematischer Problemstellung, das ist das eigentliche Wunder dieser sich ganz aus sich selbst bildenden Wissenschaft. Das Kontinuumproblem stellt also von diesem Gesichtspunkt aus betrachtet, d. h. als Problemstellung bewertet, eine glänzende Leistung dar.

Man hat sehr bald erkannt, daß seine Behandlung an das Fundament der Mengenlehre und damit der ganzen Mathematik rührt, daß sie nicht möglich ist, ohne die Begriffsbestimmung des Wortes Menge einer tiefen Analyse zu unterziehen. Man ist auf eine solche Analyse noch sinnfälliger gedrängt worden durch die Aufstellung des folgenden *Paradoxons*, mit der wir unser Thema beschließen wollen.

Wir haben andauernd von Mengen geredet, und diese Mengen bestanden aus irgendwelchen „Elementen". Die Menge der Punkte einer Strecke z. B. hat die einzelnen Punkte der Strecke zu ihren Elementen, ebenso sind die einzelnen ganzen Zahlen die Elemente der Menge der ganzen Zahlen, die Elemente sind bei einer Menge, was die Mitglieder bei einem Verein sind. Ein Verein kann unter Umständen auch juristische Personen als Mitglieder haben, die ihrerseits Vereine sind, wie z. B. der Reichsverband der deutschen Mathematiker überhaupt nichts anderes ist als ein Verband verschiedener mathematischer Vereine, wie der Deutschen Mathematikervereinigung, des Vereins zur Förderung des mathematischen Unterrichts u. a. Ebenso können sich unter den Elementen einer Menge solche befinden, die ihrerseits wieder

Mengen sind; etwa die Menge aller abzählbaren Mengen hat nur solche Elemente, die selbst Mengen sind. So wenig ein einzelnes Mitglied der Deutschen Mathematikervereinigung als solches auf einer Sitzung des Reichsverbandes Deutscher Mathematiker stimmberechtigt ist, so wenig ist die Zahl $\frac{1}{5}$, die Element der Menge aller rationalen Zahlen ist, ein Element der Menge aller abzählbaren Mengen, sondern die Menge der rationalen Zahlen selbst ist erst, wie oben bewiesen, ein Element dieser großen Menge.

Nach dieser begrifflichen Vorübung können wir jetzt die eigenartige Frage stellen, ob eine Menge wohl sich selbst als Element enthalten kann. Die gewöhnlichen Mengen, an die wir bisher gedacht haben, tun dies natürlich alle nicht. Es ist aber leicht einzusehen, daß es immerhin solche ungewöhnlichen Mengen geben muß. Denn die Menge aller überhaupt denkbaren Mengen tut es gewiß, da sie selbst eine Menge ist. Es gibt also Mengen von dieser ungewöhnlichen Art. Nennen wir für den Augenblick solche Mengen, die sich selbst als Element enthalten, ungewöhnliche Mengen, die anderen gewöhnliche Mengen.

Wir gehen nun noch einen Schritt weiter und betrachten die Menge aller gewöhnlichen Mengen. Heiße sie $\mathfrak{W}$. Und wir stellen die Frage: ist $\mathfrak{W}$ selbst eine gewöhnliche Menge oder eine ungewöhnliche? Entweder muß sie doch eine ungewöhnliche Menge sein oder eine gewöhnliche. Ist sie eine ungewöhnliche Menge, so kommt sie selbst unter ihren Elementen vor, d. h. sie kommt unter den gewöhnlichen Mengen — das sind doch die Elemente von $\mathfrak{W}$ — vor, im Widerspruch zu ihrem Charakter als ungewöhnliche Menge. Wäre sie dagegen eine gewöhnliche Menge, so käme sie nicht unter ihren Elementen, den gewöhnlichen Mengen vor, wäre also notgedrungen eine nicht gewöhnliche, eine ungewöhnliche Menge, wieder entgegen ihrem vorausgesetzten Charakter. Also führt auch diese zweite Möglichkeit auf einen Widerspruch, also auf eine absolute Paradoxie.

Diese Paradoxie ist keine spezifische Angelegenheit der Mengenlehre. Um dies deutlich zu machen, sei eine scherzhafte Formulierung derselben Paradoxie angeführt, in der von Mengen nichts vorkommt. Bei einem Regiment ist ein Soldat beauftragt, die Geschäfte des Barbiers zu besorgen; genauer lautet sein Auftrag, alle im Regiment zu barbieren, die sich nicht selbst barbieren. Wie soll es dieser Mann mit sich selbst halten? Barbiert er sich, dann ist er einer, der sich selbst barbiert, den er also nicht barbieren soll; barbiert er sich aber nicht, so ist er einer, der sich nicht selbst barbiert, den er also gerade barbieren soll. Was also soll der Mann machen, um den ihm erteilten Auftrag strikte auszuführen?

Das ist eine rein logische Paradoxie, auf die man durch die Mengenlehre zuerst in solcher Unausweichlichkeit geführt worden ist, die aber nicht an die Mengenlehre als solche gebunden ist. Die alte, langweilige Logik ist so zu einem interessanten Fall geworden. In der

Tat sind Logiker und Mathematiker in gemeinsamer angestrengter Arbeit seit Jahren beschäftigt, die Logik aus ihrer alten aristotelischen Form zu befreien, und noch ist nicht abzusehen, welches neue Gewand die Dinge dabei erhalten werden.

8. Über kombinatorische Probleme.

1. Die Art der Probleme, die uns jetzt beschäftigen sollen, machen wir uns am besten an einem Beispiele deutlich. Es seien etwa 4 rote, 1 schwarze, 2 weiße Kugeln gegeben, was wir durch die Anfangsbuchstaben der Farben

$$R,\ R,\ R,\ R,\ S,\ W,\ W$$

andeuten wollen. Diese 7 nur durch ihre Farbe unterschiedenen, sonst gleich großen und gleichartigen Kugeln sollen nun etwa in zwei Gefäße A und B gelegt werden, die zusammen genau für alle Kugeln Platz haben; A fasse 3 Kugeln, B 4 Kugeln und nicht mehr. Wir fragen: *auf wie viele Weisen lassen sich die 7 farbigen Kugeln auf die Gefäße A und B verteilen?*

Da wir hier in diesem einfachen Falle nur die zwei Gefäße A und B haben, so genügt es, den Inhalt des einen, etwa A, anzugeben. In B müssen dann jeweils die 4 anderen Kugeln liegen. Wir gehen nun in einer Art von systematischem Durchmustern der Möglichkeiten vor. Zunächst ist es möglich, A nur mit roten Kugeln zu füllen, die vier übrigen Kugeln gehören dann in B:

1.   in A: RRR,   in B: $RSWW$.

Welche drei von den vier roten Kugeln wir zur Füllung von A benutzt haben, ist dabei völlig gleichgültig, da die Kugeln sich nur durch ihre Farbe unterscheiden sollen, gleichfarbige also für ununterscheidbar gelten.

Ferner kann A auch nur 2 rote Kugeln enthalten, dann muß entweder eine schwarze oder eine weiße zur Füllung von A hinzukommen:

2.   in A: RRS,   in B: $RRWW$,

3.   in A: RRW,   in B: $RRSW$.

Oder weiter, A enthält nur eine rote Kugel, dann sind die beiden anderen, wie man sofort sieht, SW oder WW, also hat man

4.   in A: RSW,   in B: $RRRW$,

5.   in A: RWW,   in B: $RRRS$.

Oder endlich, in A liegt gar keine rote Kugel, dann müssen die drei nicht-roten Kugeln SWW zur Füllung von A herangezogen werden:

6.   in A: SWW,   in B: $RRRR$.

Wir sehen also, daß es 6 mögliche Verteilungen von 4 roten, 1 schwarzen, 2 weißen Kugeln auf zwei Gefäße von je 3 und 4 Kugeln Fassungsvermögen gibt. Um uns in diesem Abschnitt kurz ausdrücken zu können, wollen wir sagen: die Zahl der Verteilungen von 4, 1, 2 Kugeln[1] auf Gefäße der Inhaltsmaße 3, 4 ist 6, oder noch kürzer in Zeichen

$$\{4,\, 1,\, 2 \mid 3,\, 4\}_7 = 6\,.$$

Innerhalb der geschweiften Klammer stehen vor dem senkrechten Strich die Anzahlen von Kugeln der verschiedenen Farben, hinter dem Strich die Inhaltsmaße der Gefäße. *Die Summe der Zahlen vor dem senkrechten Strich muß natürlich gleich der Summe der Zahlen hinter dem Strich sein, da die Kugeln insgesamt gerade sämtliche Gefäße anfüllen sollen.* Diese Gesamtzahl der zu verteilenden Kugeln (in unserm Beispiel 7) schreiben wir der Deutlichkeit halber noch als Index hinten an die Klammer.

2. Nun brauchen weder gerade *drei* Farben noch *zwei* Gefäße gegeben zu sein. Allgemein seien n Kugeln von f verschiedenen Farben und g Gefäße vom Gesamtinhalt n gegeben. Das Symbol

$$(1) \qquad Z = \{r,\, s,\, \ldots \mid a,\, b,\, \ldots\}_n$$

soll dann die Zahl der Verteilungen von n Kugeln, und zwar r roten, s schwarzen usw. Kugeln auf Gefäße von den Inhaltsmaßen a, b, usw. angeben. Es wäre die Aufgabe, aus den Zahlen $n, r, s, \ldots, a, b, \ldots$ die Zahl Z zu berechnen. Wir wollen das zwar nicht in völliger Allgemeinheit, aber doch an verschiedenen Beispielen und wichtigen Spezialfällen durchführen.

Daß die zu verteilenden Gegenstände farbige Kugeln sind, ist natürlich nicht unerläßlich. Beispielsweise haben wir oben schon die Bezeichnung $R R R R S W W$ gebraucht, um 4 rote, 1 schwarze, 2 weiße Kugeln anzudeuten, und haben dann diese 7 *Buchstaben* in zwei *Haufen A* und *B* von 3 und 4 Buchstaben geteilt, anstatt die 7 *Kugeln* auf die beiden *Gefäße A* und *B* zu verteilen.

3. Die Bedeutung und Anwendbarkeit unseres Klammersymbols für die Zahl der Verteilungen wird uns aus einer Reihe von Beispielen noch klarer werden, in denen zunächst von farbigen Kugeln gar nicht die Rede sein wird. Wir werden allerdings jedes Beispiel so umzudeuten suchen, daß das Schema der Verteilung farbiger Kugeln zutage tritt.

Es werde etwa gefragt nach der *Anzahl der Möglichkeiten, n Personen auf n Plätzen unterzubringen*. Um hier eine Beziehung zu dem Problem der Verteilung von farbigen Kugeln auf Gefäße zu erkennen, müssen wir bedenken, daß die n Personen alle voneinander unter-

---

[1] Es erübrigt sich, die Farben zu nennen; mit den Farben Gelb, Grün, Blau würde man selbstverständlich dieselbe Verteilungszahl wie mit den oben gewählten Farben erhalten.

schieden werden. Wir können daher jeder eine Farbe (sozusagen als „Namen") zuordnen, und also untersuchen, auf wie viele Weisen n Kugeln von *lauter verschiedenen Farben* auf n Plätze gelegt werden können. Jedem „Platz" würde in unserer bisherigen Ausdrucksweise ein Gefäß entsprechen, das nur für *eine* Kugel Raum hat. In unserer Schreibweise handelt es sich also um die Bestimmung der Verteilungszahl

$$(2) \qquad P_n = \{1, 1, \ldots \,|\, 1, 1, \ldots\}_n,$$

wo der Gesamtzahl n entsprechend vor und hinter dem Strich in der Klammer je n Einsen stehen, da von jeder Farbe nur eine Kugel vorhanden ist und jedes Gefäß das Inhaltsmaß 1 besitzt.

Denken wir uns die Gefäße (die „Plätze") numeriert, so handelt es sich darum, n verschiedenfarbige Kugeln (n Personen) in eine *Reihenfolge* zu bringen. Jede solche Anordnung nennt man eine *Permutation*, so daß wir auch sagen können, P_n in der Formel (2) stellt die Anzahl der Permutationen von n verschiedenen Elementen dar. Die Frage, welchen Zahlenwert P_n in Abhängigkeit von n besitzt, wie sich mit anderen Worten P_n zahlenmäßig aus n berechnen läßt, wollen wir noch verschieben bis nach der Erörterung weiterer Beispiele für das Symbol der Verteilungszahl.

4. *Auf wie viele Weisen können die Spielkarten beim Skat verteilt werden?* Es gibt drei Spieler, von denen jeder 10 Karten erhält, 2 Karten kommen in den „Skat", alle 32 Karten sind verschieden. Wir hätten offenbar dieselbe Anzahl von Verteilungen, wenn 32 verschiedenfarbige Kugeln auf 4 Gefäße von den Inhaltsmaßen 10, 10, 10, 2 verteilt werden sollten. Die gesuchte Zahl S aller möglichen Skatkartenverteilungen schreibt sich also mit unserm Klammersymbol so:

$$(3) \qquad S = \{1, 1, \ldots \,|\, 10, 10, 10, 2\}_{32}.$$

Die effektive Berechnung der Zahl aus diesem Symbol verschieben wir mit den übrigen Berechnungen.

5. Ein weiteres Beispiel liefert uns der sogenannte *polynomische Satz*, den wir hier nicht in voller Allgemeinheit, sondern nur etwa für drei Variable x, y, z betrachten wollen. Es soll die Potenz

$$(x + y + z)^n$$

ausmultipliziert werden. Die Potenz bedeutet ein Produkt von n gleichen Faktoren, deren jeder $(x + y + z)$ heißt. Um eine durch eine Klammer zusammengefaßte Summe mit einem Faktor zu multiplizieren, ist jeder einzelne Summand der Klammer mit dem Faktor zu multiplizieren. Diese Regel auf alle n Klammern angewendet zeigt, daß die ausgerechnete Potenz aus einer Summe von Produkten besteht. Jedes dieser Produkte hat n Faktoren, die x oder y oder z sein können und deren jeder aus je einer der n miteinander zu multiplizierenden Klammern stammt. Ordnet man jedes einzelne dieser Produkte, indem man erst die Faktoren x, dann die y, schließlich die z nimmt (Faktoren eines Produktes sind bekanntlich vertauschbar), so erhält jedes die Gestalt $x^a y^b z^c$ mit gewissen ganzzahligen a, b, c, die jedoch den Einschränkungen

$$(4) \qquad\qquad a + b + c = n, \qquad\qquad a \geqq 0,\ b \geqq 0,\ c \geqq 0$$

unterliegen. Da ein Faktor x aus jeder der n Klammern stammen kann (ebenso die y und die z), so wird es bei vorgelegtem a, b, c im allgemeinen mehrere Produkte $x^a y^b z^c$ geben. Wir fragen, *wie oft* erhält man $x^a y^b z^c$ beim Ausmultiplizieren der Potenz? Aus jeder der n Klammern muß je einer der Faktoren x, y, z stammen. Ordnet man jeder der n Klammern ein „Gefäß" zu, in das man den aus der zugehörigen Klammer genommenen Buchstaben „wirft", so hat man also zu fragen, auf wie viele Weisen man a Elemente „x" (rote Kugeln), b Elemente „y" (schwarze Kugeln) und c Elemente „z" (weiße Kugeln) auf n Gefäße verteilen kann, deren jedes genau ein Element fassen kann. Die fragliche Anzahl — wir wollen sie $P^{(n)}_{a,b,c}$ nennen — ist also eine Verteilungszahl, die sich folgendermaßen schreiben läßt:

$$(5) \qquad\qquad P^{(n)}_{a,b,c} = \{a,\ b,\ c \,|\, 1,\ 1,\ \dots,\ 1\}_n .$$

Es lassen sich also je $P^{(n)}_{a,b,c}$ gleiche Produkte $x^a y^b z^c$ in der ausgerechneten Potenz zusammenfassen. In dieser Zusammenfassung steht daher vor $x^a y^b z^c$ der Zahlenkoeffizient $P^{(n)}_{a,b,c}$. Da dieser Koeffizient beim Potenzieren des „Polynoms" $(x + y + z)$ auftritt, heißt er *Polynomialkoeffizient*.

Einen Spezialfall, etwa $n = 4$, wollen wir uns zum besseren Verständnis etwas genauer ansehen. Bei der Ausrechnung von

$$(x + y + z)^4$$

werden alle diejenigen $x^a y^b z^c$ auftreten, die mit (4) verträglich sind, wenn $n = 4$ gesetzt wird. Das gibt, übersichtlich geordnet, folgende Möglichkeiten:

$$
\begin{array}{llllll}
x^4, & y^4, & z^4, \\
x^3 y, & x^3 z, & x y^3, & y^3 z, & x z^3, & y z^3, \\
x^2 y^2, & x^2 z^2, & y^2 z^2, \\
x^2 y z, & x y^2 z, & x y z^2,
\end{array}
$$

und wir hätten also unter Benutzung der Polynomialkoeffizienten:

$$
\begin{aligned}
(x + y + z)^4 = {}& P^{(4)}_{4,0,0} \cdot x^4 + P^{(4)}_{0,4,0}\, y^4 + P^{(4)}_{0,0,4}\, z^4 \\
& + P^{(4)}_{3,1,0}\, x^3 y + P^{(4)}_{3,0,1}\, x^3 z + P^{(4)}_{1,3,0}\, x y^3 + P^{(4)}_{0,3,1}\, y^3 z \\
& \qquad\qquad\qquad\quad + P^{(4)}_{1,0,3}\, x z^3 + P^{(4)}_{0,1,3}\, y z^3 \\
& + P^{(4)}_{2,2,0}\, x^2 y^2 + P^{(4)}_{2,0,2}\, x^2 z^2 + P^{(4)}_{0,2,2}\, y^2 z^2 \\
& + P^{(4)}_{2,1,1}\, x^2 y z + P^{(4)}_{1,2,1}\, x y^2 z + P^{(4)}_{1,1,2}\, x y z^2 .
\end{aligned}
$$

$$(6)$$

Hiermit ist aber nur der *Bau* der Formel angegeben. Die eigentliche Berechnung von $P_{a,b,c}^{(4)}$ und allgemeiner von $P_{a,b,c}^{(n)}$ soll mit Hilfe von (5) nachher noch erfolgen.

6. Schließlich werde noch folgende Frage in die Schreibweise der Verteilungszahl übersetzt: *Auf wie viele verschiedene Weisen lassen sich aus n verschiedenen Gegenständen je k herausgreifen*? Oder, in der Fachsprache ausgedrückt: wie viele „Kombinationen zur k-ten Klasse aus n Elementen" gibt es? Die n Elemente gelten als verschieden, sind also von lauter verschiedenen Farben: $r = 1$, $s = 1$, ... Die k herausgegriffenen Kugeln stecken wir in ein Gefäß, das genau k Kugeln faßt, die übrigen $n - k$ gleichfalls in ein passendes Gefäß. Die gesuchte Anzahl $C_k^{(n)}$ läßt sich daher folgendermaßen schreiben

$$(7) \qquad C_k^{(n)} = \{1, 1, \ldots, 1 \mid k, n - k\}_n .$$

„Dualität" des Klammersymbols.

7. Unser Klammersymbol für die Verteilungszahl besitzt nun eine wichtige Eigenschaft, die für die effektive Berechnung der Verteilungszahl von Nutzen sein wird. Es gilt nämlich ganz allgemein:

$$(8) \qquad \{r, s, \ldots \mid a, b, \ldots\}_n = \{a, b, \ldots \mid r, s, \ldots\}_n ,$$

d. h. die Zahlen vor und hinter dem Strich in der Klammer lassen sich miteinander vertauschen. Wenn wir uns die Bedeutung der Klammern als Zahlen von Verteilungen wieder vergegenwärtigen, so werden in (8) zwei verschiedene kombinatorische Probleme einander gegenübergestellt, und es wird behauptet, es gäbe *ebenso viele* Möglichkeiten, r rote, s schwarze usw. Kugeln in Gefäße von den Inhaltsmaßen $a, b, \ldots$ zu verteilen, wie Möglichkeiten, a rote, b schwarze usw. Kugeln auf Gefäße von den Inhaltsmaßen $r, s, \ldots$ usw. Dabei ist stets gemeint $r + s + \cdots = a + b + \cdots = n$.

Es stehen sich hier also zwei kombinatorische Probleme „dual" gegenüber. Bei diesem Zurückgehen auf die Grundbedeutung der Klammersymbole ist die Behauptung von (8) aber nahezu trivial. Es dürfte genügen, sie an einem einfachen Zahlenbeispiel zu beweisen, da hierbei schon der wesentliche Beweisgedanke zutage tritt. Wir wollen also etwa

$$(9) \qquad \{3, 4 \mid 1, 1, 5\}_7 = \{1, 1, 5 \mid 3, 4\}_7$$

zeigen. Zunächst fassen wir die linke Seite der Gleichung ins Auge, haben also 3 rote und 4 schwarze Kugeln

$$R, \ R, \ R, \ S, \ S, \ S, \ S,$$

die auf zwei Gefäße A und B je vom Inhaltsmaße 1 und ein Gefäß C vom Inhaltsmaße 5 verteilt werden sollen. Eine solche Verteilung ist also z. B.

$$\lfloor R\rfloor \quad \lfloor S\rfloor \quad \lfloor R\ R\ S\ S\ S\rfloor$$
$$A \qquad B \qquad\qquad C$$

Diese Verteilung können wir auch dadurch aufschreiben, daß wir bei jeder einzelnen Kugel durch Darunterschreiben anmerken, in welchem Gefäß sie liegt:

$$R \quad S \quad R \quad R \quad S \quad S \quad S$$
(10a) $$A \quad B \quad C \quad C \quad C \quad C \quad C\,.$$

Wir sind so zu 7 *Paaren von Buchstaben* gekommen; die oberen R und S sind Namen von Farben, die unteren A, B, C Namen der Gefäße. Jetzt vertauschen wir in allen Paaren die Rollen der Partner und sehen A, B, C als Farbnamen und R, S als Namen von Gefäßen an; die Namen der Gefäße schreiben wir wieder unten und ordnen auch nach ihnen:

$$A \quad C \quad C \quad B \quad C \quad C \quad C$$
(10b) $$R \quad R \quad R \quad S \quad S \quad S \quad S\,.$$

In (10b) stehen die gleichen Paare wie in (10a), nur sind oben und unten vertauscht. Wir interpretieren (10b) als eine Verteilung von einer A-farbigen, einer B-farbigen und fünf C-farbigen Kugeln auf die Gefäße R und S von je 3 bzw. 4 Kugeln Fassungsvermögen. Dies ist aber eine Verteilung, die unter den auf der rechten Seite von (9) gezählten Verteilungen vorkommt. Ein ebensolches duales Entsprechen wie in (10a) und (10b) können wir aber bei jeder der zu zählenden Verteilungen durchführen. Davon wird die eine Verteilung auf der linken, die andere auf der rechten Seite von (9) mitgezählt. Wir haben also zwei Sorten (Mengen) von Verteilungen, und jeder Verteilung von der einen Sorte entspricht eine der anderen Sorte und umgekehrt. Zwei solche einander zugeordneten Mengen haben aber *gleiche Anzahl*. Daher ist die Gleichung (9) richtig.

Den zahlenmäßigen Wert der untersuchten Verteilungszahl haben wir gar nicht festzustellen brauchen, um (9) einzusehen. Man findet aber leicht durch systematisches Durchmustern aller denkbaren Verteilungen, wie in 1., daß

$$\{3, 4\mid 1, 1, 5\}_7 = \{1, 1, 5\mid 3, 4\}_7 = 4$$

ist.

Das Wesentliche an dem Beweise für (9) war der Gedanke der Vertauschung von Farbennamen und Gefäßnamen. Dieser Gedanke überträgt sich aber ohne weiteres auch auf den Beweis der allgemeineren Gleichung (8), die daher auch als bewiesen gelten kann.

Berechnung der Verteilungszahl in einfachen Fällen.

8. Die Berechnung der Verteilungszahl bei ganz beliebig gegebenen Kugelzahlen $r, s, \ldots$ und Gefäßmaßen $a, b, \ldots$ ist recht umständlich und soll hier nicht auseinandergesetzt werden. Die Klammersymbole

jedoch, die den in den Absätzen 3. bis 6. angeführten Beispielen zukamen, waren gar nicht von voller Allgemeinheit, sondern sie hatten alle das Besondere, daß entweder vor oder hinter dem Trennungsstrich innerhalb der Klammer nur Einsen stehen, also entweder alle Kugeln verschiedenfarbig sind oder alle Gefäße nur je eine Kugel fassen (oder beides). Auf Grund der Dualitätsformel genügt hier die Betrachtung des Falles, daß alle Kugeln verschiedenfarbig sind. Wir wollen daher die Zahl

$$\{1, 1, \ldots, 1 \mid a, b, c, \ldots\}_n$$

berechnen, wo der Index n wieder bedeutet, es liegen n Kugeln vor, und die Gefäße haben zusammen genau das Inhaltsmaß n:

$$1 + 1 + \cdots + 1 = a + b + c + \cdots = n\,.$$

Da im folgenden stets vor dem Strich lauter Einsen stehen sollen, wollen wir uns die Mühe sparen, dies stets mit zu notieren und wollen daher kurz schreiben

$$\{1, 1, \ldots, 1 \mid a, b, c, \ldots\}_n = \{a, b, c, \ldots\}_n\,.$$

Über die Anzahl der Gefäße soll nichts vorausgesetzt werden.

Ganz selbstverständlich ist natürlich

$$(11) \qquad\qquad\qquad \{n\}_n = 1\,,$$

denn hier gibt es nur *eine* Verteilung, sämtliche Kugeln kommen in das eine Gefäß. Wenn wir nun statt des einen Gefäßes N von dem Inhaltsmaß n zwei Gefäße N_1 und N' von den Inhaltsmaßen $n - 1$ und 1 aufstellen, so ist der Übergang so zu vollziehen, daß wir eine beliebige der n Kugeln aus dem Gefäß N in N' stecken, die übrigen $n - 1$ kommen dann in das Gefäß N_1. Es gibt aber n Möglichkeiten, einzelne Kugeln aus N auszuwählen, daher ist

$$\{n - 1, 1\}_n = n\,.$$

Ganz ebenso sieht man die Gleichung ein:

$$(12) \qquad\qquad a \cdot \{a, b, c, \ldots\}_n = \{a - 1, 1, b, c, \ldots\}_n\,.$$

Hier beziehen sich die beiden Verteilungszahlen wieder auf n verschiedenfarbige Kugeln. Die Gefäße $B, C, \ldots$ mit den Inhaltsmaßen $b, c, \ldots$ sind beide Male dieselben. Nur das Gefäß A vom Inhalte a, das links gemeint ist, ist bei den Verteilungen der rechten Seite durch die Gefäße A_1 und A' ersetzt, wo A_1 das Inhaltsmaß $a - 1$, A' das Inhaltsmaß 1 besitzt. Da man nun aus jeder Verteilung auf die Gefäße $A, B, C, \ldots$ dadurch eine Verteilung auf die Gefäße $A_1, A', B, C, \ldots$ bekommt, daß man eine beliebige der a Kugeln aus A in A' legt, was a Auswahlmöglichkeiten gibt (die übrigen $a - 1$ Kugeln kommen dann ohne weiteres in A_1), so gibt es a mal so viele Verteilungen auf die Gefäße

$A_1, A', B, C, \ldots$ als auf die Gefäße $A, B, C, \ldots$. Dieser Sachverhalt wird in Gleichung (12) ausgedrückt.

Man kann natürlich aufs neue A_1 durch zwei Gefäße A_2 und A'' von den Inhaltsmaßen $a - 2$ und 1 ersetzen, wofür man entsprechend erhält:

$$(a - 1) \cdot \{a - 1, 1, b, c, \ldots\}_n = \{a - 2, 1, 1, b\ c, \ldots\}_n.$$

Ebenso kommt man zu

$$(a - 2) \cdot \{a - 2, 1, 1, b, c, \ldots\}_n = \{a - 3, 1, 1, 1, b, c, \ldots\}_n$$

und so zu einer Folge von Gleichungen, deren letzte

$$2 \cdot \{2, \underbrace{1, \ldots, 1}_{a-2}, b, c, \ldots\}_n = \{\underbrace{1, 1, \ldots, 1}_{a}, b, c, \ldots\}_n$$

ist, wo rechts die Zerlegung von a in lauter Summanden 1 zu Ende geführt ist. Multiplizieren wir (12) und die darauf folgenden Gleichungen miteinander, so treten auf beiden Seiten gemeinsam die Faktoren

$$\{a - 1, 1, b, c, \ldots\}_n, \quad \{a - 2, 1, 1, b, c, \ldots\}_n, \ldots \{2, \underbrace{1, 1, \ldots, 1}_{a-2}, b, c, \ldots\}_n$$

auf, die man unbeschadet der Richtigkeit der Gleichung auf beiden Seiten weglassen darf. Daher erhält man

$$a(a - 1)(a - 2) \cdots 2 \cdot \{a, b, c, \ldots\}_n = \{\underbrace{1, 1, \ldots, 1}_{a}, b, c, \ldots\}_n.$$

In dem Zahlenprodukt $a(a - 1)(a - 2) \cdots 2$ kehren wir die Reihenfolge der Faktoren um und schreiben kurz

$$a! = 1 \cdot 2 \cdot 3 \cdots (a - 1)\, a \quad *$$

und haben also

$$(13) \qquad a!\,\{a, b, c, \ldots\}_n = \{\underbrace{1, 1, \ldots, 1}_{a}, b, c, \ldots\}_n.$$

Genau derselbe Prozeß der sukzessiven Zerlegung eines Gefäßes in kleinere kann wie auf A so auch weiterhin auf B angewendet werden. Daher gilt

$$b! \cdot \{\underbrace{1, 1, \ldots, 1}_{a}, b, c, \ldots\} = \{\underbrace{1, \ldots, 1}_{a}, \underbrace{1, \ldots, 1}_{b}, c, \ldots\}_n$$

oder zusammen mit (13)

$$a!\,b! \cdot \{a, b, c, \ldots\}_n = \{\underbrace{1, \ldots, 1}_{a+b}, c, \ldots\}_n$$

und schließlich ebenso

$$(14) \qquad a!\,b!\,c! \cdots \{a, b, c, \ldots\}_n = \{1, 1, \ldots, 1\}_n,$$

---

* $a!$ wird gelesen „a-Fakultät".

wo die Anzahl der Einsen in der Klammer rechts selbstverständlich n ist.

Ist übrigens in (13) schon $a = n$, haben wir also nur das *eine* Gefäß A, so folgt insbesondere

$$n! \cdot \{n\}_n = \{1, 1, \ldots, 1\}_n$$

und aus (11) somit

$$(15) \qquad n! = \{1, 1, \ldots, 1\}_n \, .$$

Hiermit folgt aber aus (14) sogleich

$$(16) \qquad \{a, b, c, \ldots\}_n = \{1, 1, \ldots, 1 \,|\, a, b, c, \ldots\}_n = \frac{n!}{a!\,b!\,c!\,\ldots} \, ,$$

worin wir das Klammersymbol wieder unverkürzt in seiner ursprünglichen Gestalt aufgeschrieben haben. Damit ist die Berechnung des Klammersymbols für die Verteilungszahl, soweit wir sie für unsere Beispiele benötigen, geschehen.

9. Insbesondere haben wir, indem wir unsere Beispiele nochmals durchgehen, die folgenden Einzelergebnisse:

I. Nach den Gleichungen (2) und (15) ist

$$P_n = \{1, 1, \ldots, 1 \,|\, 1, 1, \ldots, 1\}_n = \{1, 1, \ldots, 1\}_n = n! \, .$$

Das heißt also, n Personen können auf $n!$ Weisen auf n Plätze gesetzt werden, oder: es gibt $n!$ Permutationen von n verschiedenen Elementen. Die Fakultäten wachsen bekanntlich mit n sehr schnell. Z. B. ist

$$
\begin{aligned}
1! &= 1 & 6! &= 720 \\
2! &= 2 & 7! &= 5040 \\
3! &= 6 & 8! &= 40320 \\
4! &= 24 & 9! &= 362880 \\
5! &= 120 & 10! &= 3628800 \, .
\end{aligned}
$$

II. Nach (3) und (16) ist die Anzahl der möglichen Verteilungen der Skatkarten

$$S = \frac{32!}{10!\,10!\,10!\,2!} \, .$$

Dies ist eine recht große Zahl. Die Ausrechnung ergibt

$$S = 2\,753\,294\,408\,504\,640 \, .$$

III. Der allgemeine Polynomialkoeffizient ist nach (5) und (16) und unter Berücksichtigung der Dualitätseigenschaft (8)

$$P^{(n)}_{a,b,c} = \frac{n!}{a!\,b!\,c!} \qquad\qquad (a + b + c = n) \, .$$

Insbesondere ergibt hiernach die Ausrechnung der Polynomialkoeffizienten in (6) mit $n = 4$ die Formel

$$(x + y + z)^4 = x^4 + y^4 + z^4$$
$$+ 4\,x^3 y + 4\,x^3 z + 4\,x y^3 + 4\,y^3 z + 4\,x z^3 + 4\,y z^3$$
$$+ 6\,x^2 y^2 + 6\,x^2 z^2 + 6\,y^2 z^2$$
$$+ 12\,x^2 yz + 12\,x y^2 z + 12\,x y z^2 .$$

IV. Nach (7) und (16) ergibt sich die Anzahl der Kombinationen von n Elementen zur Klasse k als

$$C_k^{(n)} = \frac{n!}{k!\,(n-k)!} .$$

Auf so viele Weisen kann man also aus n verschiedenen Gegenständen je k auswählen.

9. Das WARINGsche Problem.

Die Folge der Quadratzahlen $1, 4, 9, 16, 25, \ldots$ wird in ihrem Fortschreiten stets dünner, die Lücken zwischen je zwei benachbarten unter ihnen wachsen beständig. Aber es gibt dazwischen Zahlen, die wenigstens als Summe von *zwei* Quadratzahlen aufgefaßt werden können; so ist $13 = 9 + 4$, $41 = 25 + 16$ usf. Nicht jede Zahl kann als Summe von zwei Quadratzahlen aufgefaßt werden; z. B. bei der Zahl 6 kämen als Quadratzahlsummanden nur 1 und 4 in Betracht, die beiden einzigen unter 6 gelegenen Quadratzahlen. Aber weder $1 + 1$ noch $4 + 4$ noch $1 + 4$ ergibt 6. Man kann 6 höchstens als Summe von *drei* Quadratzahlen darstellen, $6 = 4 + 1 + 1$. Nach dem nämlichen Rezept wird es bei 7 nicht einmal mehr mit drei Quadratzahlen glücken; hier reichen erst *vier* aus: $7 = 4 + 1 + 1 + 1$. Bei $8 = 4 + 4$ reichen dann wieder zwei, 9 ist selbst Quadratzahl, $10 = 9 + 1$, $11 = 9 + 1 + 1$, $12 = 9 + 1 + 1 + 1 = 4 + 4 + 4$ usw.

Man würde nach dieser allerersten Erfahrung erwarten, daß sehr bald eine Stelle kommt, wo auch *vier* Quadratzahlen nicht mehr ausreichen und daß man im weiteren Verlauf der Angelegenheit immer mehr und mehr Quadratzahlen benötigt. Desto überraschender ist es, daß FERMAT, der große Mathematiker des 17. Jahrhunderts neben DESCARTES, zeigte, man könne *jede* ganze, positive Zahl als Summe von höchstens *vier* Quadratzahlen darstellen.

WARING hat sich die Frage gestellt, zu dieser Tatsache bei Kuben, Biquadraten usw. ein Analogon zu suchen, und diesem Umstand verdankt das Problem des vorliegenden Vortrags seinen Namen. Kuben sind die Zahlen $1, 8, 27, 64, \ldots$ Sucht man die allerersten Zahlen als Summe von möglichst wenig Kuben aufzufassen, so braucht man bei 7, der letzten Zahl vor 8, bei der man nur erst Einer zur Verfügung hat, ersichtlich 7 Einer: $7 = 1 + 1 + 1 + 1 + 1 + 1 + 1$, bei $15 = 8 + 1$ $+ 1 + 1 + 1 + 1 + 1 + 1$ im ganzen 8 Kuben, bei $23 = 8 + 8 + 1$ $+ 1 + 1 + 1 + 1 + 1 + 1$ sogar 9. Ehe man zu 31 vordringt, ist die 3. Kubikzahl 27 dazwischengetreten und hat das ganze Bild verändert; $31 = 27 + 1 + 1 + 1 + 1$ ist Summe von nur 5 Kuben usf.

C. G. I. Jacobi hat den Rechenkünstler Dahse, um ihn zu etwas der Mathematik wenigstens indirekt Förderlichem zu benutzen, daran gesetzt, die Reihe der Zahlen weiterhin auf ihre Darstellbarkeit durch möglichst wenige Kuben durchzumustern. Es zeigte sich bei solcher Empirie, daß außer 23 erst wieder 239 *neun* Kuben erfordert, und dann keine weitere mehr im ganzen Spielraum der Zahlen bis 12000, dem Endpunkte von Dahses Rechnungen[1]; *acht* Kuben erfordern die Zahlen 15, 22, 50, 114, 167, 175, 186, 212, 231, 238, 303, 364, 420, 428, 454 und dann keine mehr bis 12000, *sieben* die Zahlen 7, 14, 21, 42, 47, 49, 61, 77, 85, 87, 103, ..., 5306, 5818, 8042; so scheint auch diese reichere Serie zu versiegen; spätere Fortführungen dieser Empirie haben dieses Versiegen nur bestätigt.

Aber solche Empirie kann nie beweisen, daß *jede* Zahl die Summe von höchstens neun Kuben ist, ebensowenig, daß *jede* Zahl zwar nicht von Anfang an, aber von einer späteren Stelle ab als Summe von höchstens 8, sogar 7 Kuben dargestellt werden kann. Die erste von beiden Behauptungen hat ein damals sehr jugendlicher Mathematiker namens Wieferich bewiesen, nachdem Landau vorher mit schwierigen Hilfsmitteln die zweite dargetan hatte, daß man von irgendwo ab mit 8 Kuben durchkommt.

Für Biquadrate ließ man ähnliche Anstrengungen folgen. Die ersten Biquadrate sind 1, 16, 81, 256, ... Hier erfordert 15 ersichtlich 15 Biquadrate, 31 erfordert 16, 47 erfordert 17, 63 erfordert 18, 79 erfordert 19; dann interveniert die 81 und das Bild ändert sich völlig. Die Frage war, ob *immer* 19 Biquadrate ausreichen. Langsam hat man sich diesem Ziel angenähert. Liouville bewies, daß 53 *immer* ausreichen, allmählich preßte man die Zahl auf 47, 45, 41, 39, 38 herunter, Wieferich unterbot sie mit 37; immer noch war man von der empirisch vermuteten 19 weit entfernt.

Hilbert griff in einer in kurzer Zeit entstandenen, berühmten Arbeit den ganzen Fragenkomplex in größerer Breite an; er überbot keinen der zuvor aufgestellten Rekorde, ja es war gar nicht sein Ehrgeiz, sich einem derselben irgendwie anzunähern. Aber er bewies mit einem Schlage, daß es nicht nur bei Kuben, nicht nur bei Biquadraten *eine* Anzahl geben müsse, mit der man stets auskomme (wie oben 9 bzw. 37), sondern daß Entsprechendes auch bei 5ten, bei 6ten und höheren Potenzen gilt (nur muß natürlich *die* Zahl, mit der man auskommt, in jedem Falle immer größer und größer gewählt werden).

---

[1] Jacobi: Werke Bd. 6, S. 322.

Die englischen Mathematiker Hardy und Littlewood sind mit Hilfsmitteln von ganz anderer Art als den Hilbertschen an das Problem herangetreten. Man wird von der unerhörten Kraft dieser Hilfsmittel eine Ahnung bekommen, wenn man hört, daß es ihnen — um nur eines ihrer Resultate anzuführen — zu zeigen gelungen ist, von irgendwo ab seien alle Zahlen bereits als Summe von höchstens *neunzehn* Biquadraten darstellbar. Wir hatten oben gesehen, daß es unter den ersten Zahlen solche gibt, die gewiß 19 Biquadrate zu ihrer Darstellung erfordern. Nach Hardy und Littlewood gibt es eine bestimmte, angebbare Zahl N, von der ab alle Zahlen als Summe von 19 Biquadraten darstellbar sind (die Zahl N ist allerdings so enorm, daß Hardy und Littlewood sich gar nicht erst die Mühe gemacht haben, sie wirklich auszurechnen). Es wäre aber nur noch eine Sache der *Durchmusterung* aller Zahlen bis zu N, ob sie die gleiche Darstellung gestatten, um zu zeigen, daß überhaupt *jede* Zahl Summe von höchstens 19 Biquadraten ist und damit das zu erreichen, was für Quadrate und Kuben geleistet ist. Allerdings bis es der Theorie gelungen sein wird, Hardys Zahl N durch eine erheblich kleinere zu ersetzen, übersteigt diese „Durchmusterung" die Kräfte jedes Rechners.

Wir haben so lange bei den *Tatsachen* verweilt, um einmal von der Art und Weise einen Begriff zu geben, in der im Verlaufe der Gewinnung der Tatsachen durch eine Art mathematischer Empirie mathematische Fragestellungen unter der Hand ihre Gestaltung finden. Wir wollen jetzt versuchen, von den *Methoden* etwas ahnen zu lassen, die in diesem Bereich zur Anwendung gekommen sind und auch Hilbert bei seinem großen Beweise gedient haben. Allerdings, die kraftvollen mathematischen Hilfsmittel, die Hardy und Littlewood hier zum Erfolg geführt haben, zu schildern, übersteigt bei weitem die Möglichkeiten dieses Vortrages.

Wie stets, wollen wir auch hier uns erst am einfacheren Falle üben. Sie erinnern sich noch vielleicht einer ehedem auswendig gelernten Tatsache: $(a + b)(a - b) = a^2 - b^2$. Und wenn Sie sich dessen nicht erinnern, werden Sie leicht durch Auflösen der Klammern ausrechnen können, daß dies stets richtig ist, was auch a, b für zwei Zahlen sein mögen. Der Mathematiker nennt eine solche Gleichung, die immer gilt, eine „Identität". Eine etwas kompliziertere Identität ist folgende:

$$(1) \qquad (a^2 + b^2)(c^2 + d^2) = (ac + bd)^2 + (ad - bc)^2;$$

ihre Richtigkeit erhellt, wenn man sich der Formel

$$(x + y)^2 = x^2 + 2xy + y^2$$

erinnert und nach deren Vorbild zuerst die rechte Seite ausmultipliziert

$$(a^2c^2 + 2\,acbd + b^2d^2) + (a^2d^2 - 2\,adbc + b^2c^2)$$
$$= a^2c^2 + a^2d^2 + b^2c^2 + b^2d^2 + 2\,abcd - 2\,abcd;$$

hier heben sich die beiden letzten Glieder gegenseitig weg, und die übrigen kann man zusammenfassen in $a^2(c^2 + d^2) + b^2(c^2 + d^2) = (a^2 + b^2)(c^2 + d^2)$; das ist aber gerade die linke Seite von (1).

Aus dieser Identität kann man eine nicht uninteressante Folgerung ziehen: „Wenn man zwei Zahlen hat, die beide als Summe von zwei Quadraten dargestellt werden können, so hat das Produkt dieser beiden Zahlen die gleiche Eigenschaft." 13 und 41 z. B. waren beide von dieser Art: $13 = 9 + 4$, $41 = 25 + 16$. Vermöge (1) ist dann in der Tat

$$533 = 13 \cdot 41 = (3^2 + 2^2)(5^2 + 4^2) = (3 \cdot 5 + 2 \cdot 4)^2 + (3 \cdot 4 - 2 \cdot 5)^2$$
$$= 23^2 + 2^2$$

und damit 533 tatsächlich als Summe zweier Quadrate dargestellt; und so kann man es vermöge (1) mit dem Produkt irgend zweier Zahlen von der genannten Art machen.

Dieser ersten Vorübung soll eine zweite folgen. Es sei vorausgeschickt, daß man einen viergliedrigen Ausdruck folgendermaßen ins Quadrat erhebt:

$$(x_1 + x_2 + x_3 + x_4)^2 = x_1^2 + x_2^2 + x_3^2 + x_4^2 + 2\,x_1 x_2 + 2\,x_1 x_3 + 2\,x_2 x_3$$
$$+ 2\,x_1 x_4 + 2\,x_2 x_4 + 2\,x_3 x_4 \,.$$

Euler, der große Mathematiker des 18. Jahrhunderts, hat nun folgende Identität entdeckt:

$$(a_1^2 + a_2^2 + a_3^2 + a_4^2)(b_1^2 + b_2^2 + b_3^2 + b_4^2)$$
$$(2) \quad = (-a_1 b_1 + a_2 b_2 + a_3 b_3 + a_4 b_4)^2 + (a_1 b_2 + a_2 b_1 + a_3 b_4 - a_4 b_3)^2$$
$$+ (a_1 b_3 - a_2 b_4 + a_3 b_1 + a_4 b_2)^2 + (a_1 b_4 + a_2 b_3 - a_3 b_2 + a_4 b_1)^2,$$

von deren Richtigkeit man sich unter Benutzung der vorangeschickten Regel durch Ausmultiplizieren der Klammern ohne besondere Schwierigkeit überzeugen kann. In Analogie zu (1) lehrt (2) folgendes: „Das Produkt zweier Zahlen, deren jede als Summe von vier Quadraten darstellbar ist, ist selbst wieder als Summe von vier Quadratzahlen darstellbar." Lagrange hat diese Bemerkung benutzt, um damit den Satz von der Darstellbarkeit *jeder* Zahl als Summe von vier Quadraten auf eine sehr schöne Art zu beweisen. Und zwar folgt aus jener Bemerkung zuerst, daß man nur von jeder *Primzahl* zu beweisen braucht, daß sie die Summe von vier Quadraten ist, um es daraus für jede zusammengesetzte Zahl zu folgern. Aber auch für den weiteren Gang des Lagrangeschen Beweises ist (2) die Grundlage; leider ist sein Aufbau ein wenig zu umfangreich und ein wenig zu kunstvoll, um hier in engem Rahmen ausgeführt und wirklich ganz durchsichtig gemacht werden zu können. Nur die ungefähre Idee des Beweises konnten wir ahnen lassen. Den Satz selbst wollen wir in den folgenden Zeilen als feststehende Tatsache ansehen, als hätten wir seinen Beweis vorgeführt.

Gestützt auf diesen Satz nämlich, daß jede ganze positive **Zahl** die Summe von vier Quadratzahlen ist, hat I. Liouville, ein französischer Mathematiker aus der ersten Hälfte des neunzehnten Jahrhunderts, bewiesen, daß jede Zahl als Summe von 53 Biquadraten aufgefaßt werden kann. Auch er geht dabei von einer Identität aus, nämlich der folgenden:

$$6\,(x_1^2 + x_2^2 + x_3^2 + x_4^2)^2$$

$$(3) = (x_1 + x_2)^4 + (x_1 + x_3)^4 + (x_2 + x_3)^4 + (x_1 + x_4)^4 + (x_2 + x_4)^4 + (x_3 + x_4)^4$$

$$+ (x_1 - x_2)^4 + (x_1 - x_3)^4 + (x_2 - x_3)^4 + (x_1 - x_4)^4 + (x_2 - x_4)^4 + (x_3 - x_4)^4.$$

Um ihre Richtigkeit zu bestätigen, wird man rechterhand beim Ausmultiplizieren zuerst überlegen, daß (nach einer Tertianerregel)

$$
\left.\begin{aligned}
(x_1 + x_2)^4 \\
+ (x_1 - x_2)^4
\end{aligned}\right\}
=
\left\{\begin{aligned}
& x_1^4 + 4\,x_1^3 x_2 + 6\,x_1^2 x_2^2 + 4\,x_1 x_2^3 + x_2^4 \\
+\ & x_1^4 - 4\,x_1^3 x_2 + 6\,x_1^2 x_2^2 - 4\,x_1 x_2^3 + x_2^4
\end{aligned}\right.
$$

$$= 2\,x_1^4 + 2\,x_2^4 + 12\,x_1^2 x_2^2$$

ist und daß ähnliches für je zwei der übereinanderstehenden Biquadrate gilt. Insgesamt ergibt also das Ausmultiplizieren der rechten Seite

$$6\,(x_1^4 + x_2^4 + x_3^4 + x_4^4) + 12\,(x_1^2 x_2^2 + x_1^2 x_3^2 + x_2^2 x_3^2 + x_1^2 x_4^2 + x_2^2 x_4^2 + x_3^2 x_4^2).$$

Linkerhand ist dieses selbe Resultat nach der vorangeschickten Regel für das Quadrieren eines viergliedrigen Ausdrucks noch einfacher zu übersehen.

Von dieser Identität macht nun Liouville folgenden Gebrauch. Sei n irgend eine positive ganze Zahl; zu zeigen ist schließlich, daß sie die Summe von höchstens 53 Biquadraten ist. Er beginnt damit, von ihr ein möglichst hohes Vielfaches von 6 abzuziehen, nach dem Muster $28 = 6 \cdot 4 + 4$ („Division durch 6, Quotient und Rest" nennt man das auf der Schule). Sei also allgemeiner zu reden $n = 6\,x + y$, wo y, der Rest, eine der Zahlen 0, 1, 2, 3, 4, 5 sein wird. Jetzt benutzt Liouville den Satz von Fermat zum erstenmal, indem er ihn auf die Zahl x anwendet; wenn jede Zahl als Summe von höchstens vier Quadraten darstellbar ist, so auch x; sei etwa $x = a^2 + b^2 + c^2 + d^2$, so wird

$$n = 6\,x + y = 6\,(a^2 + b^2 + c^2 + d^2) + y = 6\,a^2 + 6\,b^2 + 6\,c^2 + 6\,d^2 + y.$$

Auf jede der Zahlen a, b, c, d wendet Liouville den Satz von Fermat erneut an; danach ist etwa

$$a = a_1^2 + a_2^2 + a_3^2 + a_4^2$$
$$b = b_1^2 + b_2^2 + b_3^2 + b_4^2$$
$$c = c_1^2 + c_2^2 + c_3^2 + c_4^2$$
$$d = d_1^2 + d_2^2 + d_3^2 + d_4^2$$

und mithin

$$n = 6\,(a_1^2 + a_2^2 + a_3^2 + a_4^2)^2 + \cdots + 6\,(d_1^2 + d_2^2 + d_3^2 + d_4^2)^2 + y.$$

Jetzt erst tritt die Identität (3) in Kraft. Sie lehrt von dem ersten Ausdruck rechterhand, daß er als Summe von 12 Biquadraten darstellbar ist und ebenso jeder der nächsten drei Ausdrücke rechts; das sind bisher $4 \cdot 12 = 48$ Biquadrate; dazu treten so viel Einer als die Zahl y enthält (denn höhere Biquadrate kommen bei ihr nicht in Betracht), das sind höchstens 5 Einer, da der Rest y eine der Zahlen 0, 1, 2, 3, 4, 5 ist. Das gibt zusammen höchstens $48 + 5 = 53$ Biquadrate, wie behauptet.

10. Über geschlossene sich selbst durchdringende Kurven.

1. Wir zeichnen, irgendwo beginnend, eine Kurve, die sich mehrfach durchsetzen darf, und die schließlich zu ihrem Ausgangspunkt zurückkehrt. Wir haben dann eine geschlossene, in einem einzigen Zuge durchlaufene Kurve vor uns. Durch einen Selbstdurchdringungspunkt soll die Kurve aber nur zweimal, nicht öfter, hindurchgehen; wir wollen diese Punkte daher auch kurz Doppelpunkte nennen[1]. Für unsere Betrachtungen sind also geschlossene Kurven wie die in den Fig. 31 und 32, dagegen nicht wie in Fig. 33 zugelassen. Beim vollständigen Durchlaufen der Kurve passiert

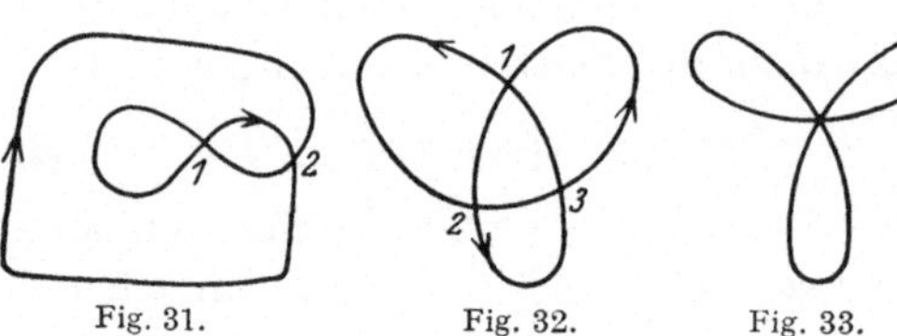

Fig. 31.   Fig. 32.   Fig. 33.

man also jeden Doppelpunkt genau zweimal. Bezeichnet man die Doppelpunkte mit Nummern, so kann man die Reihenfolge, in der sie bei dem Durchlaufen der Kurve angetroffen werden, aufschreiben. Die Figuren 31 und 32 ergeben z. B. folgende Anordnungen: 1 2 2 1 bzw. 1 2 3 1 2 3. Selbstverständlich muß in einem solchen Verzeichnis jede überhaupt auftretende Nummer genau zweimal vorkommen als Vertreterin des durch sie bezeichneten Doppelpunktes. Nun hat aber GAUSS bemerkt, daß nicht jede beliebige Anordnung von Zahlen, in der jede Zahl genau zweimal vorkommt, auch schon als Anordnung von Doppel-

---

[1] Trotz mancher Berührungspunkte mit dem Gegenstand der zweiten Vorlesung wird der Leser gut tun, die vorliegende ganz unabhängig von jener aufzunehmen, weil die Auffassung eine ganz wesentlich andere ist. Dort war ein Streckennetz gegeben und nach den verschiedenen Durchlaufungsmöglichkeiten gefragt. Hier dagegen ist die Linienführung im Sinne einer einzigen „Ringbahn" von vornherein vorgeschrieben. Außerdem hat die Kurve, die wir hier betrachten, im Sinne der zweiten Vorlesung nur Kreuzungspunkte vierter Ordnung, die wir jetzt Doppelpunkte nennen. Endlich wird ein Doppelpunkt hier stets in der besonderen Weise durchlaufen, daß von den vier in ihn mündenden Strecken je zwei einander gegenüberliegende bei der Durchlaufung zusammenhängen; denn die Doppelpunkte sind als „Selbstdurchdringungspunkte" definiert worden, und eine „Selbstdurchdringung" liegt nur bei der angegebenen Art der Durchlaufung vor.

punkten auf einer Kurve gelten kann. Für zwei Doppelpunkte haben wir die Anordnung 1 2 2 1 gefunden; es gibt aber keine geschlossene Kurve mit zwei Doppelpunkten, auf der die Anordnung 1 2 1 2 vorhanden ist, wovon man sich in diesem einfachen Falle durch Probieren leicht überzeugt.

Es gilt nämlich der Satz, daß *ein Doppelpunkt einmal an einer geraden und einmal an einer ungeraden Stelle der Reihenfolge* auftreten muß, oder was auf dasselbe herauskommt, daß zwischen seinen beiden Stellen keine oder eine gerade Anzahl von Stellen mit anderen Doppelpunkten besetzt ist. Dieser Satz würde die Möglichkeit einer Anordnung 1 2 1 2, in der zwischen den beiden 1 nur *eine* Stelle liegt, schon ausschließen.

2. Um den ausgesprochenen Satz zu beweisen, greifen wir einen beliebigen Doppelpunkt Q unserer Kurve $\mathfrak{A}$ (Fig. 34) heraus. Gehen wir von Q aus auf der Kurve $\mathfrak{A}$ entlang, so müssen wir einmal nach Q zurückkommen. Wir haben damit den Teilzug $\mathfrak{B}$ des Gesamtkurvenzuges $\mathfrak{A}$ durchlaufen, jedoch noch keineswegs die gesamte Kurve $\mathfrak{A}$, denn von den *vier* von Q ausgehenden Wegen haben wir (nämlich beim Fortgehen von Q und beim Zurückkehren nach Q) erst *zwei* betreten. Den Teilzug $\mathfrak{B}$ können wir als in Q geschlossene, in einem Zuge durchlaufene Kurve auffassen (die dabei in Q entstehende Ecke ist belanglos, da ohnehin die Kurven Ecken haben

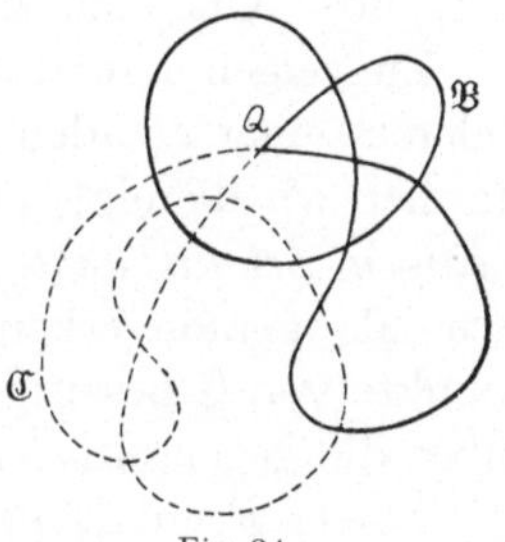
Fig. 34.

dürfen). Durchlaufen wir die Kurve $\mathfrak{A}$ von Q aus weiter, so passieren wir den andern Teil $\mathfrak{C}$ der Kurve $\mathfrak{A}$. Auch $\mathfrak{C}$ ist für sich eine in Q geschlossene Kurve, die in Q eine Ecke aufweist. In Q schneiden sich die (ausgezogene) Kurve $\mathfrak{B}$ und die (gestrichelte) Kurve $\mathfrak{C}$ nicht, sondern stoßen dort zusammen; Q ist also zwar Doppelpunkt von $\mathfrak{A}$, aber weder Doppelpunkt von $\mathfrak{B}$ noch von $\mathfrak{C}$. Zu beweisen ist, daß man, wenn man von Q ausgehend und dahin zurückkehrend $\mathfrak{B}$ durchläuft, eine gerade Anzahl von Malen Doppelpunkte passiert[1]. Die auf $\mathfrak{B}$ gelegenen Doppelpunkte von $\mathfrak{A}$ können, von Q abgesehen, erstens Schnittpunkte von $\mathfrak{B}$ mit sich selbst, also Doppelpunkte von $\mathfrak{B}$, und zweitens Schnittpunkte von $\mathfrak{B}$ mit $\mathfrak{C}$ sein.

Ein Doppelpunkt von $\mathfrak{B}$ muß beim völligen Durchlaufen von $\mathfrak{B}$ genau *zweimal* passiert werden; diese Doppelpunkte geben also zusammen eine gerade Anzahl von Durchgängen durch Doppelpunkte. Jeden Schnittpunkt von $\mathfrak{B}$ mit $\mathfrak{C}$ passiert man beim völligen Durchlaufen von $\mathfrak{B}$ nur *einmal*, da nur *ein* zu $\mathfrak{B}$ gehörendes Wegstück durch

---

[1] Nicht etwa eine gerade Zahl von Doppelpunkten! In der Fig. 31 mit der Anordnung 1 2 2 1 wird zwischen 1 und 1 nur *der eine* Punkt 2 passiert, aber eine gerade Anzahl von Malen.

einen solchen Punkt geht (der ihn in diesem Punkt kreuzende Weg gehört zu $\mathfrak{C}$ und kann beim Durchlaufen von $\mathfrak{B}$ nicht betreten werden). Es bleibt also nur noch zu beweisen, daß $\mathfrak{B}$ mit $\mathfrak{C}$ eine *gerade* Anzahl von Schnittpunkten gemeinsam hat. Dann wird man gezeigt haben, daß man beim völligen Durchlaufen von Q aus bis zurück zu Q eine gerade Anzahl von Malen Doppelpunkte von $\mathfrak{A}$ passiert hat, und zwar teils Doppelpunkte von $\mathfrak{B}$, teils Schnittpunkte von $\mathfrak{B}$ mit $\mathfrak{C}$. Der Punkt Q selbst bleibt bei der Zählung natürlich außer Betracht.

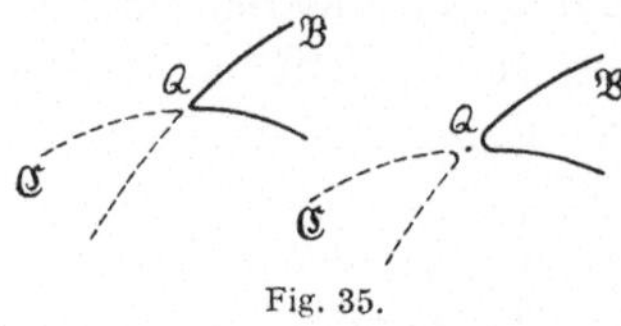

Fig. 35.

3. Wenn wir (Fig. 35) jede der Kurven $\mathfrak{B}$ und $\mathfrak{C}$ in Q etwas abrunden, so ändern wir die Anzahl ihrer gegenseitigen Schnittpunkte nicht. Wir haben es dann mit zwei geschlossenen Kurven $\mathfrak{B}$ und $\mathfrak{C}$ zu tun, die einander nur durchdringen, aber nirgends, ohne sich zu durchsetzen, aneinanderstoßen können.

Zu zeigen haben wir, daß zwei solche Kurven einander gar nicht oder in einer geraden Zahl von Punkten schneiden. Zu diesem Zwecke formen wir die eine, etwa $\mathfrak{C}$, schrittweise um, *ohne dabei aber die gegenseitigen Schnittpunkte von $\mathfrak{B}$ und $\mathfrak{C}$ zu beeinträchtigen*, deren Anzahl wir als gerade erkennen wollen. Wir werden nämlich alle Doppelpunkte von $\mathfrak{C}$ beseitigen können und dadurch einen besseren Überblick über die gegenseitige Lage von $\mathfrak{B}$ und $\mathfrak{C}$ gewinnen können.

Es sei P ein Doppelpunkt von $\mathfrak{C}$. Durch P zerfällt $\mathfrak{C}$ genau so in zwei geschlossene Teilkurven $\mathfrak{D}$ und $\mathfrak{E}$, wie vorhin $\mathfrak{A}$ durch Q in $\mathfrak{B}$ und $\mathfrak{C}$

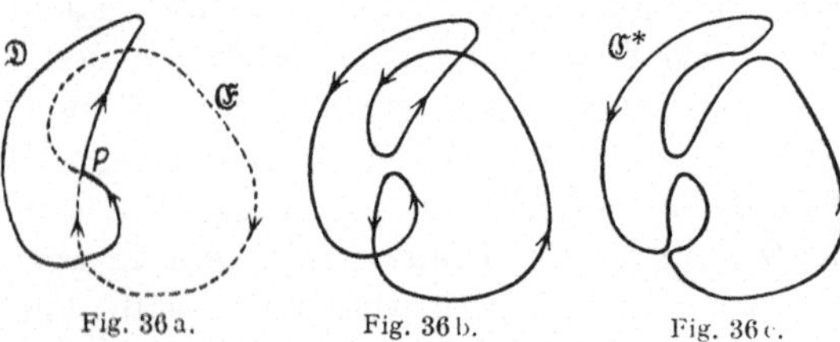

Fig. 36a.   Fig. 36b.   Fig. 36c.

zerlegt wurde; $\mathfrak{D}$ und $\mathfrak{E}$ stoßen in P zusammen. Erteilt man $\mathfrak{C}$ insgesamt einen Durchlaufungssinn, so haben auch $\mathfrak{D}$ und $\mathfrak{E}$ je einen Durchlaufungssinn erhalten (Fig. 36a). Wir durchlaufen nun, von P ausgehend, $\mathfrak{D}$ in dem festgesetzten Sinn, kommen nach P zurück und fügen die Durchlaufung von $\mathfrak{E}$ daran, aber *entgegen* dem festgesetzten Sinn und gelangen nach P zurück. Durch die Umkehrung der Durchlaufung auf $\mathfrak{E}$ haben wir in P die Überkreuzung vermieden. Insgesamt haben wir auch diesmal das ganze $\mathfrak{C}$ in *einem* Zuge durchlaufen, den Punkt P aber auf zwei Wegen durchfahren, die in P Ecken haben, sich aber in P nicht mehr durchsetzen, sondern nur noch einander anstoßen. Rücken wir diese Wege in P ein wenig auseinander und runden die Ecken ab, so haben wir statt $\mathfrak{C}$ wieder eine geschlossene Kurve erhalten, die sich in P nicht mehr durchdringt, *also einen Doppelpunkt weniger aufweist* (Fig. 36b). Die Abrundungen der Ecken bei P denken wir uns natürlich so nahe bei P

ausgeführt, daß die übrigen Schnittpunkte von $\mathfrak{C}$ mit sich selbst und mit einer etwaigen anderen Kurve nicht betroffen werden.

So können wir durch Wiederholung des Verfahrens einen Doppelpunkt nach dem andern von $\mathfrak{C}$ wegschaffen, bis eine geschlossene, *von Doppelpunkten freie* Kurve $\mathfrak{C}^*$ entsteht (Fig. 36c), die sich mit $\mathfrak{C}$ fast überall deckt, nur in der Nähe der Doppelpunkte von $\mathfrak{C}$ sich von dieser Kurve unterscheidet.

4. Eine geschlossene, doppelpunktfreie Kurve umschließt nun, wie wir der Anschauung entnehmen, stets ein Gebiet, das wir das „Innere" der Kurve nennen. Der übrige Teil der Ebene, der nicht zur Kurve und ihrem Innern gehört, heißt das „Äußere" der Kurve. Das Innere und das Äußere werden durch die geschlossene Kurve selbst getrennt. Wird eine geschlossene doppelpunktfreie Kurve in einem Punkte von einer anderen Kurve geschnitten, so muß diese zweite Kurve dort entweder aus dem Äußeren in das Innere treten oder umgekehrt.

Dies machen wir uns zunutze, um die im Anfang von 3. ausgesprochene Behauptung, daß die gegenseitigen Schnittpunkte der Kurven $\mathfrak{B}$ und $\mathfrak{C}$ in gerader Anzahl vorhanden sein müssen, zu beweisen. Wir denken uns $\mathfrak{C}$, wie soeben dargelegt, durch die doppelpunktfreie Kurve $\mathfrak{C}^*$ ersetzt, deren Schnittpunkte mit $\mathfrak{B}$ dieselben geblieben sind wie die von $\mathfrak{C}$ mit $\mathfrak{B}$. Es kann sein, daß $\mathfrak{B}$ ganz im Innern von $\mathfrak{C}^*$ liegt, dann haben $\mathfrak{C}^*$ und $\mathfrak{B}$ keine gegenseitigen Schnittpunkte. Ebensowenig, wenn $\mathfrak{B}$ ganz im Äußeren von $\mathfrak{C}^*$ liegt. Es bleibt also nur noch der Fall übrig, daß $\mathfrak{B}$ teils im Inneren, teils im Äußeren von $\mathfrak{C}^*$ liegt. Es sei T irgend ein Punkt von $\mathfrak{B}$ im Äußeren von $\mathfrak{C}^*$. Durchlaufen wir nun $\mathfrak{B}$ von T aus, so muß $\mathfrak{B}$ irgendwo zum erstenmal in das Innere von $\mathfrak{C}^*$ treten; das ergibt einen Schnittpunkt. Da $\mathfrak{B}$ geschlossen ist und also zu T zurückführt, muß die Kurve $\mathfrak{B}$ aus dem Inneren von $\mathfrak{C}^*$ wieder in das Äußere übertreten, was einen zweiten Schnittpunkt ergibt. Zwar kann $\mathfrak{B}$ noch mehrfach in das Innere von $\mathfrak{C}^*$ hinein- und aus dem Inneren von $\mathfrak{C}^*$ heraustreten, aber jedenfalls gehört zu jedem Eintritt auch ein Austritt, da wir auf $\mathfrak{B}$ aus dem Äußeren von $\mathfrak{C}^*$ kommen und dahin zurückkehren. Also wird $\mathfrak{C}^*$ von $\mathfrak{B}$ überhaupt nicht oder in einer geraden Anzahl von Schnittpunkten geschnitten. Dasselbe gilt nach unseren Überlegungen auch von den Kurven $\mathfrak{C}$ und $\mathfrak{B}$. Danach ist, wie wir uns am Schlusse von 2. überlegt haben, der Satz über die Anordnung der Doppelpunkte vollständig bewiesen.

5. Diesen Satz, der besagt, daß jeder Doppelpunkt beim Durchlaufen der geschlossenen Kurve $\mathfrak{A}$ einmal an gerader, einmal an ungerader Stelle auftreten muß, kann man auch noch etwas anders interpretieren. Wir wollen die Kurve $\mathfrak{A}$ als Projektion eines *räumlichen* Gebildes und jeden Doppelpunkt als die Projektion einer *Überkreuzung*

von zwei Kurvenzügen auffassen, von denen der eine dort oberhalb des andern verläuft. Speziell wollen wir die Festsetzung so treffen, daß man beim Durchlaufen der Kurve $\mathfrak{A}$ *abwechselnd* einmal *über* den kreuzenden Zweig hinweg, einmal *unter* ihm hindurchgeht. Die Frage ist nur, ob eine solche Festsetzung überhaupt durchführbar ist. Denn wenn wir eine Überkreuzung etwa „oben“ passiert haben, so soll uns für das zweite Passieren dieser Überkreuzung (als welche wir den Doppelpunkt jetzt auffassen), nur noch der Weg „unten“ übrigbleiben. Andrerseits schreibt uns die Vorschrift des Abwechselns zwischen Oben und Unten eindeutig bei jedem Passieren einer Kreuzung das Oben oder Unten vor, nachdem wir uns in einem Doppelpunkt zu Anfang einmal entschieden haben. Können wir da bei der Rückkehr zu einer Überkreuzung Q zu *dem* Widerspruch kommen, daß wir von Q oben ausgegangen sind und beim abwechselnden Oben- und Untendurchlaufen der zwischenliegenden Doppelpunkte etwa wieder oben in Q eintreffen? Nein! Unser Satz sagt nämlich genau das aus, daß ein solcher Widerspruch nicht vorkommen kann. Denn gehen wir von Q „oben“ aus, so müssen wir, abwechselnd unter und über die kreuzenden Kurvenzüge gehend, in Q „unten“ ankommen, denn wir haben inzwischen eine *gerade* Anzahl von Malen Doppelpunkte passiert, das erste Mal nach Q *unten*, das zweite Mal *oben* usw., das letzte Mal also auch *oben* (wegen der *geraden* Zahl von Malen), kommen also in Q *unten* an. Das ist aber genau das Verlangte, denn wenn wir von Q oben ausgegangen sind, so bleibt wegen der neuen Auffassung der Doppelpunkte als räumlicher Überkreuzungen für die zweite Passage von Q nur der Weg unten übrig.

In den nebenstehenden Fig. 37 und 38 sind die Kurven der Fig. 31 und 32 in der eben geschilderten Art als Projektionen von Raumkurven aufgefaßt, wobei in den Doppelpunkten die Überkreuzungen dargestellt sind. Diese Raumkurven bilden somit einen „Knoten“, und zwar nennt man einen Knoten, in

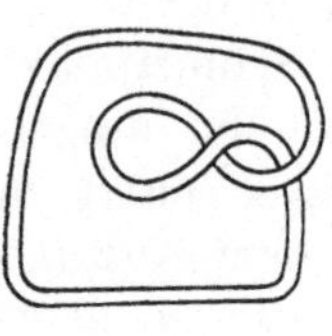
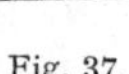

Fig. 37.   Fig. 38.   Fig. 39.

dessen Projektion beim Durchlaufen Über- und Unterführungen abwechseln, einen „alternierenden“ Knoten. Genau genommen stellt Fig. 37 nur einen uneigentlichen Knoten dar. Denn ein geschlossener Faden, nach dem Muster von Fig. 37 gelegt, läßt sich offenbar in einen unverknoteten Kreis auseinander ziehen. Dagegen bildet ein nach Fig. 38 geführter Faden einen wirklichen Knoten, die sog. „Kleeblattschlinge“, die sich (ohne Zerreißen des Fadens) nicht in einen Kreis überführen läßt.

Daß nicht jeder Knoten eo ipso alternierend ist, mag man aus Fig. 39 ersehen. Die Tatsache, daß es nicht-alternierende Knoten gibt, zeigt nochmals aufs deutlichste, daß unser Satz in seinen beiden Formulierungen keineswegs trivial ist.

11. Läßt sich eine Zahl nur auf eine Weise in Primfaktoren zerlegen?

1. Jede ganze Zahl kann man so lange in Faktoren zerlegen, bis man bei lauter unzerlegbaren Faktoren, bei „Primfaktoren" angelangt ist. Die Zahl 60 z. B. kann man zunächst in $6 \cdot 10$ zerlegen, und dann die 6 weiter in $2 \cdot 3$, die 10 weiter in $2 \cdot 5$, so daß insgesamt die 60 zerlegt ist in

$$60 = 2 \cdot 3 \cdot 2 \cdot 5,$$

und diese 4 Faktoren sind ihrerseits unzerlegbar, sind Primzahlen.

Man hätte, um beim Beispiel der Zahl 60 zu bleiben, auch anders zerlegen können: $60 = 4 \cdot 15$, sodann $4 = 2 \cdot 2$ und $15 = 3 \cdot 5$, woraus sich

$$60 = 2 \cdot 2 \cdot 3 \cdot 5$$

ergibt. In anderer Reihenfolge sind das genau dieselben Primfaktoren, jeder in der gleichen Vielfachheit; der Größe nach geordnet sind es in beiden Fällen
$$60 = 2^2 \cdot 3 \cdot 5.$$

Wir sind von der Schule her gewohnt, dies als etwas ganz Selbstverständliches zu betrachten. Der Weg, auf dem man die Zerlegung in Primfaktoren vollzieht, mag vieler Varianten fähig sein; aber die Vorstellung ist, daß die Primfaktoren, die sich am Schluß ergeben, eben die letzten Bausteine der ganzen Zahlen in multiplikativer Hinsicht sind, daß man also beim multiplikativen Abbau einer Zahl stets auf diese festen in ihr zusammengefügten Bausteine stoßen müsse.

Das ist nun zwar an sich richtig. Es handelt sich nur darum, ob es so selbstverständlich ist, wie es zu sein scheint. Seien wir einmal ganz ehrlich: wenn es uns glücklich gelungen ist, eine große Zahl wie 30031 in die beiden Primfaktoren $59 \cdot 509$ zu zerlegen, woher entnehmen wir dann eigentlich die Gewißheit, daß es sonst keine anderen Primzahlen gibt, die in 30031 aufgehen, daß es nicht noch eine andere Zerlegung von 30031 gibt, in der 59 nicht vorkommt?

Immerhin, es wird Ihnen bei dieser Fragestellung etwas gegen Ihr Gefühl gehen, gegen das Gefühl von „den" Primfaktoren, die in einer Zahl „darinstecken". Es ist das Ziel der folgenden Ausführungen, Ihnen bewußt zu machen, wie schlecht dieses Gefühl in Wahrheit begründet ist, um Ihnen dann den Beweis vorzuführen, *daß in Wahrheit die Zerlegung einer Zahl in Primfaktoren eindeutig ist.*

2. Wir wollen, um aller verführerischen Gefühle ledig zu sein, uns in ein anderes fremdartiges Reich begeben, in das Reich der Zahlen

von der Form $a + b\sqrt{6}$, wo a, b irgend zwei gewöhnliche ganze Zahlen sind. Also z. B. $12 + 5\sqrt{6}$ oder $\sqrt{6} - 2$ werden solche Zahlen sein, mit denen wir uns jetzt befassen wollen. Die gewöhnlichen ganzen Zahlen werden dadurch übrigens keineswegs ausgeschlossen sein; im Gegenteil, sie begreifen sich sämtlich diesem Zahlenreich unter, für $b = 0$ nämlich; unser Zahlenreich ist lediglich eine Erweiterung der Gesamtheit der gewöhnlichen ganzen positiven und negativen Zahlen.

Es ist leicht, sich in diesem Reich ebenso zu bewegen, wie im Bereich der gewöhnlichen ganzen Zahlen. Wie man zwei solche Zahlen zu addieren und zu subtrahieren hat, ist nach dem Muster

$$(3 + \sqrt{6}) + (5 + \sqrt{6}) = 8 + 2\sqrt{6}$$

wohl unmittelbar klar; aber auch das Multiplizieren üben wir leicht an ein paar Beispielen ein:

$$(3 + \sqrt{6})(3 - \sqrt{6}) = 9 - 6 = 3\,,$$
$$(\sqrt{6} + 2)(\sqrt{6} - 2) = 6 - 4 = 2\,,$$
$$(3 + \sqrt{6})(\sqrt{6} - 2) = 3\sqrt{6} - 6 + 6 - 2\sqrt{6} = \sqrt{6}\,,$$
$$(3 - \sqrt{6})(\sqrt{6} + 2) = \sqrt{6}\,,$$
$$(3 + \sqrt{6})(2 + \sqrt{6}) = 12 + 5\sqrt{6}\,,$$
$$(3 - \sqrt{6})(\sqrt{6} - 2) = -12 + 5\sqrt{6}\,.$$

Ich hoffe, diese paar Beispiele werden genügen, um Ihnen zu zeigen, wie leicht man sich in diesem fremdartigen Reich zurechtfindet; wenn man aus irgendeinem Grunde wollte, würden Tertianer dieses Rechnen leicht einüben können, sie würden sich bald daran gewöhnt haben. — Von dem Dividieren reden wir selbstverständlich nicht; das würde ebenso wie bei den gewöhnlichen ganzen Zahlen manchmal gehen und manchmal nicht. Was uns interessiert, ist die Zerlegung in Faktoren.

Wir gehen von der sehr einfachen und auf den ersten Blick sehr peinlichen Bemerkung aus, daß

$$(1) \qquad\qquad 6 = 2 \cdot 3 = \sqrt{6} \cdot \sqrt{6}$$

ist und stehen vor der Tatsache, daß 6 hier außer der üblichen Faktorenzerlegung noch eine ganz andere gestattet. Wir denken an die eingangs gestellte Frage, ob 30031 außer $59 \cdot 509$ etwa noch eine andere Faktorenzerlegung gestattet, in der ganz andere Faktoren vorkommen; fast scheint es, daß wir hier vor einem derartigen Vorkommnis stehen.

Der Fall klärt sich aber in natürlicher Weise auf. Die Zahlen 2 und 3 sind zwar Primzahlen im gemeinen Sinne, d. h. nicht in gewöhnliche ganze Zahlen zerlegbar; aber sie lassen sich sehr wohl in Faktoren von der Form $a + b\sqrt{6}$ zerlegen. Ein Blick auf die Beispiele, die wir zur

Einübung der Multiplikation gerechnet haben, lehrt es; da haben wir

$$2 = (\sqrt{6} + 2)(\sqrt{6} - 2), \quad 3 = (3 + \sqrt{6})(3 - \sqrt{6}).$$

$6 = 2 \cdot 3$ zerfällt also in Wahrheit gar nicht in zwei unzerlegbare Faktoren, sondern in vier:

$$6 = (\sqrt{6} + 2)(\sqrt{6} - 2)(3 + \sqrt{6})(3 - \sqrt{6}),$$

und die beiden verschiedenen Zerlegungen, die wir zuerst wahrnahmen, waren nichts als Zusammenfassungen dieser vierteiligen Zerlegung zu je zwei Faktoren, einmal des 1. und 2. sowie des 3. und 4. Faktors, das andere Mal des 1. mit dem 4. und des 2. mit dem 3. Faktor. Es ist klar, daß sogar noch eine dritte Zusammenfassung möglich wäre, an die wir gar nicht gedacht haben, nämlich des 1. mit dem 3. Faktor und des 2. mit dem 4.; auch hierzu war alles Nötige in den obigen Beispielen gerechnet; die dritte Zerlegung heißt

$$6 = (12 + 5\sqrt{6})(-12 + 5\sqrt{6})$$

und bestätigt sich leicht durch nochmalige direkte Ausrechnung.

Der Fall ist also aufklärbar, und es wäre nicht sehr schwer, ihn restlos aufzuklären und zu zeigen, daß die vier Faktoren von 6, die sich nun ergeben haben, einer weiteren Zerlegung nicht mehr fähig sind [1].

3. Wir werden uns jetzt aber in einen anderen Bereich begeben, den der Zahlen $a + b\sqrt{-6}$, und werden hier nicht imstande sein, eine entsprechend einfache Bemerkung in einer entsprechenden Weise aufzuklären; im Gegenteil, wir werden den Beweis führen können, daß dies hier nicht möglich ist. Nachdem wir uns in dem Reich der Zahlen $a + b\sqrt{6}$ so leicht zurechtgefunden haben, wird es an sich keine Schwierigkeiten haben, unser Medium schon wieder zu wechseln. Daß hier die Wurzel aus einer negativen Zahl auftritt, ist weiter kein Hindernis, denn das Rechnen in diesem neuen Bereich vollzieht sich ebenso einfach und unzweideutig wie oben bei $a + b\sqrt{6}$, wie sich sogleich zeigen wird.

Die entsprechende Bemerkung lautet hier offenbar

$$(2) \qquad 6 = 2 \cdot 3 = -\sqrt{-6} \cdot \sqrt{-6}.$$

Wir werden suchen, 2 und 3 und $\sqrt{-6}$ ihrerseits in Faktoren zu zerlegen; aber bei diesem Versuch wird sich herausstellen, daß er unausführbar ist.

Wir machen uns zur bequemeren Durchführung dieser Betrachtung einen Hilfsbegriff zurecht. Unter der „Norm" der Zahl $a + b\sqrt{-6}$ verstehen wir ihr Produkt mit $a - b\sqrt{-6}$, also

$$N(a + b\sqrt{-6}) = (a + b\sqrt{-6})(a - b\sqrt{-6}) = a^2 + 6b^2;$$

---

[1] Natürlich nur innerhalb des behandelten Bereiches! Eine Zerlegung wie $\sqrt{6} = \sqrt{2} \cdot \sqrt{3}$ beispielsweise ist darin nicht zugelassen.

in Worten: die Norm von $a + b\sqrt{-6}$ bildet man, indem man $\sqrt{-6}$ durch $-\sqrt{-6}$ ersetzt und das Resultat mit der Ausgangsgröße multipliziert. Die Norm ist also eine gemeine ganze, sogar positive Zahl. Von ihr gilt der Hilfssatz, daß die Norm des Produkts zweier Zahlen unseres Reiches gleich dem Produkt ihrer Normen ist. In der Tat, es ist nach der eben ausgesprochenen Regel

$$N(a + b\sqrt{-6})(c + d\sqrt{-6})$$
$$= \left[(a + b\sqrt{-6})(c + d\sqrt{-6})\right]\left[(a - b\sqrt{-6})(c - d\sqrt{-6})\right],$$

d. h. gleich der Ausgangszahl, die die erste eckige Klammer erfüllt, mal dem Ausdruck, der daraus hervorgeht, indem $\sqrt{-6}$ überall durch $-\sqrt{-6}$ ersetzt ist, und der die 2. eckige Klammer ausfüllt. Im ganzen hat man so 4 Faktoren, die man unter bloßer Änderung ihrer Reihenfolge auch so schreiben kann:

$$(a + b\sqrt{-6})(a - b\sqrt{-6})(c + d\sqrt{-6})(c - d\sqrt{-6}).$$

Dies ist auf Grund der Erklärung der „Norm" in der Tat nichts anderes als

$$N(a + b\sqrt{-6})\,N(c + d\sqrt{-6}).$$

Wäre nun die Zahl 2 in zwei Faktoren unseres Reiches zerlegbar

$$2 = (a + b\sqrt{-6})(c + d\sqrt{-6}),$$

so wäre

$$N(2) = N(a + b\sqrt{-6}) \cdot N(c + d\sqrt{-6}).$$

$N(2)$ ist nichts anderes als $(2 + 0\cdot\sqrt{-6})(2 - 0\cdot\sqrt{-6}) = 2\cdot 2 = 4$, und es wäre

$$4 = (a^2 + 6\,b^2)(c^2 + 6\,d^2).$$

Eine solche Zerlegung von 4 in zwei gewöhnliche ganze Zahlen ist auf zwei Weisen möglich. Entweder beide Faktoren sind gleich 2, oder der eine ist 4, der andere ist 1. Beides aber ist hier nicht angängig. Denn 2 kann überhaupt nicht in der Form $x^2 + 6y^2$ erscheinen, und 1 nur in der Weise, daß $x = 1$, $y = 0$ ist; also kann 2 nur so in zwei Faktoren zerlegt werden, daß einer von beiden $1 + 0\sqrt{-6} = 1$ ist. Diese banale Zerlegung werden wir so wenig als Zerlegung ansehen, wie wir in der gewöhnlichen Zahlentheorie $5 = 1\cdot 5$ als eine Zerlegung der Primzahl 5 betrachten. Wir werden auch in unserem Reich eine Zahl unzerlegbar nennen, wenn sie keine anderen Zerlegungen als solche, wo der eine Faktor 1 ist, gestattet.

In genau derselben Weise überzeugt man sich, daß auch 3 und $\sqrt{-6}$ nicht zerlegbar sind; statt 4 hätte man in diesen Fällen 9 bzw. 6 in Zahlen der Form $x^2 + 6y^2$ zu zerlegen.

Wir stehen also hier vor der durch (2) gegebenen Tatsache, daß eine Zahl zwei verschiedene Zerlegungen in unzerlegbare Faktoren besitzt. Es ist daher ganz gewiß nicht angängig, es für logisch selbstverständlich zu nehmen, daß neben einer solchen Zerlegung keine andere möglich ist, wenn es sich um die gewöhnlichen ganzen Zahlen handelt; denn wäre es eine logische Selbstverständlichkeit, so müßte es auch in unserem zuletzt betrachteten Reich gelten. Wenn es bei den gewöhnlichen Zahlen trotzdem gilt, so ist dies eine Besonderheit der ganzen Zahlen, die auf Grund besonderer Eigenschaften derselben bewiesen werden muß.

Es ist eine merkwürdige Tatsache, daß die griechischen Mathematiker aus bloßer logischer Unbefangenheit und Klarheit heraus und vermutlich ohne Gegenbeispiele wie das eben geschilderte zu kennen, instinktiv die Notwendigkeit verspürt haben, die in Rede stehende Eindeutigkeit der Zerlegung zu beweisen. Diese Tatsache ist bei EUKLID übrigens nicht auf eine solche einfache, moderne Formel gebracht worden. Und auch abgesehen von diesem Unterschiede in der Formulierung der Behauptung werden wir den Beweis etwas anders führen, als er bei EUKLID steht.

4. Die Zahl 30 ist ein Vielfaches von 3; sie ist auch ein Vielfaches von 5; man nennt sie darum ein „gemeinsames Vielfaches“ von 3 und 5. Allgemein versteht man also unter einem gemeinsamen Vielfachen zweier Zahlen eine solche Zahl, die Vielfaches von beiden ist. Es gibt stets ein solches gemeinsames Vielfaches zweier beliebigen Zahlen a, b; ihr Produkt $a b$ ist nämlich stets ein solches. Für 3 und 5 ist bereits $3 \cdot 5 = 15$ und nicht erst 30 ein gemeinsames Vielfaches; daß 30, das Doppelte von 15, und überhaupt jedes Vielfache von $a b$ auch ein gemeinsames Vielfaches von a und b ist, ist dann selbstverständlich. Zwei Zahlen haben also stets unendlich viele gemeinsame Vielfache.

Aber diese brauchen mit dem Produkt $a b$ und seinen Vielfachen noch nicht erschöpft zu sein. Die Zahlen 10 und 15 z. B. haben nicht erst 150, 300, 450, ... zu gemeinsamen Vielfachen, sondern offenbar schon die Zahl 30 und somit die ganze Folge 30, 60, 90, 120, 150, 180, ..., von der die Vielfachen von 150 nur einen Teil bilden. Andrerseits ist 30 offenbar die kleinste Zahl, die ein gemeinsames Vielfaches von 10 und 15 darstellt. Allgemein ist klar, daß es unter den sämtlichen gemeinsamen Vielfachen zweier Zahlen a, b stets ein kleinstes geben muß; denn prüft man alle Zahlen bis $a b$ daraufhin durch, ob sie gemeinsame Vielfache von a, b sind, so muß es eine bestimmte erste geben, die dies tut (eventuell ist erst das Produkt $a b$ selbst diese erste), und diese also wollen wir das *kleinste gemeinsame Vielfache von a, b* nennen.

Unser erstes Ziel ist nun der Satz: *jedes andere gemeinsame Vielfache zweier Zahlen ist ein Vielfaches ihres kleinsten gemeinsamen Vielfachen.* Für die Zahlen $a = 10$, $b = 15$ würde das besagen, daß die Folge der Vielfachen von 30, also 60, 90, ... die sämtlichen gemeinsamen Vielfachen von 10, 15 erschöpft; für dieses eine Beispiel, wie überhaupt für irgendein einzelnes Zahlenbeispiel ließe sich das leicht ausrechnen. Für uns handelt es sich darum, es *allgemein* als richtig einzusehen.

Der *Beweis* beruht auf der einfachen Bemerkung, daß die Differenz zweier gemeinsamen Vielfachen von a, b stets wieder ein gemeinsames Vielfaches von a, b ist. Denn die Differenz zweier Vielfachen von a — so ist schon in Kap. 1 auch geschlossen worden — ist wieder ein Vielfaches von a, die Differenz zweier Vielfachen von b ist wieder ein Vielfaches von b; ist also die Differenz zweier Zahlen zu nehmen, die sowohl Vielfache von a als auch Vielfache von b sind, so wird auch diese Differenz zugleich Vielfaches von a und b sein, also gemeinsames Vielfaches von beiden.

Sei nun v das kleinste gemeinsame Vielfache von a, b und sei W irgendein gemeinsames Vielfaches beider Zahlen, so wird gemäß der vorangeschickten Bemerkung auch $W - v$ ein gemeinsames Vielfaches von a, b sein, und wenn ich davon nochmals v abziehe, so wird wieder ein gemeinsames Vielfaches von a, b vor mir stehen; kurz, wenn ich der Reihe nach die Zahlen

$$W - v, \quad W - 2v, \quad W - 3v, \ldots$$

bilde, so werden diese alle gemeinsame Vielfache von a, b sein. Da v das kleinste aller gemeinsamen Vielfachen sein soll, ist die erste dieser Zahlen, $W - v$, gewiß noch nicht negativ. Einige der folgenden werden es vielleicht auch noch nicht sein. Aber schließlich muß es damit ein Ende haben, es muß eine negative Zahl in dieser Folge auftreten, und von da ab sind dann alle weiteren Zahlen negativ. Es handelt sich im Grunde hier nur um das, was man in der Schule Division von W durch v nennt; man versucht, v so oft von W abzuziehen, als dies möglich ist (d. h. mit positiven Zahlen möglich ist), und wenn die Division nicht aufgeht, bleibt am Schluß ein Rest, der positiv, aber kleiner als der Divisor v selber ist. Würde in unserem Falle diese Division nicht aufgehen, so würde dieser Rest, also die letzte der obigen Zahlen $W - xv$, die noch positiv ausfällt, ein gemeinsames Vielfaches von a, b darstellen, das kleiner als v ist, entgegen der Haupteigenschaft von v, das *kleinste* gemeinsame Vielfache zu sein. Also muß jene Division aufgehen, d. h. W muß ein Vielfaches von v sein, wie behauptet war.

5. Dem Begriff des gemeinsamen Vielfachen tritt der des *gemeinsamen Teilers* von a, b gegenüber: t heißt ein gemeinsamer Teiler von a, b, wenn er sowohl in a als auch in b aufgeht.

Aus dem Satz von Nr. 4 geht hervor, daß insbesondere auch das Produkt ab, das sich stets unter den gemeinsamen Vielfachen von a, b befindet, ein Vielfaches von v ist. Wir beweisen jetzt den für das Folgende nötigen *Hilfssatz: Der Quotient von Produkt und kleinstem gemeinsamen Vielfachen zweier Zahlen* a, b, *also die Zahl*

$$d = \frac{a\,b}{v}\,,$$

ist stets ein gemeinsamer Teiler von a *und* b.

Der Beweis liegt auf der Hand. Denn aus der Gleichung für d folgt

$$d\,\frac{v}{a} = b$$

und da v ein Vielfaches von a ist, ist v/a eine ganze Zahl, nicht, wie es scheint, ein Bruch, und b also ein ganzzahliges Vielfaches von d, oder umgekehrt ausgedrückt, d ein Teiler von b; genau so ist d ein Teiler von a, also ein gemeinsamer Teiler von a und b, wie behauptet war.

6. Wir können nun den entscheidenden Satz beweisen, aus dem die Eindeutigkeit der Zerlegung in Primfaktoren sofort folgen wird: *Geht eine Primzahl* p *in dem Produkt* $x\,y$ *zweier Zahlen* x *und* y *auf, so geht sie entweder in* x *oder in* y *auf, also sicher in einem der beiden Faktoren.*

Der *Beweis* beruht darauf, daß man das kleinste gemeinsame Vielfache v der beiden Zahlen p und x betrachtet. *Einerseits* ergibt dann nämlich der Satz von 4.: das Produkt $x\,y$, das nach Voraussetzung ein Vielfaches von p sein soll, und offensichtlich eines von x ist, das also ein gemeinsames *Vielfaches* von p und x ist, ist sicher ein Vielfaches von v, etwa

$$(1) \qquad\qquad x\,y = h\,v.$$

Andrerseits ergibt der Satz von 5., daß die Zahl

$$(2) \qquad\qquad d = \frac{p\,x}{v}$$

ganz ist und ein gemeinsamer *Teiler* von p und x; ein Teiler der Primzahl p kann aber nur 1 oder p sein; entweder ist also $d = p$ oder $d = 1$. Im *1. Falle* ist $d = p$ ein Teiler von x, also die Behauptung in dem Sinne zutreffend, daß p im ersten der beiden Faktoren von $x\,y$ aufgeht. Im *2. Falle*, also für $d = 1$, ist wegen (2) $1 = \frac{p\,x}{v}$, d. h. $v = p\,x$, daher zufolge (1) $x\,y = h\,(p\,x)$; kürzt man mit x, so lehrt $y = h\,p$, daß in diesem Falle p in y, dem anderen Faktor von $x\,y$ aufgeht. In jedem Falle geht es in *einem* der beiden Faktoren auf.

Unmittelbar folgt hieraus: *geht eine Primzahl in einem Produkt von mehreren Zahlen auf, so auch in einem der Faktoren.* Denn geht sie z. B. in $x\,y\,z$ auf, so in x oder $y\,z$, und falls sie das letztere tut, so entweder in y oder in z, jedenfalls in *einem* der drei Faktoren.

7. Der Satz von der eindeutigen Zerlegung in Primfaktoren folgt hieraus unmittelbar. Hat man zweierlei Zerlegungen einer Zahl N in Primfaktoren,

$$N = p \cdot q \cdot r \cdot s \cdots = P \cdot Q \cdot R \cdot S \cdots,$$

so geht p in N auf, und also in dem Produkt rechter Hand, mithin in irgendeinem der Primfaktoren rechterhand. Aber wenn eine Primzahl in einer anderen aufgeht, kann sich das wegen des Begriffs der Primzahl nicht anders vollziehen, als indem beide miteinander identisch sind. Also muß p unter den Primfaktoren rechter Hand jedenfalls vorkommen und ebenso jeder andere Primfaktor der Zerlegung linker Hand. Und da beide Zerlegungen gleichberechtigt sind, folgt ebenso, daß auch jeder Primfaktor der rechten Zerlegung unter denen der linken vorkommen muß, kurz, daß beide Zerlegungen genau dieselben Primzahlen enthalten müssen.

Es bleibt nur noch die Frage, ob diese Primzahlen beiderseits in der nämlichen Vielfachheit auftreten. Wenn nun etwa p linker Hand a mal, rechter Hand A mal auftritt, wenn etwa einerseits $N = p^a q^b r^c \ldots$, andrerseits $N = p^A q^B r^C \ldots$ ist und A von a verschieden wäre, so müßte eine der beiden Anzahlen die größere sein, etwa A. Dann dividieren wir durch p^a und bilden:

$$M = \frac{N}{p_a} = p^{A-a} q^B r^C \cdots = 1 \cdot q^b r^c \cdots.$$

Die Zahl M wäre hier ebenfalls auf zwei Arten in Primfaktoren zerlegt. Aber während bei der rechten Zerlegung der Primfaktor p ausdrücklich fehlen würde, würde er bei der linken ausdrücklich auftreten, wenn A größer als a wäre. Nun ist aber schon gezeigt, daß zwei Zerlegungen derselben Zahl die nämlichen Primfaktoren enthalten müssen; dies müßte auch speziell für M und seine beiden Zerlegungen gelten im Widerspruch zu der soeben gezogenen Folgerung. Also muß $a = A$ sein, und ebenso müssen $q, r, \ldots$ alle in beiden Zerlegungen in derselben Vielfachheit auftreten.

Unwillkürlich wird man fragen, warum diese gesamte Schlußweise für die in Nr. 3. behandelten Zahlen $a + b\sqrt{-6}$ nicht gelten soll. In der Tat übertragen sich fast alle vollzogenen Schlüsse ohne weiteres. Das einzige, was sich nicht überträgt, ist der Beweis des Satzes von Nr. 4. Dieser erweist sich also als der Kernpunkt des Ganzen.

12a. Das Vierfarbenproblem.

1. Das Problem. CAYLEY hat 1879 in der geographischen Gesellschaft zu London die folgende Aufgabe erörtert. Bekanntlich druckt man Landkarten in mehreren Farben, am besten jedes Land in einer anderen Farbe; da aber der Druck eines Blattes mit vielerlei Farben sehr kostspielig ist, wird man sich damit begnügen, daß nur solche Länder, die aneinander stoßen, verschiedene Farben erhalten. Die Landkarte einer Insel, wie Fig. 40a sie zeigt, wird in diesem Sinne drei Farben erfordern: das Meer blau, wie üblich, und zwei Farben für die beiden Länder. Fig. 40b zeigt eine Landkarte, die unbedingt *vier*

Farben benötigt; denn die drei Länder stoßen alle ans Meer an und können deshalb dessen Farbe nicht bekommen, und da sie zu je zweien aneinander anstoßen, müssen sie drei voneinander verschiedene Farben erhalten. Das sind im ganzen vier Farben. Fig. 40c zeigt, daß dieselbe Notwendigkeit auch dann vorliegen würde, wenn man von der Färbung des Meeres absehen wollte; hier würde das mittlere Land die Funktionen übernehmen, die in Fig. 40b das Meer hatte. Etwas um-

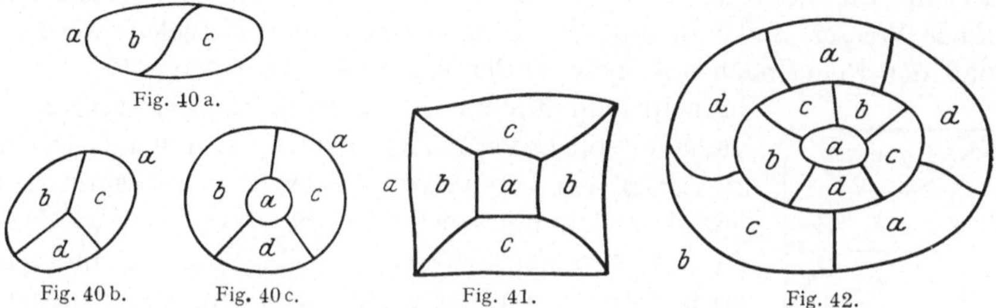

Fig. 40a.

Fig. 40b.   Fig. 40c.   Fig. 41.   Fig. 42.

fangreichere Landkarten, wie sie Fig. 41 und Fig. 42 zeigen, lassen sich in der einnotierten Weise mit drei bzw. mit vier Farben färben, die kurz mit *a*, *b*, *c*, *d* bezeichnet sind. Man erwartet, daß noch kompliziertere Landkarten eine wachsende Zahl von Farben erfordern werden.

In Wahrheit hat man bisher noch keine, wenn auch noch so verwickelte Landkarte zeichnen können, bei der man nicht mit vier Farben im angegebenen Sinne ausgekommen wäre. Man hat aber ebensowenig zu beweisen vermocht, daß man bei *jeder* nur denkbaren Landkarte mit vier Farben auskommt. Wir stehen hier wieder vor einem der ganz einfach und ohne alle mathematischen Kenntnisse zu begreifenden Probleme, die man in wenigen Minuten jedem Laien der Mathematik darlegen kann und die doch noch niemand gelöst hat.

Dagegen hat man bewiesen, *daß man bei jeder Landkarte mit fünf Farben auskommt,* in dem Sinne also, daß keine zwei Länder, die eine Grenze gemeinsam haben, die nämliche Farbe erhalten; Länder, die nur in einer *Ecke* aneinanderstoßen, sollen übrigens mit gleicher Farbe zugelassen werden (wie z. B. beim Schachbrett). Den Nachweis für diesen Satz wollen wir hier wiedergeben.

2. Der Eulersche Satz. Das Haupthilfsmittel zum Beweise des Fünffarbensatzes ist ein allgemeiner Satz über die Anzahl e der Ecken, die Anzahl f der Flächen (Länder) und die Anzahl k der Kanten (Grenzen) in einer beliebigen Landkarte, dessen Tragweite an sich weit über das hier vorliegende spezielle Thema hinausgreift. Er besagt, daß stets

$$(1) \qquad\qquad e + f = k + 2$$

ist. In Fig. 41 z. B. gibt es 8 Ecken (d. h. Punkte, in denen mindestens 3 Länder zusammenstoßen), 6 Flächen und 12 Grenzen (jede Grenze von einer Ecke bis zur nächsten gerechnet), und es ist in der Tat

$$8 + 6 = 12 + 2.$$

Um diesen von L. EULER, dem großen Mathematiker des 18. Jahrhunderts, entdeckten, schon von DESCARTES ein Jahrhundert zuvor gewußten Satz zu beweisen, stellen wir uns vor, die Figur bedeute keine Landkarte, sondern ein System von Äckern, die Grenzen seien Deiche, die sie voneinander trennen, im äußeren Gebiete rundherum fließe Wasser, und nun solle Deich nach Deich so niedergelegt werden, daß der Reihe nach alle Äcker unter Wasser kommen (Fig. 43). Dazu

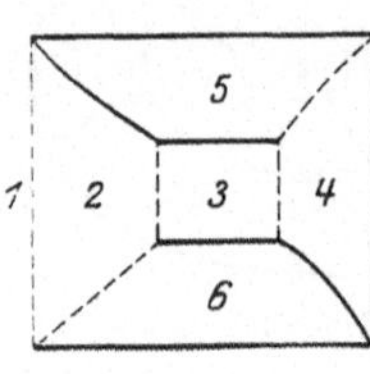

Fig. 43.

braucht man durchaus nicht *alle* Deiche niederzulegen; vielmehr soll es vermieden werden, irgendeinen Deich zu öffnen, der bereits von beiden Seiten bespült ist; jeweils sollen nur solche Deiche eingerissen werden, die auf der einen Seite bespült sind, auf der anderen noch nicht, so daß sie wirklich jedesmal einen neuen Acker erschließen. Es ist klar, daß man jedenfalls $f-1$ Deiche niederlegen muß, um alle die $f-1$ Äcker, die außer dem Außengebiet vorhanden sind, zu bewässern. Es ist aber auch klar, daß der Prozeß tatsächlich fortgeführt werden kann, so lange noch irgendein Acker unbewässert ist, also bis alle $f-1$ Äcker bewässert sind; der Prozeß kann also nicht enden, ehe volle $f-1$ Deiche niedergelegt sind. Die Zahl der niedergelegten Deiche ist daher genau $f-1$.

Wir betrachten jetzt das System derjenigen Deiche, die intakt geblieben sind.

1. Man kann auf ihnen entlang gehend trockenen Fußes noch von jeder Ecke zu jeder anderen gelangen. Denn ursprünglich, als das Wasser nur außen herumfloß, konnte man es gewiß — hätte man es nicht gekonnt, so hätten zwei oder mehrere ganz getrennte Systeme von Äckern vorgelegen, sozusagen Inseln in dem außen fließenden Wasser, und man brauchte nur für jede derselben getrennt die ganze Aufgabe zu behandeln. Würde aber im Laufe der sukzessiven Bewässerung das Niederreißen irgendeines Deiches AB bewirken, daß nun die noch stehenden Deiche in zwei getrennte Systeme zerfallen (Fig. 44), so daß man von

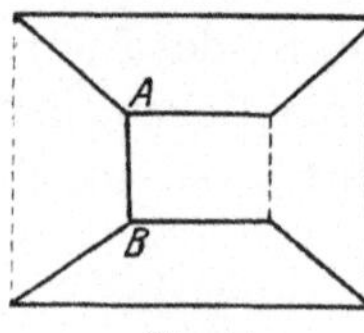 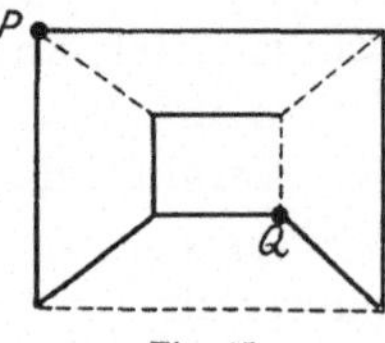

Fig. 44.   Fig. 45.

einer auf dem einen gelegenen Ecke nach einer auf dem anderen gelegenen nicht mehr trockenen Fußes gehen kann, so würde nun das Wasser zwischen A und B durchfließen, hätte also den Deich AB vor seiner Öffnung auf *beiden*

Seiten bespült. Es war aber ausdrücklich angeordnet worden, daß *solche* Deiche nie niedergerissen werden sollen.

2. Schickt man von irgendeinem der Eckpunkte, etwa P, Boten aus, die die Deiche beschreiten und sämtliche Ecken besichtigen sollen, so werden sich nie zwei solche Boten in demselben Eckpunkt, etwa Q, begegnen. Denn führten zwei *verschiedene* Wege längs der unzerstörten Deiche von P nach Q, wie es Fig. 45 andeutet, so würden diese beiden Wege zusammen ein Gebiet abriegeln, das rings von unzerstörten Deichen umschlossen wäre, in das also nie hätte Wasser eindringen können.

Halten wir den Ausgangspunkt der Boten fest, so kann von ihnen eine bestimmte Ecke nur auf *einem* bestimmten Wege erreicht werden. *Vor* dem Erreichen einer Ecke wird also eine ganz bestimmte Strecke passiert werden, und jeder Strecke wird somit eine Ecke als ihr Endpunkt zukommen. Von solchen Endpunkten gibt es also ebenso viele wie unzerstörte Deiche. Da außerdem noch eine Ecke als Ausgangspunkt in Anschlag zu bringen ist, so ist also die Anzahl der unzerstörten Deiche genau gleich $e - 1$. Insgesamt hat man also $f - 1$ niedergelegte und $e - 1$ unzerstörte Deiche; daher ist die Gesamtzahl *aller* Deiche

$$k = (f - 1) + (e - 1),$$

und hieraus geht (1) durch Auflösen der Klammern und Herüberschaffen unmittelbar hervor.

3. Noch ein weiterer vorbereitender Schritt sei dem Beweise für das Färben mit 5 Farben vorangeschickt: *Es genügt zu zeigen, daß man jede Landkarte mit 5 Farben färben kann, in deren Ecken nie mehr als drei Länder zusammentreffen.* Hat man nämlich eine Landkarte, bei der in irgendeiner Ecke mehr als 3 Länder zusammenstoßen (Fig. 46a), so zeichne man daneben eine Landkarte (Fig. 46b), die im übrigen eine genaue Kopie der anderen ist, wo

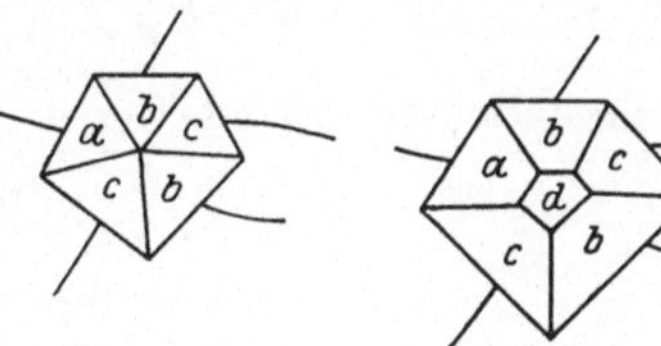

Fig. 46a.   Fig. 46b.

aber um diese eine Ecke herum ein kleines neues Land eingerichtet ist, in der also zwar ein Land mehr auftritt und auch mehrere neue Ecken entstanden sind, in denen je 3 Länder zusammentreffen, in der aber die eine Ecke, in der mehr als 3 Länder zusammenstießen, getilgt ist. Indem man mit allen derartigen Ecken nach diesem Muster verfährt, kann man schließlich eine Landkarte herstellen, die von allen derartigen Ecken befreit ist. Wenn man nun zeigen könnte, daß man jede Landkarte, bei der in allen Ecken immer nur 3 Länder zusammentreffen, mit 5 Farben färben kann, so könnte man u. a. auch die eben hergestellte Karte mit 5 Farben färben, etwa in der Art, wie es die in Fig. 46b eingetragenen Buchstaben andeuten; es folgt dann, daß man (da Länder, die nur in Ecken, aber nicht längs Grenzen zusammenstoßen, gleiche Farben haben dürfen) auch Fig. 46a unmittelbar mit den dort eingezeichneten Farben erledigen kann, daß man also dann auch *jede* Karte mit 5 Farben färben kann.

4. Der Beweis. Sei f_2 die Anzahl der Länder mit nur 2 Ecken, f_3 die Anzahl der Länder mit nur 3 Ecken usf., so setzt sich die Gesamtzahl f *aller* Länder aus den Zahlen dieser einzelnen Unterarten zusammen[1]:

$$(2) \qquad\qquad f = f_2 + f_3 + f_4 + \cdots .$$

Jedes der f_2 Länder mit je 2 Ecken hat auch 2 Grenzen, das sind zusammen $2\,f_2$ Grenzen, jedes der f_3 Länder mit 3 Ecken hat auch 3 Grenzen, das sind zusammen $3\,f_3$ Grenzen usf.; bei dieser Durchmusterung der Grenzen erhalten wir schließlich *alle* Grenzen, aber jede zweimal, je einmal von jedem der beiden angrenzenden Länder aus gerechnet. Daher ist

$$(3) \qquad\qquad 2\,k = 2\,f_2 + 3\,f_3 + 4\,f_4 + \cdots .$$

Ebenso ergibt eine Durchmusterung der Länder auf ihre Ecken hin — wegen der nun erlaubten Annahme, daß in jeder Ecke 3 Länder zusammentreffen[2] — jede Ecke genau dreimal, d. h.

$$(4) \qquad\qquad 3\,e = 2\,f_2 + 3\,f_3 + 4\,f_4 + \cdots ;$$

aus (3) und (4) zusammen folgt

$$(5) \qquad\qquad 3\,e = 2\,k.$$

Multipliziert man in der Eulerschen Formel (1) beide Seiten mit 6, so hat man

$$6\,e + 6\,f = 6\,k + 12,$$

und dieses wiederum ist wegen (5)

$$= 9\,e + 12;$$

daher

$$6\,f = 3\,e + 12$$

oder wegen (2) und (4)

$$6\,(f_2 + f_3 + f_4 + \cdots) = (2\,f_2 + 3\,f_3 + 4\,f_4 + \cdots) + 12,$$

oder schließlich, wenn man nach den $f_2, f_3, \ldots$ ordnet:

$$(6) \qquad 4\,f_2 + 3\,f_3 + 2\,f_4 + f_5 = 12 + f_7 + 2\,f_8 + \cdots .$$

Das liefert das vorläufige Ergebnis: *In jeder Landkarte, in deren Ecken immer nur drei Länder zusammentreffen, gibt es sicher ein Land mit weniger als 6 Ecken.*

Denn gäbe es kein solches, so gäbe es kein Land mit 2 Ecken, es wäre also $f_2 = 0$, und ebenso $f_3, f_4, f_5 = 0$; in (6) würde linker Hand 0 stehen, während rechts mindestens 12 stehen muß. Die Landkarten

---

[1] Von Ländern ohne Ecke oder mit nur einer Ecke kann hier abgesehen werden, wie man leicht überlegt.

[2] Die Überlegungen von Nr. 3 berechtigen uns zunächst nur zu der Voraussetzung, daß jede Ecke zu *höchstens* drei Ländern gehört. In jeder Ecke stoßen aber auch *mindestens* drei Länder zusammen, denn dadurch zeichnet sich erst ein „Eckpunkt“ von jedem andern irgendwo auf einer Geraden gelegenen Punkte aus.

von Fig. 40a, 40b, 41, 42 geben Fälle, in denen rechts genau 12 steht (7-, 8-Ecke usw. kommen hier nicht vor); man hat in

Fig. 40a: $\qquad f_2 = 3, \quad f_3 = 0, \quad f_4 = 0, \quad f_5 = 0,$

Fig. 40b: $\qquad f_2 = 0, \quad f_3 = 4, \quad f_4 = 0, \quad f_5 = 0,$

Fig. 41: $\qquad f_2 = 0, \quad f_3 = 0, \quad f_4 = 6, \quad f_5 = 0,$

Fig. 42: $\qquad f_2 = 0, \quad f_3 = 0, \quad f_4 = 0, \quad f_5 = 12.$

In allen diesen Fällen ist also immer nur eine einzige der Zahlen f_i von 0 verschieden; in Fig. 40c liegt das anders.

Wir wissen nun, daß in unserer Landkarte sicher *ein* Land vorhanden ist, das höchstens 5 Ecken hat, vielleicht gar eines mit noch weniger als 5 Ecken. Wir mustern der Reihe nach die Möglichkeit eines Zweiecks, eines Dreiecks, eines Vierecks, eines Fünfecks durch.

1. Es ist ein Zweieck vorhanden. Dieses hat genau zwei Nachbarländer. Wir denken jetzt eine seiner beiden Grenzen (die in Fig. 47 gestrichelte) ausgelöscht. Die so veränderte Landkarte hat nur mehr $f - 1$, nicht mehr f Länder. Gesetzt, es sei bereits gelungen, *diese* mit 5 Farben zu färben, und das eben durch Weglöschen

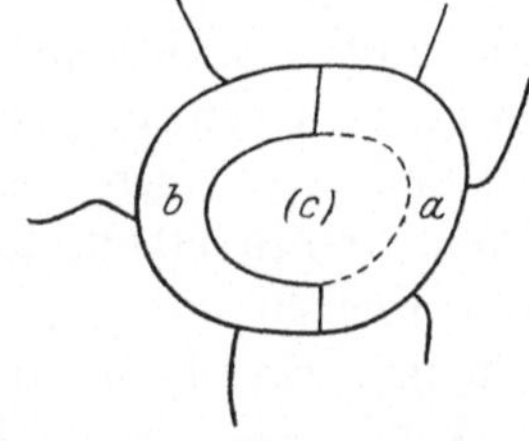

Fig. 47.

einer Grenze und Zusammenziehung zweier Länder in eines entstandene Land hätte die Farbe a, das andere Nachbarland die Farbe b; dann hindert nichts, bei Wiederherstellung der gelöschten Grenze dem Ausgangsland mit 2 Ecken die Farbe c zu erteilen; denn da es an kein anderes als diese beiden Nachbarländer angrenzt und diese die Farben a und b haben, ist c, d, e für die Färbung des Ausgangslandes frei. War also die veränderte Landkarte von $f - 1$ Ländern mit 5 Farben gefärbt, so kann man die vorgelegte von f Ländern sofort auch mit 5 Farben färben.

2. Es ist ein Dreieck vorhanden, L, mit den 3 Nachbarländern L_1, L_2, L_3 (Fig. 48). Wir löschen eine seiner 3 Grenzen; gesetzt, die so entstehende Landkarte von $f - 1$ Ländern sei bereits mit 5 Farben gefärbt, so braucht man nach

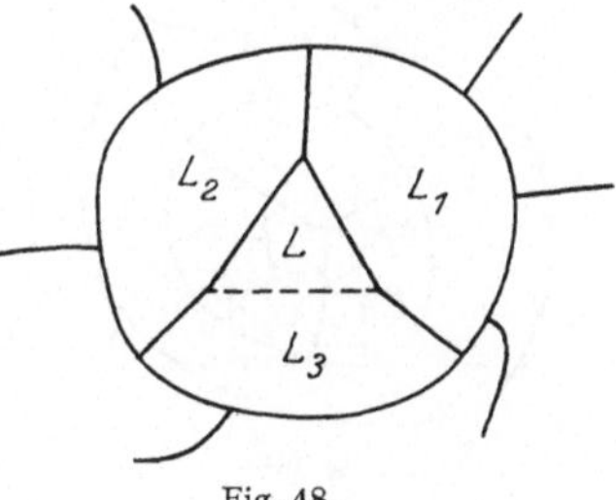

Fig. 48.

Wiederherstellung der gelöschten Grenze nur L eine Farbe zu erteilen, die von den 3 bei L_1, L_2, L_3 verwendeten Farben verschieden ist — und von solchen Farben hat man sogar noch 2 zur Verfügung.

3. Es ist ein Viereck vorhanden. Man übersieht nach Analogie, daß man hier für L noch eine der 5 Farben übrigbehält, da für seine 4 Nachbarländer höchstens 4 verschiedene Farben nötig gewesen sein können.

Indessen kann hier eine Schwierigkeit von neuer Art eingetreten sein: es könnte dasselbe Land, wie L_2 in Fig. 49, an L längs *verschiedener* Grenzen anstoßen. Wenn man eine von diesen löscht, so müßte man auch die andere löschen; denn daß ein Land an einer Grenze an sich selbst anstößt — *so* war der Begriff der Grenze bisher nicht gemeint. Dadurch kämen wir aber zu einem *ringförmigen* Land, das zwei völlig getrennte Grenzen, eine innere und eine äußere, aufweist. Solche Länder haben wir bisher (schon beim Beweise des Eulerschen Satzes) stillschweigend ausgeschlossen. Wir können sie auch hier vermeiden.

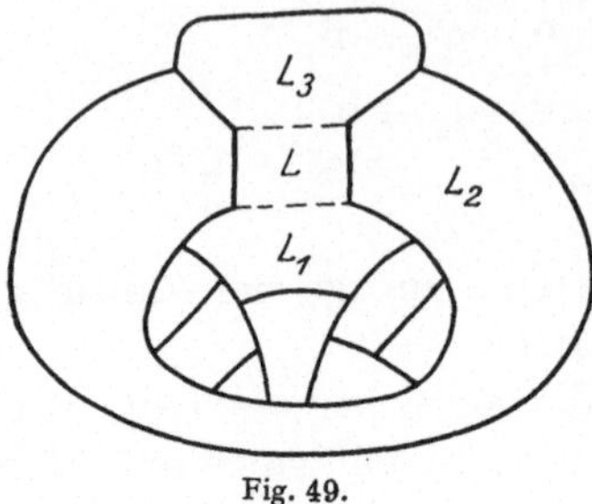
Fig. 49.

Denn wenn L und L_2 zusammen einen Ring bilden, so müssen die andern beiden Grenzen von L zu zwei Ländern L_1 und L_3 gehören, die durch jenen Ring voneinander getrennt werden. Infolgedessen müssen L_1 und L_3 verschieden voneinander sein und können keine gemeinsame Grenze haben, dürfen also die gleiche Farbe erhalten. Wir löschen die Grenzen von L gegen L_1 und L_3. Nach Löschung beider Grenzen hat man eine Landkarte mit $f-2$ Ländern, also erst recht weniger als f; kann man diese mit 5 Farben färben, so auch die ursprüngliche; denn L hat nur 3 Nachbarn, darunter zwei mit gleicher Farbe versehene, und es bleiben für L noch 3 Farben frei.

4. *Es ist ein Fünfeck vorhanden.* In diesem Fall greift die Schwierigkeit noch ernster ein, die schon im vorigen Fall auftauchte. Es kann

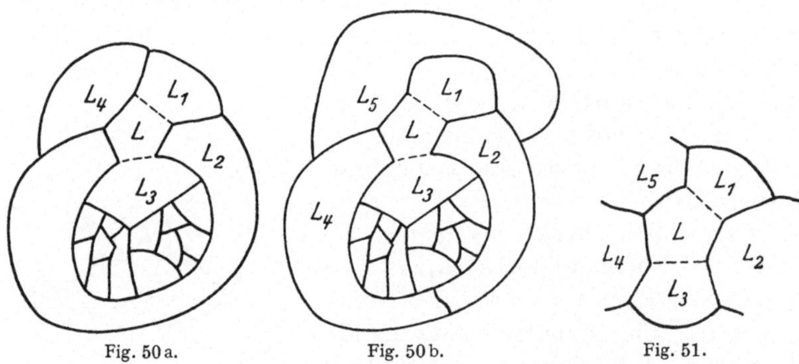
Fig. 50a.   Fig. 50b.   Fig. 51.

sein, daß 2 der Nachbarn von L identisch sind (Fig. 50a) oder anderwärts aneinanderstoßen (L_2 und L_4 in Fig. 50b). In beiden Fällen wird es jedenfalls zwei solche Nachbarn, wie z. B. L_1 und L_3, geben, die weder miteinander identisch sind noch aneinander anstoßen; denn sie könnten es nicht, ohne die geschlossene Kette, die in Fig. 50a von L mit L_2 allein, in Fig. 50b von L mit L_2 und L_4 zusammen dargestellt wird, zu durchbrechen. Auf jeden Fall also besitzt L zwei solche Nachbarn L_1 und L_3, die nirgends zusammenhängen (Fig. 51). Die Grenzen von L gegen *diese* beiden Nachbarn löschen wir aus. Dann erhalten wir wieder eine Landkarte mit $f - 2$, also weniger als f Ländern; können wir diese mit 5 Farben färben, so erhält $L + L_1 + L_3$ etwa eine Farbe a, L_2 erhält b, L_4 erhält c, L_5 erhält d, das sind 4 Farben. Nach Wiederherstellung der Grenzen brauchen wir L nur mit der noch übrigen 5. Farbe e zu färben, um die ursprüngliche Landkarte mit 5 Farben gefärbt zu haben.

Da nun in jeder Landkarte entweder ein Zweieck, oder ein Dreieck, oder ein Viereck, oder ein Fünfeck vorkommen muß, ist damit dieser Reduktionsprozeß vollendet und lehrt: in jeder Landkarte kann man ein oder zwei Grenzen so auslöschen, daß, wenn die so reduzierte Landkarte eine Färbung mit 5 Farben gestattet, daraus eine ebensolche für die ursprüngliche Landkarte gefolgert werden kann. Wir denken diesen Reduktionsprozeß nun dauernd fortgesetzt, so lange, bis nur noch höchstens 5 Länder übrigbleiben. Eine Landkarte, die überhaupt nur noch 5 Länder oder weniger enthält, kann man selbstverständlich mit 5 Farben färben. Also auch alle ihr in unserem Reduktionsprozeß vorangehenden, und schließlich auch die ursprünglich gegebene.

5. Nachwort. Es ist unerheblich, ob die Landkarte, wie bisher, auf einem ebenen Blatt oder auf einem Globus gedacht wird; das äußere Land oder, wie wir meist sagten, der umschließende Ozean erfüllt dann den Rest der Erdkugel; nur wenn wir ihn unbeachtet gelassen hätten, würde jetzt bei dem Übergang auf den Globus eine Unstimmigkeit entstehen. Unsere Schlußweise bleibt auf dem Globus die gleiche; ihr ganzer Charakter läßt es unmittelbar erkennen. Denn wir haben hier keine Kongruenzsätze oder Gleichheiten von Strecken oder Winkeln in Betracht gezogen, die auf der gekrümmten Kugelfläche durch andere ersetzt werden müßten, sondern nur allgemeine Schlüsse über Lagenbeziehungen gemacht, die auf der Kugel ohne weiteres ihre Gültigkeit behalten.

Etwas anderes ist es, wenn wir eine Landkarte auf dem Saturnring anmalen wollten — vorausgesetzt, der Saturnring wäre ein festes Gebilde und nicht die lose Masse, die er in Wahrheit darstellt. Hier kann man — es läßt sich ohne Modell nicht sehr bequem wiedergeben und soll deshalb nur im Ergebnis referiert werden — sich eine Landkarte ausdenken, die aus 7 Ländern besteht, deren jedes an alle 6 übrigen anstößt, also wirklich 7 Farben zur Färbung erfordert. Wie kommt es, müssen wir angesichts dieser Tatsache fragen, daß unser Beweis, wonach 5 Farben stets ausreichen, hier seine Geltung verliert? Wieso gelten hier die Schlüsse, die der Übergang zum Globus nicht berührt hat, plötzlich nicht mehr?

Die beiden Stellen, an denen der Bruch in unserem Gedankengange liegt, sind leicht aufzuweisen. Die eine liegt im Beweise des Eulerschen Satzes, am Ende, wo an der Hand von Fig. 45 geschlossen wird, daß die beiden Wege von P nach Q gemeinsam als fester Deich ein Flächenstück einschließen würden, in das von außen her nie hätte Wasser eindringen können. Die andere liegt im Hauptbeweise an den Stellen, wo die Fälle des Vierecks und Fünfecks erörtert werden und wo es im Anschluß an die Figuren 49, 50a und 50b heißt, daß L_1 und L_3 nicht irgendwie zusammenhängen können, da sie sonst L_2 bzw. den sich aus L_2 und L_4 zusammensetzenden undurchdringlichen Ring überkreuzen müßten. In beiden Fällen handelt es sich um das nämliche Moment: man kann

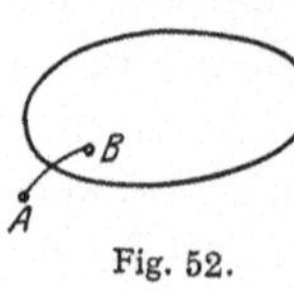

Fig. 52.

von einem Ufer einer geschlossenen Kurve (Fig. 52) nicht auf das andere gelangen, ohne die Kurve zu überschreiten. Dieser Schluß, der in der Ebene, auf dem Globus stets gültig ist, versagt auf dem Saturnring, auf der Ringfläche, wie der Mathematiker sagt. Man stelle sich etwa vor, auf dem Saturnring (Fig. 53) fließe ein Strom außen herum auf der dem Saturn selbst abgewendeten Seite, in sich zurücklaufend, und man wolle von einem Punkte A am Ufer dieses Stromes nach einem Punkt B am unmittelbar gegenüberliegenden Ufer gelangen, ohne den Strom zu überqueren, so ist dies keineswegs unmöglich, wie in Ebene und Kugel. Vielmehr braucht man nur von A über C in der Richtung auf den Saturn loszuwandern, dann auf der ihm zugewendeten Seite innen hinab und unten über D hochzukommen, um nach B zu gelangen, ohne den Strom überquert zu haben.

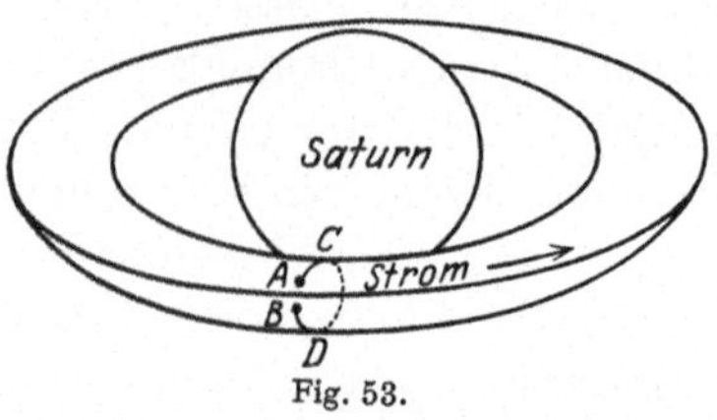

Fig. 53.

Der Fall ist typisch dafür, wie vorsichtig man in der Mathematik mit der Anschauung verfahren muß, wie leicht sie zu Sprüngen in der logischen Schlußfolge verleitet. Wir sehen jetzt, wie sehr sich der durch Fig. 45 angedeutete Schluß auf die Anschauung gestützt hat, wir sehen, daß er in Wahrheit aus besonderen Eigenschaften der Ebene und der Kugel heraus erst richtig logisch vollzogen werden müßte, und zwar so, daß diese Schlüsse eben auf der Ringfläche versagen.

Wir wollen diese nähere Analyse der Natur von Ebene und Kugel und der Gültigkeit unseres Schlusses auf ihnen hier nicht im einzelnen weiter verfolgen — sie ist nicht einfach —, sondern berichten nur, daß an Stelle des Eulerschen Satzes auf der Ringfläche der andere tritt:

$$e + f = k,$$

und daß die Übertragung unseres Fünffarbenbeweises auf die Ringfläche ergibt, daß man auf ihr jede Landkarte mit 7 Farben färben kann. Es ist merkwürdig, daß damit für die komplizierter erscheinende Ringfläche das Färbungsproblem definitiv gelöst ist, während in der einfacheren Ebene oder Kugel die Frage offen geblieben ist, ob man nicht anstatt mit 5 vielleicht bereits mit 4 Farben stets auskommt.

12b. Die regulären Polyeder.

6. Von dem Eulerschen Satz wollen wir noch eine wichtige Anwendung ganz anderer Art machen, indem wir die Frage untersuchen: Gibt es reguläre Polyeder? Unter einem Polyeder wird ein allseitig von ebenen Flächenstücken begrenzter Körper verstanden; und „regulär" ist ein Polyeder nach der Definition EUKLIDS, wenn alle begrenzenden Flächen einander kongruente Vielecke mit lauter gleichen Seiten und Winkeln („reguläre Polygone") sind.

Unsere Frage wird umfassender und die Antwort befriedigender, wenn wir eine noch allgemeinere Definition zugrunde legen. Ein „reguläres" Polyeder soll für uns ein solches sein, dessen Begrenzungsflächen alle gleichviele Ecken haben und in dessen Ecken jedesmal gleichviele Flächen zusammenstoßen. Die Winkel, die Flächeninhalte und sonstigen Maße dieser Polygone sind uns jetzt dabei ganz gleichgültig; nur auf die Anzahlverhältnisse kommt es uns an.

Die Polygone, aus denen das Polyeder aufgebaut ist, seien lauter φ-Ecke (z. B. Dreiecke, Siebenecke), so daß also φ die Anzahl der Ecken jeder Begrenzungsfläche ist. In jeder Ecke des Polyeders mögen ferner je ε Flächen zusammenstoßen. Da geradlinige Polygone mindestens 3 Ecken haben, so gilt

$$(1) \qquad\qquad \varphi \geqq 3 \, ;$$

und da in einer räumlichen Ecke mindestens drei ebene Begrenzungswände zusammentreffen müssen, so gilt ferner auch

$$(2) \qquad\qquad \varepsilon \geqq 3 \, .$$

Unter e, f, k verstehen wir die Anzahl der Ecken, Flächen, Kanten des Polyeders.

Wir denken uns den Körper hohl, die Begrenzungsflächen aus biegsamem Material (Stoff oder Gummi) und denken uns den Körper aufgeblasen, so daß er zur gestrafften Kugel wird. Die ehedem ebenen Begrenzungsflächen werden dabei Stücke der krummen Kugeloberfläche geworden sein, die ehemals geraden Kanten werden in Kurvenstücke auf der Kugel übergehen und werden, wenn man sich die Kugel als Globus vorstellt, eine Landkarte auf dieser Kugel darstellen. Die Zahl der Länder in dieser Landkarte wird genau die Zahl f der Flächen des Polyeders sein, die Zahl der Grenzen genau die Zahl k der Polyederkanten, die Zahl der Ecken genau die Zahl e der Polyederecken. Alle f Länder werden die gleiche Zahl φ von Ecken und auch von Grenzen aufweisen; von den oben gebrauchten Zahlen $f_2, f_3, \ldots$ wird also nur eine einzige von 0 verschieden sein und diese daher auch gleich der Gesamtzahl aller Flächen f. In jeder Ecke stoßen ε Länder zusammen. Die Fig. 40b, 41, 42 sind Beispiele für solche besonderen Landkarten;

in ihnen ist bzw.

$$\varphi = 3, \quad \varepsilon = 3; \quad \varphi = 4, \quad \varepsilon = 3; \quad \varphi = 5, \quad \varepsilon = 3.$$

Was wir von dem Prozeß des Aufblasens gewinnen, das ist der Eulersche Satz:

Der Satz

$$(3) \qquad\qquad e + f = k + 2$$

gilt nicht nur für die Ecken, Länder und Grenzen einer Landkarte, sondern auch für die Ecken, Flächen und Kanten eines Polyeders.

Historisch genommen gibt diese zweite Auffassung sogar den ursprünglichen Satz wieder, wie EULER ihn entdeckt hat. Er wird daher auch üblicherweise der „Eulersche Polyedersatz" genannt. Aus der Formel (3) werden wir unsere entscheidenden Schlüsse ziehen.

7. In jeder Begrenzungsfläche des in unserem Sinne regulären Polyeders liegen φ Ecken, φ Kanten; in allen f Flächen erhält man so insgesamt $f\varphi$ Kanten; dabei ist aber jede Kante doppelt gezählt; denn jede Kante grenzt *zwei* Flächen gegeneinander ab, kommt also bei unserer Zählung genau zweimal dran. Daher ist

$$(4) \qquad\qquad f\varphi = 2k.$$

Ebenso treffen in jeder Ecke ε Flächen und auch ε Kanten zusammen. Das gibt insgesamt $e\,\varepsilon$ Kanten; aber auch hier ist jede Kante doppelt gezählt, da sie *zwei* Ecken als Enden hat und zu beiden gerechnet wurde. Daher:

$$(5) \qquad\qquad e\,\varepsilon = 2k.$$

Aus (3) folgt nun zunächst

$$e + f - k = 2,$$

und wenn man beide Seiten mit $2\,\varepsilon$ multipliziert:

$$2\,e\,\varepsilon + 2f\,\varepsilon - 2k\,\varepsilon = 4\,\varepsilon.$$

Hierin ersetzen wir $2\,k$ nach (4) durch $f\varphi$, und da nach (4) und (5) $f\varphi = e\,\varepsilon$ ist, so können wir auch $e\,\varepsilon$ durch $f\varphi$ ersetzen. Das ergibt:

$$2f\varphi + 2f\,\varepsilon - f\varphi\,\varepsilon = 4\,\varepsilon$$

oder

$$(6) \qquad\qquad f(2\,\varphi + 2\,\varepsilon - \varphi\,\varepsilon) = 4\,\varepsilon.$$

Da nun f und $4\,\varepsilon$ positive Zahlen sind, so muß das gleiche auch von der Klammer gelten:

$$(7\,\text{a}) \qquad\qquad 2\,\varphi + 2\,\varepsilon - \varphi\,\varepsilon > 0.$$

Während (1) und (2) *untere* Grenzen für φ und ε angeben, suchen wir aus (7a) nun obere Grenzen zu gewinnen. Zunächst können wir statt

(7a) auch schreiben

(7b)
$$\varphi\,\varepsilon - 2\,\varphi - 2\,\varepsilon < 0,$$

was wir einfach durch Umkehren des Vorzeichens erhalten. Vergleichen wir die linke Seite von (7b) mit dem Produkt

(8)
$$(\varphi - 2)\,(\varepsilon - 2) = \varphi\,\varepsilon - 2\,\varphi - 2\,\varepsilon + 4,$$

so unterscheidet sich dieses nur durch den Summanden 4; folgern wir also aus (7b) durch Addition von 4 auf beiden Seiten

$$\varphi\,\varepsilon - 2\,\varphi - 2\,\varepsilon + 4 < 4,$$

so steht nunmehr linkerhand genau der Ausdruck (8) und wir gelangen zu

(9)
$$(\varphi - 2)\,(\varepsilon - 2) < 4.$$

Die hier in dem Produkte auftretenden Faktoren $(\varphi - 2)$ und $(\varepsilon - 2)$ müssen nach (1) und (2) mindestens je 1 sein. Für $(\varphi - 2)$ und $(\varepsilon - 2)$ kennen wir also jetzt die Einschränkung, daß es positive ganze Zahlen sein müssen, deren Produkt kleiner als 4 bleiben muß.

Nun können wir aber ohne weiteres sämtliche Produkte dieser Beschaffenheit aufzählen, es sind offenbar die folgenden

(10)
$$1\cdot1,\ 1\cdot2,\ 2\cdot1,\ 1\cdot3,\ 3\cdot1,$$

also fünf an Zahl. Alle anderen Produkte zweier positiven ganzen Zahlen ergeben Werte, die mindestens 4 oder noch größer sind. *Aus der Tatsache, daß man nur auf fünf Arten Produkte von zwei ganzen positiven Zahlen bilden kann, die kleiner als vier ausfallen, werden wir nun schließen können, daß es nur fünf reguläre Körper geben kann.*

8. In den unter (10) aufgezählten Produkten fassen wir jeweils den ersten Faktor als $(\varphi - 2)$, den zweiten als $(\varepsilon - 2)$ auf. Das gibt dann folgende fünf Paare von φ und ε selber

φ	ε
3	3
3	4
4	3
3	5
5	3

Erinnern wir uns an die Bedeutung von φ und ε, so entnehmen wir dieser Tabelle, die rein auf Grund des Eulerschen Satzes erschlossen worden ist, daß reguläre Polyeder, sofern es solche gibt, nur von Drei-, Vier- oder Fünfecken begrenzt sein können, und Ecken aufweisen müssen, in denen drei, vier oder höchstens fünf Seitenflächen zusammenstoßen. Aus (6) folgt nun weiter

$$f = \frac{4\,\varepsilon}{2\,\varphi + 2\,\varepsilon - \varphi\,\varepsilon},$$

wofür wir wegen (8) auch bequemer

$$(11) \qquad f = \frac{4\,\varepsilon}{4 - (\varphi - 2)\,(\varepsilon - 2)}$$

schreiben können. Aus (4) folgt mittels (11)

$$(12) \qquad k = \frac{f\,\varphi}{2} = \frac{2\,\varepsilon\,\varphi}{4 - (\varphi - 2)\,(\varepsilon - 2)}\,,$$

und nach (5) und (12) erhalten wir

$$(13) \qquad e = \frac{2\,k}{\varepsilon} = \frac{4\,\varphi}{4 - (\varphi - 2)\,(\varepsilon - 2)}\,.$$

Die Formeln (11), (12), (13) ordnen jedem der zulässigen fünf Paare φ, ε die Werte von f, k, e eindeutig zu, wie sie in folgender Tabelle vereinigt sind.

φ	ε	f	k	e	
3	3	4	6	4	Tetraeder
3	4	8	12	6	Oktaeder
4	3	6	12	8	Hexaeder
3	5	20	30	12	Ikosaeder
5	3	12	30	20	Dodekaeder

Es sind also nur fünf reguläre Polyeder möglich. Sie werden auch die fünf Platonischen regulären Körper genannt und einzeln mit griechischen Zahlwörtern nach der Anzahl ihrer Seitenflächen bezeichnet, wie aus der Tabelle ersichtlich.

9. Die Tabelle zeigt zugleich eine besondere Eigentümlichkeit: wenn man φ mit ε vertauscht, geht das Ikosaeder in das Dodekaeder, das Oktaeder in das Hexaeder, und das Tetraeder in sich über. Dabei bleibt k ungeändert, während e und f sich gleichfalls vertauschen. Das konnte man aber von vornherein aus den bisherigen Formeln erwarten. Zunächst sind die entscheidenden Formeln (1), (2) und (9) symmetrisch in φ und ε, so daß also ein zulässiges Wertepaar φ, ε durch Vertauschung von φ mit ε wieder in ein zulässiges übergeht. Ferner zeigt (12), daß k aus φ und ε in symmetrischer Weise hervorgeht, und (11) und (13) zeigen, daß eine Vertauschung von φ und ε eine solche von e und f hervorruft.

Geometrisch ist ein solcher Zusammenhang auch klar. Man braucht nämlich nur innerhalb jeder Seitenfläche eines Polyeders je einen Punkt als Eckpunkt eines neuen Polyeders zu wählen, eine verbindende Kante dann durch je zwei neue Eckpunkte zu legen, die in benachbarten Flächen des alten Polyeders angenommen worden sind. Dann liegt genau eine Ecke des neuen Polyeders in jeder Fläche des alten, genau eine neue Kante überkreuzt jede alte Kante und genau eine neue Fläche umgibt jede alte Ecke. Also ist die Anzahl k in beiden Polyedern dieselbe, e und f aber sind ausgetauscht.

10. Eines muß aber noch hervorgehoben werden: Unsere Überlegungen besagen nur, daß es *höchstens* fünf reguläre Polyeder geben kann, denn nur die in der Tabelle zusammengestellten Zahlen für e, f, k können Polyedern angehören, deren Seitenflächen je gleich viele Ecken aufweisen und in deren Ecken je gleich viele Seitenflächen zusammenstoßen.

Andere als die in der Tabelle aufgeführten kann es nicht geben. Ob sich aber diese Polyeder nun wirklich konstruieren lassen, haben wir noch gar nicht entschieden. Es wäre ja denkbar, daß aus irgendwelchen von uns noch nicht beachteten Gründen die regulären Polyeder noch weiteren Einschränkungen unterworfen wären und daher noch einige der in der Tabelle aufgezählten Typen ausfielen. Kurz gesagt, wir haben nur *notwendige*, aber keine *hinreichenden* Bedingungen für unsere regulären Polyeder diskutiert.

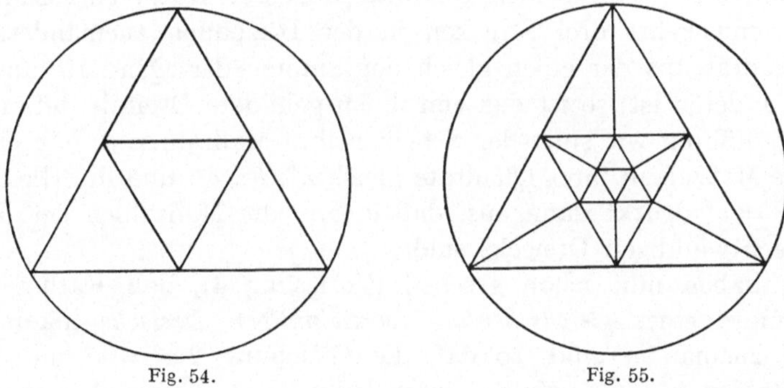

Fig. 54.   Fig. 55.

Unsere Überlegungen betrafen auch eigentlich gar nicht mehr die Polyeder, sondern viel allgemeiner „reguläre" Landkarten auf dem Globus. Diesen Landkarten ist nicht mehr anzusehen, daß sie durch Aufblasen aus ebenflächig begrenzten Polyedern hervorgegangen sind. Die den fünf in den Tabellen aufgeführten Typen entsprechenden *Landkarten* können wir nun aber wirklich herstellen. Die Fig. 40b, 41, 42 repräsentieren nämlich schon die Typen Tetraeder, Hexaeder, Dodekaeder. Und die noch fehlenden Typen Oktaeder und Ikosaeder sind durch die Figuren 54 und 55 dargestellt.

Wenn man also von den Verzerrungen absieht, denen wir die Polyeder unterworfen denken, so erweisen sich die für die regulären Polyeder aufgestellten Bedingungen auch als hinreichend.

Nicht bewiesen aber haben wir bisher, daß unsere regulären Polyeder sich auch in dem engeren euklidischen Sinne als regulär, nämlich von kongruenten, ebenen, regelmäßigen Polygonen begrenzt, herstellen lassen. Zu einem solchen Beweise müßte man sich völlig anderer Hilfsmittel bedienen. Denn unsere Untersuchungen erfassen nur *solche Eigenschaften, die bei Verzerrungen erhalten bleiben,* und dazu gehört die Kongruenz nicht. Nur Betrachtungen der *Maßgeometrie*, in denen Strecken- und Winkelgleichheiten eine entscheidende Rolle spielen, können hier zum Ziele führen. Die Beweise dafür, daß es die von uns aufgezählten fünf regulären Polyeder auch als im Sinne der Maßgeometrie regulär gibt, sollen hier nicht vorgetragen werden. Sie stammen schon aus dem klassischen Altertum und werden PLATONs Schüler THEÄTET zugeschrieben. Man findet sie am Schlusse von EUKLIDS Elementen, im XIII. Buch.

13. Pythagoreische Zahlen und Ausblick auf das FERMATsche Problem.

1. Nach dem bekannten Lehrsatz des PYTHAGORAS hat das Quadrat über der Hypotenuse eines rechtwinkligen Dreiecks den gleichen Flächeninhalt wie die beiden Quadrate über den Katheten zusammen. Stehen umgekehrt drei Strecken in der Beziehung zueinander, daß das Quadrat aus der einen gleich der Summe der Quadrate aus den beiden anderen ist, so ist das von ihnen gebildete Dreieck stets rechtwinklig. Führen wir statt der Strecken ihre Maßzahlen a, b, c ein, so sind die Maßzahlen ihrer Quadrate gleich a^2, b^2, c^2, und die Gleichung $a^2 + b^2 = c^2$ drückt dann aus, daß a, b, c die Maßzahlen der Seiten eines rechtwinkligen Dreiecks sind.

Wir haben nun schon gesehen (Vorlesung 4), daß Kathete und Hypotenuse eines *gleichschenklig rechtwinkligen Dreiecks* inkommensurabel zueinander sind, so daß die Gleichung $2\,a^2 = c^2$ nie durch ganze Zahlen a und c erfüllt werden kann. Gibt es nun aber *ungleichschenklige, rechtwinklige Dreiecke* mit zueinander kommensurablen Seiten? Oder, mit anderen Worten, kann der Gleichung

$$(1) \qquad\qquad a^2 + b^2 = c^2$$

durch drei *ganze* Zahlen genügt werden? Ein einfaches und sehr bekanntes Beispiel, nämlich

$$3^2 + 4^2 = 5^2 \text{ oder } 9 + 16 = 25$$

zeigt, daß die Frage zu bejahen ist. Gibt es noch mehr solcher „pythagoreischen Zahlen", d. h. ganzzahlige Lösungen von (1), und wenn ja, welche sind es? Diese Frage wollen wir vollständig beantworten.

2. Hat man eine ganzzahlige Lösung a, b, c von (1) gefunden, so kann man aus ihr auf höchst simple Weise eine neue ableiten, indem man a, b, c mit einer und derselben Zahl multipliziert; z. B. ergibt sich aus der erwähnten Lösung 3, 4, 5 sogleich die neue 6, 8, 10, denn

$$6^2 + 8^2 = 10^2 ,$$

und allgemein $3\,n$, $4\,n$, $5\,n$ für beliebiges ganzzahliges n. Ebenso zieht die angenommene Lösung a, b, c ohne weiteres die Lösung $a\,n$, $b\,n$, $c\,n$

nach sich, denn aus $a^2 + b^2 = c^2$ folgt $a^2 n^2 + b^2 n^2 = c^2 n^2$ oder $(a\,n)^2 + (b\,n)^2 = (c\,n)^2$. Diese Herleitung neuer Lösungen kann aber kein sonderliches Interesse beanspruchen, da sie selbstverständlich ist. Wir werden uns nur für die „Grundlösungen" interessieren, nämlich für diejenigen Lösungen, die nicht aus einfacheren durch Multiplikation mit einer ganzen Zahl hervorgehen. Eine solche Grundlösung ist also dadurch ausgezeichnet, daß a, b, c keinen allen dreien gemeinsamen Teiler haben, wofür die Lösung 3, 4, 5 ein Beispiel ist.

Es dürfen aber schon *je zwei* der Zahlen a, b, c keinen gemeinsamen Teiler haben, wenn a, b, c eine Grundlösung sein soll. Sie müssen, wie man auch sagt, zu je zweien „teilerfremd" sein. Denn hätten etwa a und b einen gemeinsamen Teiler t, so hätten sie auch jeden Teiler von t als gemeinsamen Teiler. Da in t eine Primzahl p aufgehen muß (evtl. ist t selber gleich p), so könnte man also speziell annehmen, daß a und b den Primteiler p als gemeinsamen Teiler besäßen, und man könnte setzen

$$a = p \cdot a_1, \quad b = p \cdot b_1$$

und aus $a^2 + b^2 = c^2$ ginge dann hervor

$$p^2 (a_1^2 + b_1^2) = c^2.$$

Diese Gleichung zeigt aber, daß p^2 ein Teiler von c^2 sein müßte. Daraus schließt man, daß p auch ein Teiler von c sein müßte, denn nach dem Satze über die Teilbarkeit eines Produktes durch eine Primzahl kann c^2 durch p nicht teilbar sein, wenn es seine beiden gleichen Faktoren c nicht sind. Demnach wäre p nicht nur ein gemeinsamer Teiler von a und b, sondern ein solcher von a, b und c. Ganz entsprechend stellt sich ein gemeinsamer Primteiler von a und c oder ein gemeinsamer Primteiler von b und c als ein gemeinsamer Teiler aller drei Zahlen heraus.

3. Wir suchen also nur solche Lösungen a, b, c von (1), in denen a, b, c zu je zweien teilerfremd sind. Insbesondere sollen auch keine zwei der Zahlen gerade, d. h. durch 2 teilbar sein. Höchstens eine der Zahlen darf also gerade sein. Andrerseits können nicht alle drei Zahlen ungerade sein. Denn eine ungerade Zahl $a = (2\,l + 1)$ hat das Quadrat $a^2 = 4\,l^2 + 4\,l + 1 = 4\,(l^2 + l) + 1$, das also wieder ungerade ist; sind a und b ungerade, so auch a^2 und b^2 und folglich ist $a^2 + b^2$ gerade, was bei ungeradem c nicht möglich ist.

Somit bleibt nur die Möglichkeit, daß von den drei Zahlen a, b, c *zwei ungerade* und *eine gerade* ist. Darüber hinaus kann man noch einsehen, daß c *ungerade* sein muß. Denn ist c gerade, also durch 2 teilbar, so ist c^2 durch 4 teilbar. Bei geradem c müßten aber die beiden anderen Zahlen ungerade sein, also etwa

$$a = 2\,l + 1, \quad b = 2\,m + 1$$

und somit

$$a^2 + b^2 = (4\,l^2 + 4\,l + 1) + (4\,m^2 + 4\,m + 1) = 4\,(l^2 + l + m^2 + m) + 2.$$

Diese Zahl $a^2 + b^2$ wäre zwar gerade, ließe aber beim Dividieren durch 4 offenbar den Rest 2, könnte also nicht gleich dem durch 4 teilbaren c^2 sein.

Die einzige verbleibende Möglichkeit für Grundlösungen ist also: c ungerade und von den Zahlen a und b eine gerade, die andere ungerade. Wir wollen die ungerade mit a, die gerade mit b bezeichnen, in unserem Beispiel also: $a = 3$, $b = 4$, $c = 5$.

4. Die Gleichung (1) können wir folgendermaßen auffassen

$$(2) \qquad b^2 = c^2 - a^2 = (c + a)\,(c - a).$$

Hierin sind $(c + a)$ und $(c - a)$ als Summe und Differenz zweier ungeraden Zahlen selbst gerade, enthalten also den gemeinsamen Teiler 2. Weitere gemeinsame Teiler können sie aber nicht besitzen, oder genauer: $\dfrac{c + a}{2}$ und $\dfrac{c - a}{2}$ müssen teilerfremd sein. Denn ginge t in beiden auf, wäre etwa

$$\frac{c + a}{2} = t \cdot f, \qquad \frac{c - a}{2} = t \cdot g,$$

so würde durch Addition bzw. Subtraktion beider Gleichungen folgen

$$c = t\,(f + g), \qquad a = t\,(f - g),$$

d. h. es ginge t in a und c auf, die aber nach Voraussetzung keinen gemeinsamen Teiler besitzen sollen.

Da b, $c + a$, $c - a$ gerade sind, können wir (2) auch folgendermaßen in *ganzen* Zahlen schreiben:

$$(3) \qquad \left(\frac{b}{2}\right)^2 = \frac{c + a}{2} \cdot \frac{c - a}{2}.$$

Durch diese Gleichung haben wir die Quadratzahl $\left(\dfrac{b}{2}\right)^2$ in die beiden *teilerfremden* Faktoren $\dfrac{c + a}{2}$ und $\dfrac{c - a}{2}$ zerlegt. Daraus können wir nun schließen, und das ist der springende Punkt unserer Überlegungen, daß $\dfrac{c + a}{2}$ und $\dfrac{c - a}{2}$ selbst Quadratzahlen sein müssen. In der Tat, haben wir die Primzahlzerlegung

$$\frac{b}{2} = p^\alpha q^\beta r^\gamma \ldots,$$

wo p, q, r lauter verschiedene Primzahlen sein sollen, so ist

$$\left(\frac{b}{2}\right)^2 = p^{2\alpha} q^{2\beta} r^{2\gamma} \ldots.$$

In $\dfrac{c+a}{2}$ und $\dfrac{c-a}{2}$ zusammen müssen einerseits genau alle Primfaktoren ihres Produktes $\left(\dfrac{b}{2}\right)^2$ vorkommen, anderseits aber kann eine Primzahl, etwa p, entweder nur in $\dfrac{c+a}{2}$ oder nur in $\dfrac{c-a}{2}$ vorkommen, da $\dfrac{c+a}{2}$ und $\dfrac{c-a}{2}$ ja keinen gemeinsamen Teiler haben. Folglich verteilen sich die Primfaktoren von $\left(\dfrac{b}{2}\right)^2$ so auf $\dfrac{c+a}{2}$ und $\dfrac{c-a}{2}$, daß jede Primzahlpotenz $p^{2\alpha}$, $q^{2\beta}$, $r^{2\gamma}$, ... als Ganzes in $\dfrac{c+a}{2}$ oder in $\dfrac{c-a}{2}$ vorkommt. Damit aber ist jedenfalls festgestellt, daß $\dfrac{c+a}{2}$ und $\dfrac{c-a}{2}$ nur gerade Potenzen ihrer Primfaktoren enthalten und folglich selbst Quadratzahlen sind.

5. Wir können also setzen

(4a)
$$\frac{c+a}{2} = u^2, \qquad \frac{c-a}{2} = v^2,$$

(4b)
$$\left(\frac{b}{2}\right)^2 = u^2 v^2,$$

wo u und v zueinander teilerfremd sind, da u^2 und v^2 es sind. Aus (4b) folgt

(5)
$$b = 2\,u\,v.$$

und aus den beiden Gleichungen (4a) folgt durch Addition und Subtraktion

(6)
$$c = u^2 + v^2, \qquad a = u^2 - v^2.$$

Da c und a ungerade sein sollen, so muß von den beiden Zahlen u^2 und v^2, also auch von den beiden Zahlen u und v die eine gerade, die andere ungerade sein. (Denn wären beide gleichartig, so wäre die Summe und die Differenz von u^2 und v^2 jedenfalls gerade.) Wir wollen im folgenden zwei Zahlen, von denen die eine gerade, die andere ungerade ist, kurz „verschiedenartig" nennen.

Hiermit sind wir zu der Einsicht gelangt, daß drei Zahlen a, b, c, die (1) genügen und zueinander teilerfremd sind, durch zwei teilerfremde *verschiedenartige* Zahlen u und v in der durch (5) und (6) gegebenen Weise darstellbar sein müssen. In unserem alten Beispiel $a = 3$, $b = 4$, $c = 5$ haben wir offenbar

$$u^2 = \frac{5+3}{2} = 4, \qquad v^2 = \frac{5-3}{2} = 1,$$

$$u = 2, \qquad v = 1$$

und dazu in der Tat

$$b = 4 = 2\cdot 2\cdot 1 = 2\,u\,v.$$

6. Bisher sind wir von einer angenommenen Grundlösung a, b, c ausgegangen und haben dazu die Zahlen u, v bestimmt. Wenn wir

nun feststellen, daß umgekehrt von jedem Paar verschiedenartiger, teilerfremder Zahlen u und v, $u > v$, durch die Gleichungen (5) und (6) stets Grundlösungen von (1) geliefert werden, so können wir alle Grundlösungen systematisch übersehen. Nun ist in der Tat

$$(u^2 - v^2)^2 + (2\,u\,v)^2 = (u^2 + v^2)^2,$$

wie man durch Ausrechnen auf beiden Seiten der Gleichung sofort sieht. Also genügen alle durch (5) und (6) sich ergebenden Zahlen a, b, c tatsächlich der Gleichung (1). Dadurch, daß u und v verschiedenartig, d. h. nicht beide gerade und nicht beide ungerade angenommen worden sind, werden nach (6) a und c ungerade, so daß a, b, c gewiß nicht den gemeinsamen Teiler 2 haben. Einen ungeraden gemeinsamen Teiler haben sie aber auch nicht, denn dann hätten sie auch einen ungeraden Primteiler p,* und es könnte

$$c = p\,c_1, \quad a = p\,a_1$$

gesetzt werden, so daß aus (4a)

$$2\,u^2 = a + c = p\,(a_1 + c_1)$$
$$2\,v^2 = c - a = p\,(c_1 - a_1)$$

folgen würde, also $2\,u^2$ und $2\,v^2$ gleichfalls durch p aufgehen müßten. Da aber p ungerade, d. h. von 2 verschieden sein sollte, müßten schon u^2 und v^2 den gemeinsamen Teiler p haben, was mit der Teilerfremdheit von u und v nicht verträglich ist.

Einige aus (5) und (6) hergeleitete Beispiele pythagoreischer Zahlen mögen zur Illustration dienen:

$$
\begin{array}{llllll}
u = 2, & v = 1: & a = \ \ 3, & b = \ \ 4, & c = \ \ 5 \\
u = 3, & v = 2: & a = \ \ 5, & b = 12, & c = 13 \\
u = 4, & v = 1: & a = 15, & b = \ \ 8, & c = 17 \\
u = 4, & v = 3: & a = \ \ 7, & b = 24, & c = 25 \\
u = 5, & v = 2: & a = 21, & b = 20, & c = 29 \\
u = 5, & v = 4: & a = \ \ 9, & b = 40, & c = 41.
\end{array}
$$

Es fällt auf, daß b hierin nicht nur gerade, sondern sogar durch 4 teilbar ist. Daß dies stets so sein muß, zeigt die Formel $b = 2\,u\,v$ ohne weiteres, da $u \cdot v$ selbst gerade sein muß als Produkt zweier ungleichartiger Zahlen.

7. Nachdem wir nun die Gleichung (1) völlig beherrschen, liegen eine ganze Reihe von Verallgemeinerungen von (1) nahe. Man kann z. B. nach den ganzzahligen Lösungen von

$$(7\,a) \qquad\qquad\qquad x^3 + y^3 = z^3$$

oder von

$$(7\,b) \qquad\qquad\qquad x^4 + y^4 = z^4$$

* Ungerade ist offenbar jede von 2 verschiedene Primzahl.

oder allgemeiner von

(7c)
$$x^n + y^n = z^n$$

für irgendein $n > 2$ fragen. Nach einer berühmten, bisher immer noch nicht bewiesenen, aber auch nicht widerlegten Behauptung von PIERRE DE FERMAT (1601—1665) hat nun die Gleichung (7c) für *kein* $n > 2$ eine Lösung in positiven ganzen Zahlen x, y, z. Für gewisse, z. B. für alle n von 3 bis 100 ist die Behauptung FERMATS durch KUMMER (1810—1893) und seine Nachfolger bewiesen worden. Schon EULER (1707—1783) hat speziell die Unlösbarkeit von (7a) und (7b) erkannt.

Mit unseren soeben erworbenen Kenntnissen über die pythagoreischen Zahlen wird es uns ein leichtes sein, die Unlösbarkeit von (7b) in ganzen Zahlen nachzuweisen. Ja, wir werden zeigen, daß auch schon die weniger fordernde Gleichung

(8)
$$x^4 + y^4 = w^2$$

in ganzen Zahlen unlösbar ist. Da jede vierte Potenz eine Quadratzahl, aber nicht jede Quadratzahl eine vierte Potenz ist, so besagt die Unlösbarkeit von (8) sogar mehr als die von (7b).

8. Schreibt man die Gleichung (8) folgendermaßen

(9)
$$(x^2)^2 + (y^2)^2 = w^2,$$

so erkennt man, daß sie einen speziellen Fall von (1) mit $a = x^2$, $b = y^2$, $c = w$ bildet. Da es auch hier nur auf „Grundlösungen" x, y, w ankommt, so schließen wir wie oben, daß w ungerade, und von x^2 und y^2 eines gerade, das andere ungerade sein muß, sofern (9) überhaupt lösbar ist. Sei wieder $x^2 = a$ ungerade, $y^2 = b$ gerade. Wenn eine Lösung von (9) vorliegt, so muß sie sich durch die Formeln (5) und (6) darstellen lassen, d. h. es muß zwei ungleichartige, zueinander teilerfremde Zahlen u, v geben, so daß

(10a) $x^2 = u^2 - v^2$,   (10b) $y^2 = 2uv$,   (10c) $w = u^2 + v^2$

ist. Hiervon läßt sich (10a) auch schreiben

(11)
$$x^2 + v^2 = u^2,$$

was eine neue pythagoreische Gleichung ist mit zueinander teilerfremden x, v, u. Hier spielt u die Rolle des früheren c, muß also nach 3. ungerade sein; da x ungerade ist, bleibt für v nur die Möglichkeit, daß es gerade ist, also die Rolle des früheren b vertritt. Die Größen x, v, u lassen als Grundlösung der pythagoreischen Gleichung (11) abermals die Darstellung durch (5) und (6) zu mit neuen teilerfremden ungleichartigen Zahlen u_1, v_1:

(12)
$$x = u_1^2 - v_1^2, \quad v = 2u_1 v_1, \quad u = u_1^2 + v_1^2.$$

Nun erinnern wir uns an (10b). Da u ungerade, v gerade ist und u und v teilerfremd sind, so sind auch u, $2v$ zueinander teilerfremd.

da die 2 doch nicht in u aufgeht. Daher wird y^2 nach (10b) in die teilerfremden Faktoren u und $2\,v$ zerlegt. Nach der Überlegung in 4. ist aber eine solche Zerlegung eines Quadrates in *teilerfremde* Faktoren nur so möglich, daß die Faktoren selbst wieder Quadrate sind, also in unserem jetzigen Falle

$$(13) \qquad u = w_1^2, \quad 2v = 4\,t_1^2,$$

wo wir die Geradheit von $2\,v$ gleich mit zum Ausdruck gebracht haben. Setzen wir dies in die beiden letzten Gleichungen von (12) ein, so haben wir

$$(14) \qquad t_1^2 = u_1 v_1, \quad w_1^2 = u_1^2 + v_1^2.$$

Nun sind auch u_1 und v_1 zueinander teilerfremd und bilden das Produkt t_1^2. Sie müssen also selbst wieder Quadratzahlen sein:

$$(15) \qquad u_1 = x_1^2, \quad v_1 = y_1^2,$$

was in die zweite Gleichung (14) eingetragen ergibt

$$(16) \qquad x_1^4 + y_1^4 = w_1^2.$$

9. Diese Gleichung (16) ist nun von derselben Gestalt wie die Ausgangsgleichung (8). Wir sehen also: Wenn es eine Grundlösung x, y, w von (8) gibt, so gibt es auch eine weitere Grundlösung x_1, y_1, w_1 von (8), wobei wir x_1, y_1, w_1 durch einen gewissen Prozeß aus x, y, w herleiten konnten. Nun ist aber jedenfalls das w der ersten Lösung größer als das w_1 der zweiten, denn nach (10c) und der ersten Gleichung (13) ist

$$w = u^2 + v^2 = w_1^4 + v^2 > w_1^4,$$

also gewiß $w > w_1$.

Aus diesen Tatsachen läßt sich nun leicht ein Widerspruch herleiten. Denn genau, wie wir in 8. aus x, y, w die neue Lösung x_1, y_1, w_1 gewonnen haben, können wir aus x_1, y_1, w_1 durch Anwendung des gleichen Prozesses eine Lösung x_2, y_2, w_2 erhalten, welche die zu $w > w_1$ analoge Eigenschaft $w_1 > w_2$ besitzt. Eine abermalige Anwendung des Prozesses gibt dann eine Lösung x_3, y_3, w_3 mit $w_2 > w_3$. Wir erhalten so durch Fortsetzung dieses Verfahrens eine absteigende Folge von Zahlen

$$(17) \qquad w > w_1 > w_2 > w_3 > \ldots.$$

Diese Zahlen sollen aber sämtlich positive ganze Zahlen sein, von denen es unterhalb von w gewiß nur endlich viele gibt, so daß also in der Folge (17) eine letzte, etwa w_k, auftreten müßte. Aber auch diese müßte zu einer Lösung x_k, y_k, w_k gehören, aus der man nach 8. abermals eine Lösung x_{k+1}, y_{k+1}, w_{k+1} mit $w_k > w_{k+1}$ herstellen könnte, womit wir den Widerspruch erhalten haben. Damit ist festgestellt, daß es eine Lösung von (8) nicht geben kann, da die Annahme einer solchen auf einen Widerspruch geführt hat.

Den Grundgedanken dieses Beweises pflegt man mit FERMAT als

„descente infinie" zu bezeichnen. Er besteht in der Absurdität, daß ein gewisser Prozeß (hier die Wiederholung des Verfahrens von 8.) eine *unbegrenzte* Folge immer kleinerer ganzer positiver Zahlen liefert, während doch eine abnehmende Folge positiver ganzer Zahlen nur *endlich* sein kann, da unterhalb jeder positiven ganzen Zahl n nur endlich viele weitere liegen können, nämlich höchstens die Zahlen $n - 1$, $n - 2, \ldots 3, 2, 1$, also höchstens $(n - 1)$ Zahlen.

Auf eine solche descente infinie kam im Grunde auch schon der Beweis der Irrationalität von $\sqrt{2}$ heraus (Kap. 4).

14. Der Pferchkreis eines Punkthaufens.

1. Es seien in der Ebene n Punkte P_1, $P_2, \ldots, P_n$ gegeben. Ihre Gesamtheit wollen wir als „Punkthaufen" bezeichnen[1]. Wir betrachten nun alle möglichen Entfernungen zwischen irgend zwei Punkten P_i und P_k des Punkthaufens. Unter diesen endlich vielen[2] Distanzen muß es eine größte geben. Wir wollen sie hervorheben und die „Spannung" des aus den n Punkten bestehenden Punkthaufens nennen.

Um n Punkte von der Spannung d kann man gewiß einen Kreis vom Radius d herumlegen, der alle n Punkte enthält (Fig. 56). Man braucht nur einen Kreis vom Radius d um einen beliebigen der n Punkte, etwa um P_1 zu schlagen. Da jeder andere der n Punkte von P_1 höchstens den Abstand d hat, so umfaßt dieser Kreis außer seinem Mittelpunkt P_1 auch sämtliche anderen Punkte P_2, $P_3, \ldots, P_n$.

Man kann aber leicht einen noch kleineren Kreis konstruieren, der sämtliche n Punkte umfaßt. Man suche sich nämlich das Punktpaar mit der größten Entfernung, die ja d ist, aus. (Gibt es mehrere solche Punktpaare vom Abstand d, so wähle man ein beliebiges von diesen.) Um jeden der beiden Punkte dieses Paares — es heiße $P_1 P_2$ — schlage man den Kreis vom Radius d, der offenbar durch den anderen Punkt des Paares geht. Nun liegen die n Punkte, wie wir schon wissen, einerseits alle in dem Kreise um P_1, anderseits aber auch alle in dem Kreise um P_2. Also müssen sämtliche n Punkte auch in dem den beiden gemeinsamen Flächenstück, einem Kreisbogenzweieck, liegen, das in der Fig. 56

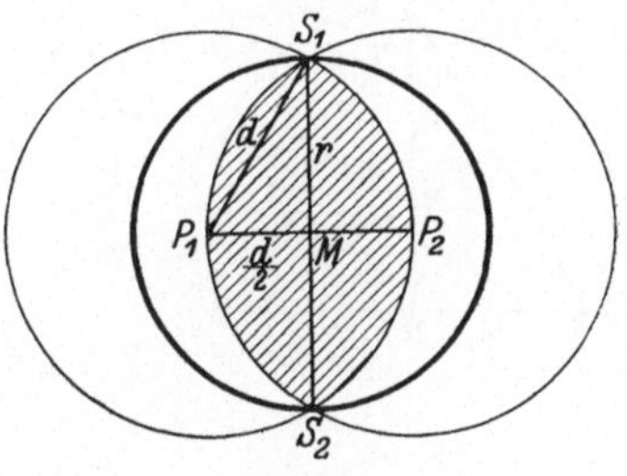

Fig. 56.

---

[1] Wir brauchen absichtlich nicht das Wort „Punktmenge", da dieses auch für Gesamtheiten von unendlich vielen Punkten gebraucht wird. Ein Punkthaufen soll nach unserer Bezeichnungsweise nur endlich viele Punkte enthalten.

[2] Man überlegt sich leicht, daß bei n Punkten $\dfrac{n(n-1)}{2}$ Möglichkeiten zur Bildung von Paaren bestehen (vgl. S. 45).

schraffiert ist. Dieses Kreisbogenzweieck mit den Ecken S_1 und S_2 läßt sich nun seinerseits von einem Kreise umgeben, der $S_1 S_2$ zum Durchmesser hat. Für seinen Radius r ergibt sich nach dem Lehrsatz des PYTHAGORAS, angewandt auf das rechtwinklige Dreieck $P_1 M S_1$:

$$r^2 = d^2 - \left(\frac{d}{2}\right)^2 = \frac{3}{4}\, d^2,$$

also $r = \frac{d}{2}\sqrt{3}$. Einen Kreis, der sämtliche n Punkte des Haufens H in seinem Innern oder auf seiner Peripherie enthält, wollen wir einen „Umfassungskreis" des Punkthaufens nennen. Statt des zuerst genannten Umfassungskreises vom Radius $r = d$ haben wir also einen Umfassungskreis vom Radius $r = \frac{d}{2}\sqrt{3} = 0{,}866\ldots d$ angegeben.

2. Hier taucht nun die Frage auf, ob man diese Zahl $\frac{1}{2}\sqrt{3}$ erneut durch eine noch niedrigere ersetzen kann. Auf diese Frage antwortet der folgende Satz von H. W. E. JUNG: Zu jedem Punkthaufen von der Spannung d gibt es stets einen Umfassungskreis, der höchstens den Radius $\frac{d}{3}\sqrt{3} = 0{,}577\ldots d$ hat. Bei manchen Punkthaufen kann der Radius des Umfassungskreises noch weiter verkleinert werden[1]. Es gibt aber Punkthaufen, bei denen ein kleinerer Radius nicht erreicht werden kann. Der Beweis des JUNGschen Satzes soll das Ziel dieses Kapitels sein.

Für den Punkthaufen, der aus den Ecken eines gleichseitigen Dreiecks von der Seitenlänge d besteht, können wir leicht einen Umfassungskreis angeben, der das JUNGsche Maß $\frac{d}{3}\sqrt{3}$ besitzt. Es ist dies einfach der Umkreis des gleichseitigen Dreiecks. Denn $r + x = h$ gesetzt (s. Fig. 57), ist in dem rechtwinkligen Dreieck $A B D$:

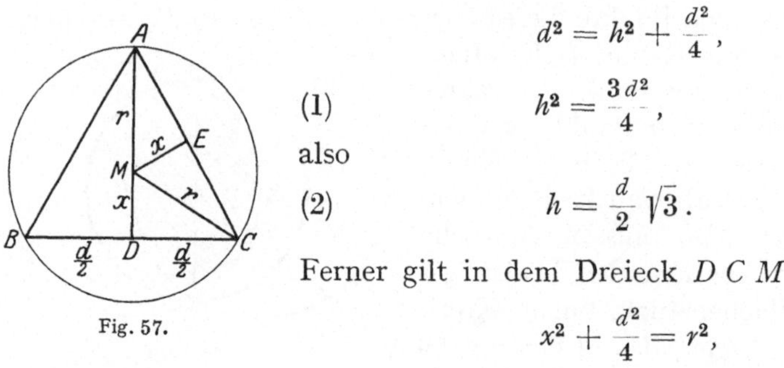

Fig. 57.

$$d^2 = h^2 + \frac{d^2}{4},$$

$$(1)\qquad h^2 = \frac{3\, d^2}{4},$$

also

$$(2)\qquad h = \frac{d}{2}\sqrt{3}.$$

Ferner gilt in dem Dreieck $D C M$

$$x^2 + \frac{d^2}{4} = r^2,$$

---

[1] Da zwei Punkte von der Entfernung d nur in einem Kreise, dessen Radius mindestens $\frac{d}{2}$ ist, Platz haben, und ein Punkthaufen der Spannung d stets ein Punktpaar der Entfernung d enthält, so kann ein Umfassungskreis nie einen kleineren Radius als $\frac{d}{2}$ aufweisen.

also

$$(h - r)^2 + \frac{d^2}{4} = r^2,$$

$$h^2 - 2hr + r^2 + \frac{d^2}{4} = r^2,$$

$$h^2 + \frac{d^2}{4} = 2hr$$

und wegen (1)

$$d^2 = 2hr,$$

$$r = \frac{d^2}{2h},$$

woraus sich nach (2)

$$r = \frac{d^2}{d\sqrt{3}} = \frac{d}{3}\sqrt{3}$$

ergibt, wie behauptet.

Für ein gleichseitiges Dreieck ist es übrigens evident, daß der Umkreis zugleich auch der kleinste Umfassungskreis ist. Doch wollen wir darauf nicht näher eingehen, da sich diese Tatsache nachher von selbst mit ergeben wird.

3. Um nun den JUNGschen Satz allgemein für beliebige Punkthaufen der Spannung d zu beweisen, werden wir darauf ausgehen, unter allen Umfassungskreisen des Punkthaufens einen möglichst kleinen aufzufinden. Zu diesem Zwecke wenden wir eine Reihe von Prozessen an, die zu fortschreitender Verkleinerung eines Umfassungskreises dienen sollen:

I. Ein Umfassungskreis K_1, auf dem kein Punkt des Punkthaufens H liegt, kann durch einen kleineren K_2 ersetzt werden. Man braucht nämlich nur um den Mittelpunkt M von K_1 durch den von M am weitesten entfernten Punkt des Haufens den Kreis K_2 zu schlagen. Dieser verläuft ganz in K_1, da K_1 alle Punkte von H, also auch den herausgegriffenen auf K_2 liegenden, enthält. Außerdem ist K_2 offenbar auch Umfassungskreis von H.

II. Ein Umfassungskreis K_3, auf dem nur *ein* Punkt des Punkthaufens H liegt, läßt sich verkleinern (Fig. 58). Sei P_1 der Punkt von H auf K_3, so zeichnen wir alle Kreise, die in P_1 mit K_3 die gemeinsame Tangente besitzen und auf denen noch ein weiterer Punkt von H liegt. Diese Kreise liegen sämtlich im Innern von K_3. Der größte von ihnen K_4 (der von K_3 verschieden sein muß, da auf K_3 nur P_1, auf

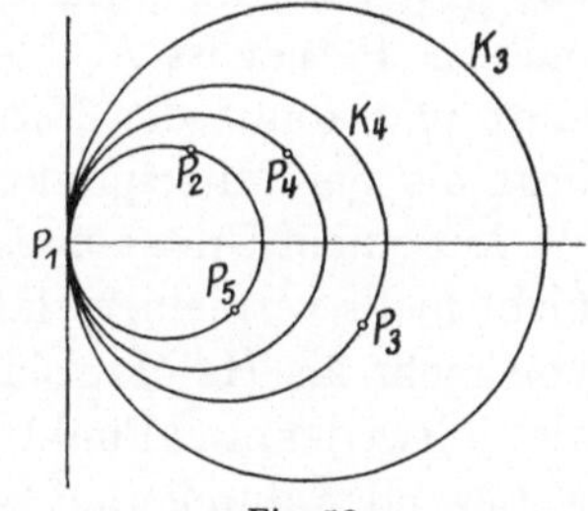

Fig. 58.

K_4 aber außer P_1 noch ein weiterer Punkt von H liegt) umfaßt alle anderen und damit auch alle Punkte von H und enthält *zwei* der n Punkte auf der Peripherie. Er ist kleiner als K_3.

III. Die Punkte von H, die auf einem Umfassungskreise liegen, teilen ihn in Kreisbogen ein, die ihrerseits von Punkten von H frei sind. Unter einem „punktfreien“ Kreisbogen wollen wir im folgenden kurz einen Kreisbogen verstehen, auf dem kein Punkt von H liegt; die Endpunkte eines punktfreien Bogens können aber Punkte von H sein.

In dieser Sprechweise behaupten wir nun: Ein Umfassungskreis K_5, der einen punktfreien Bogen von mehr als einem Halbkreis aufweist, läßt sich durch einen kleineren Umfassungskreis K_6 ersetzen[1].

In der Tat, es seien auf K_5 die Punkte P_1 und P_2 die zu H gehörenden Endpunkte des punktfreien Bogens b von mehr als Halbkreislänge (s. Fig. 59). Über $P_1 P_2$ als Durchmesser werde der Kreis K^* geschlagen. Enthält er alle Punkte von H, so ist er schon ein kleinerer Umfassungskreis als K_5, denn K_5, in dem ja die Sehne $P_1 P_2$ keinen Durchmesser darstellt (da b kein Halbkreis sein soll), muß größer sein als K^*. Enthält jedoch K^* nicht alle Punkte von H, so müssen die nicht von K^* umfaßten Punkte in dem (schraffierten) sichelförmigen Gebiet zwischen b und K^* liegen; dabei enthält b selbst außer seinen Endpunkten $P_1 P_2$ nach Voraussetzung keinen weiteren Punkt von H. Durch die in der

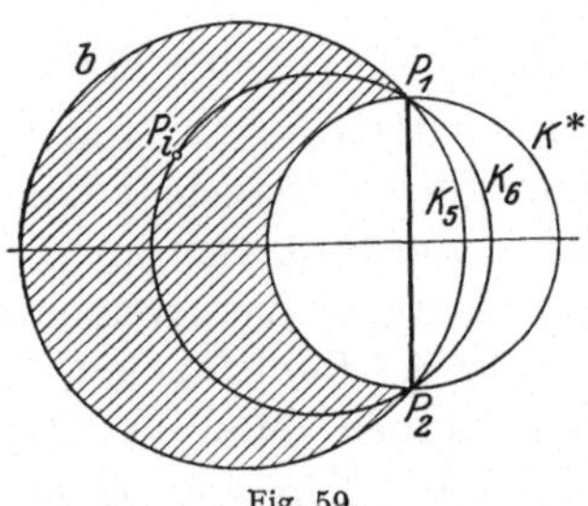

Fig. 59.

schraffierten Sichel gelegenen Punkte von H mögen nun alle Kreise gelegt werden, die auch durch P_1 und P_2 gehen. Innerhalb von K_5 verlaufen sie in der schraffierten Sichel, also außerhalb von K^*, und in dem Teil, in dem sie innerhalb K^* verlaufen, liegen sie außerhalb von K_5. Es sei K_6 derjenige dieser Kreise, dessen Bogen in der schraffierten Sichel sich am weitesten von der Sehne $P_1 P_2$ entfernt. Er umfaßt alle Punkte von H, da er alle in der schraffierten Sichel gelegenen Punkte von H enthält und außerdem den gemeinsamen Teil von K_5 und K^* enthält, in dem alle übrigen Punkte von H liegen müssen. Ferner ist K_6 kleiner als K_5, da K_6 zwischen K_5 und K^* verläuft und somit der Mittelpunkt von K_6 näher an der Sehne $P_1 P_2$ liegt als der Mittelpunkt von K_5 selbst.

Auf einem Umfassungskreis, der sich nach den Vorschriften I, II, III nicht mehr verkleinern läßt, darf es also keinen punktfreien Kreisbogen von mehr als Halbkreislänge geben. Ein solcher Umfassungskreis muß also entweder zwei Punkte von H als Endpunkte eines Durchmessers aufweisen oder durch drei oder mehr Punkte von H gehen, die zwischen sich nur Bogen von weniger als der Hälfte des Kreisumfanges frei lassen. Ein Kreis der ersten Art werde im folgenden als „umfassender Diametralkreis“, ein Kreis der anderen Art als „umfassender Dreipunkte-

---

[1] Die Fälle I und II können übrigens als Spezialfälle von III aufgefaßt werden, denn in jenen beiden Fällen ist sogar ein Vollkreisbogen punktfrei.

kreis" bezeichnet. Die Schritte I, II, III enthalten offenbar zugleich auch ein Verfahren, um einen Umfassungskreis von einer der beiden Arten herzustellen.

4. Wir denken uns nun alle Kreise, die eine Verbindungsstrecke von je zwei Punkten des Haufens als Durchmesser besitzen, und ferner alle Kreise, die je durch drei Punkte des Punkthaufens gehen, gezeichnet[1]. Diese endlich vielen Kreise brauchen natürlich nicht alle Umfassungskreise zu sein. Aber jedenfalls sind unter ihnen auch die soeben definierten umfassenden Diametralkreise und umfassenden Dreipunktekreise enthalten. Daraus erkennen wir jetzt, daß es von diesen besonderen Umfassungskreisen auch nur endlich viele geben kann. Diese suchen wir heraus und bestimmen durch endlich viele Vergleichungen den *kleinsten* unter ihnen; wir nennen ihn k. *Dann ist k der kleinste unter allen überhaupt möglichen Umfassungskreisen*, da er sich durch Vergleich mit allen umfassenden Diametral- und Dreipunktekreisen ergeben hat und nach I, II und III erst recht kleiner sein muß als alle Umfassungskreise, die keine Diametral- oder Dreipunktekreise sind. Überdies ist er *eindeutig* bestimmt. Denn gäbe es einen zweiten Umfassungskreis k' von derselben Größe wie k (Fig. 60), so läge H sowohl in k als auch in k', also auch in dem gemeinsamen Gebiet von k und k', einem Kreisbogenzweieck, um das man aber einen kleineren Umfassungskreis k^* ziehen könnte, gegen die Minimaleigenschaft von k. Diesen eindeutig bestimmten kleinsten Umfassungskreis des Punkthaufens H wollen wir den „*Pferchkreis*" des Punkthaufens H nennen.

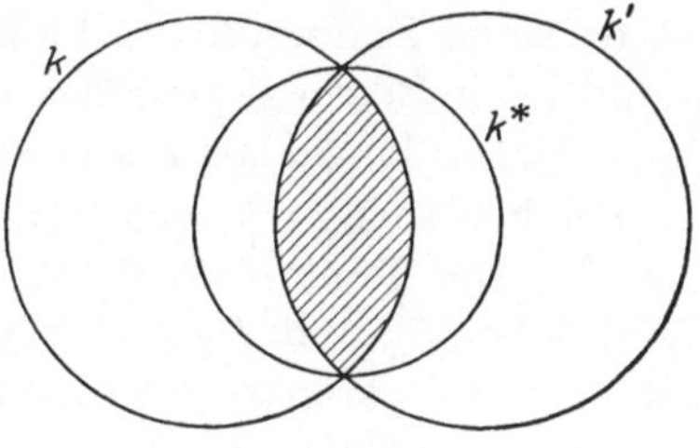
Fig. 60.

Der Pferchkreis k kann keinen punktfreien Bogen aufweisen von mehr als Halbkreislänge, da er sonst nach III nicht der kleinste Umfassungskreis sein könnte.

5. Von diesem Pferchkreis k zeigen wir nun, daß sein Radius die Größe $\frac{d}{3}\sqrt{3}$ nicht überschreitet. Zu diesem Zwecke suchen wir ein auf der Peripherie von k gelegenes Punktpaar von möglichst großem Abstand δ auf, der seinerseits natürlich höchstens gleich der Spannung d des Punkthaufens sein kann.

Es kann *erstens* sein, daß auf k zwei Punkte von H einander diametral gegenüberliegen. Dann ist der Durchmesser $2r$ von k gleich $\delta \leqq d$, also $r \leqq \frac{d}{2}$, also jedenfalls $r < \frac{d}{3}\sqrt{3}$.

---

[1] Das sind zusammen höchstens $\dfrac{n\,(n-1)}{1\cdot 2} + \dfrac{n\,(n-1)\,(n-2)}{1\cdot 2\cdot 3}$ Kreise.

Zweitens sei dies nicht der Fall. Dann suchen wir unter den punktfreien Bögen von k den größten (oder wenn es mehrere gleich große gibt, *einen* größten) Bogen b heraus, dessen Endpunkte P_1 und P_2 heißen

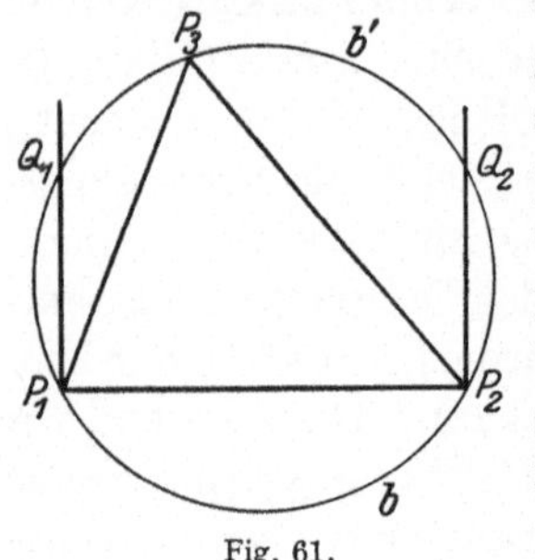

mögen und zu H gehören. Dieser Bogen b ist gewiß *kleiner* als der Halbkreis, denn größer als dieser kann, wie vorhin festgestellt, ein punktfreier Bogen von k nicht sein, und gleich dem Halbkreis ist b nicht, da sonst seine Endpunkte P_1 und P_2 einander diametral gegenüberlägen, was als schon erledigt jetzt ausgeschlossen sein sollte. Wir ziehen die Sehne in dem Bogen b und errichten auf ihren Endpunkten die Lote, die den Kreis in zwei weiteren Punkten Q_1 und Q_2 treffen und dadurch

Fig. 61.

einen Bogen b' von Q_1 bis Q_2 aus k ausschneiden, der b gegenüberliegt und zu b kongruent ist (Fig. 61). Die Punkte Q_1 und Q_2 gehören nicht zu H, denn Q_1 liegt P_2 und Q_2 liegt P_1 diametral gegenüber, und solche Punktpaare soll es in dem jetzt betrachteten Falle in H nicht geben. Der *Bogen b' kann nun nicht punktfrei sein*, denn wäre er es, so müßte er, da seine Endpunkte nicht zu H gehören, in einem noch größeren punktfreien Bogen liegen. Das ist aber ausgeschlossen, da kein punktfreier Bogen länger als b sein sollte.

Folglich enthält b' zwischen Q_1 und Q_2 mindestens einen Punkt P_3 von H. Die Punkte $P_1 P_2 P_3$ bilden ein *spitzwinkliges Dreieck*. Die Winkel bei P_1 und P_2 sind nämlich spitz, da sie kleiner sind als die bei P_1 und P_2 konstruierten rechten Winkel, und der Winkel bei P_3 ist spitz, da der Bogen b, über dem er als Peripheriewinkel steht, kleiner ist als ein Halbkreis. (Zu kleinerem Bogen gehört ein kleinerer Peripheriewinkel, und nach dem Satz des THALES ist erst der Peripheriewinkel eines Halbkreises gleich einem Rechten.)

Unter den drei Bögen, in die k durch P_1, P_2, P_3 zerfällt, muß mindestens einer einen Drittelkreis oder mehr umfassen, aber wegen der Spitzwinkligkeit von $P_1 P_2 P_3$ kleiner als ein Halbkreis sein. Seine Sehne $P_i P_j$ muß also mindestens so groß sein wie die Sehne des Drittelkreises, d. h. wie die Seite s des dem Kreise k eingeschriebenen regulären Dreiecks. Da die Entfernung $P_i P_j$ höchstens die Spannung d sein kann, haben wir festgestellt $s \leqq d$.

Der Radius des Umkreises um ein gleichseitiges Dreieck mit der Seitenlänge s ist (nach 2.) $r = \frac{s}{3}\sqrt{3}$. Wegen $s \leqq d$ ist daher der Radius von k

$$r \leqq \frac{d}{3}\sqrt{3},$$

was zu beweisen war.

6. Wir können nun leicht erkennen, daß die Schranke $\frac{d}{3}\sqrt{3}$ für den Radius des Pferchkreises eines Punkthaufens von der Spannung d sich im allgemeinen nicht weiter verkleinern läßt. Denn für ein gleichseitiges Dreieck mit den Seiten d ist der Umkreis, der ja den Radius $\frac{d}{3}\sqrt{3}$ hat, selbst der Pferchkreis des aus den Endpunkten bestehenden Punkthaufens. Denn der Pferchkreis eines Punkthaufens ist nach 4.

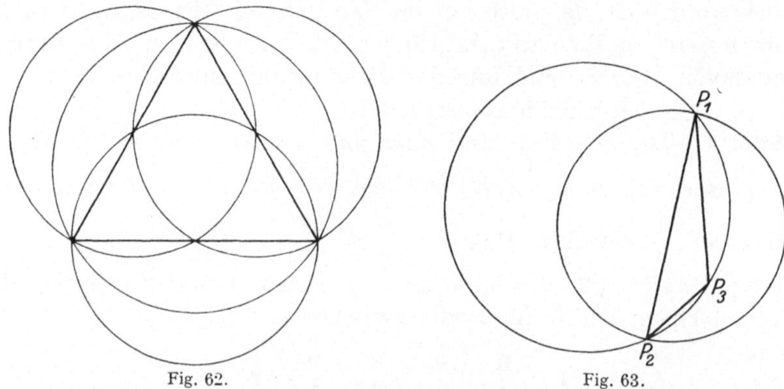

Fig. 62.   Fig. 63.

unter den Diametral- und den Dreipunktekreisen zu suchen. Die drei Diametralkreise enthalten aber je nur zwei Eckpunkte des gleichseitigen Dreiecks (Fig. 62), es bleibt also *der* Dreipunktekreis, d. h. der Umkreis als der einzig in Betracht kommende minimale Umfassungskreis übrig. Es ist zwar anschaulich sehr einleuchtend, daß der Umkreis eines gleichseitigen Dreiecks der Pferchkreis des Haufens seiner Eckpunkte ist, aber dennoch nicht völlig selbstverständlich. Denn der Umkreis eines *stumpfwinkligen* Dreiecks ist *nicht* der Pferchkreis des Haufens seiner Eckpunkte; vielmehr ist dies der Diametralkreis über seiner größten Seite (Fig. 63).

15. Annäherung irrationaler Zahlen durch rationale.

Daß π, die Zahl, die den Inhalt des Kreises vom Radius 1 mißt, ungefähr $\frac{22}{7}$, daß $\sqrt{2}$ nahebei $\frac{7}{5}$ ist, spielte schon bei den Alten eine Rolle. Was ist eigentlich der klare, mathematische Sinn derartiger Aussagen? Was ist der Sinn der Worte „ungefähr", „nahebei", die eigentlich nicht in das Lexikon des präzisen Mathematikers gehören?

1. Ist irgendeine Zahl w gegeben, so kann man in beliebiger Nähe von ihr Brüche oder, wie der Mathematiker sagt, rationale Zahlen finden. Z. B. hat man für die Zahl π, wenn man ihre Dezimalbruchentwicklung $\pi = 3,14159\ldots$ kennt, die folgenden Brüche

$$3,1 = \frac{31}{10}; \quad 3,14 = \frac{314}{100}; \quad 3,141 = \frac{3141}{1000}; \cdots,$$

die immer näher an π heranrücken. Der 1. Bruch weicht offenbar um weniger als $\frac{1}{10}$ von π ab $\left(\text{denn } 3{,}2 = \frac{32}{10} \text{ ist schon zuviel}\right)$, der 2. um weniger als $\frac{1}{100}$ usf. Und in derselben Weise kann man jede Zahl, deren Dezimalbruchentwicklung man kennt, durch Brüche beliebig genau approximieren.

Es ist vielleicht ein Schönheitsfehler, daß diese Aussage, die wir eben machten, so sehr mit der Zufälligkeit unseres Zehnersystems verbunden worden ist, das doch nur im Bau unseres Körpers, nicht in der Natur unserer Mathematik begründet ist. Wir können die Aussage leicht davon befreien und folgende Behauptung aufstellen, in der 10, $10^2, \ldots$ durch ein beliebiges n ersetzt ist.

Satz 1: *Ist w irgend eine Zahl und n irgend eine ganze Zahl, so gibt es eine rationale Zahl mit dem Nenner n, $\frac{m}{n}$, die von w um weniger als $\frac{1}{n}$ abweicht:* $0 \leq w - \frac{m}{n} < \frac{1}{n}$.

Ist z. B. $w = \sqrt{2}$, $n = 5$, so ist w zwischen 1 und 2 gelegen, also in irgend einem der 5 Intervalle zwischen

$$(1) \qquad\qquad 1, \quad \frac{6}{5}, \quad \frac{7}{5}, \quad \frac{8}{5}, \quad \frac{9}{5}, \quad 2,$$

deren jedes die Länge $\frac{1}{5}$ hat; und ohne noch Näheres auszurechnen, ist man sicher, daß diejenige unter diesen Zahlen, die unmittelbar unter $\sqrt{2}$ liegt, ein Bruch mit dem Nenner 5 ist, der von $\sqrt{2}$ um weniger als $\frac{1}{5}$ abweicht. Genau so hat man allgemein bei einem beliebig gegebenen w, wenn g die nächste ganze Zahl unter w ist, die Zahlen zu betrachten

$$(2) \qquad g, \quad g + \frac{1}{n}, \quad g + \frac{2}{n}, \ldots, \quad g + \frac{n-1}{n}, \quad g + 1$$

und darunter diejenige Zahl auszusuchen, die eben unter w gelegen oder auch gleich w ist und also von w um weniger als $\frac{1}{n}$ absteht; sei diese $g + \frac{l}{n}$, so wird

$$(3) \qquad\qquad 0 \leq w - \left(g + \frac{l}{n}\right) < \frac{1}{n}$$

sein, und damit ist die aufgestellte Behauptung für beliebiges w bewiesen.

Wir wollen noch ausrechnen, zwischen welche der Zahlen (1) die $\sqrt{2}$ nun tatsächlich fällt. Wir werden rechnerisch bequemer die Nenner beseitigen und fragen, wohin das 5fache von $\sqrt{2}$, also $5\sqrt{2} = \sqrt{25}\,\sqrt{2} = \sqrt{50}$, unter den 5fachen der Zahlen (1), d. h. unter den Zahlen

$$(1\text{a}) \qquad\qquad 5, \ 6, \ 7, \ 8, \ 9, \ 10$$

gehört, d. h. welches die nächste ganze Zahl unter $\sqrt{50}$ ist. Da $49 < 50 < 64$ ist, ist $7 < \sqrt{50} < 8$, also 7 die gesuchte Zahl,

$$(4) \qquad 0 \leqq \sqrt{2} - \frac{7}{5} < \frac{1}{5}\,.$$

Auch der allgemeine Beweis des obigen Satzes gestaltet sich weit einfacher, wenn man $n\,w$ statt w betrachtet und die größte ganze Zahl aufsucht, die $n\,w$ nicht übertrifft; heiße sie m, so ist $m \leqq n\,w < m + 1$, also $0 \leqq n\,w - m < 1$, und wenn wir jetzt zu den n-ten Teilen übergehen,

$$0 \leqq w - \frac{m}{n} < \frac{1}{n}\,,$$

w. z. b. w.

2. Daß es also „in der Nähe" von π und von $\sqrt{2}$ Brüche (rationale Zahlen) gibt, ist nichts Besonderes. Worin liegt nun der Sinn dessen, daß π ungefähr $\frac{22}{7}$, $\sqrt{2}$ ungefähr $\frac{7}{5}$ ist? Er liegt darin, daß $\frac{7}{5}$ an $\sqrt{2}$ viel enger daran liegt, als durch den bewiesenen Satz sichergestellt ist. Denn genauer genommen gilt

$$\frac{7}{5} < \sqrt{2} < \frac{17}{12}\,,$$

und $\sqrt{2}$ weicht daher von $\frac{7}{5}$ sicher um weniger ab, als $\frac{17}{12}$ von $\frac{7}{5}$ abweicht, es ist

$$\sqrt{2} - \frac{7}{5} < \frac{17}{12} - \frac{7}{5} = \frac{1}{60}\,,$$

während (4) nur ergibt, daß es unter $\frac{1}{5}$ gelegen ist. Entsprechend lautet die Aussage, die ARCHIMEDES über die Zahl π gemacht hat, präziser

$$3 + \frac{10}{71} < \pi < 3 + \frac{1}{7}\,,$$

so daß

$$\frac{22}{7} - \pi < \left(3 + \frac{10}{70}\right) - \left(3 + \frac{10}{71}\right) = \frac{10}{70} - \frac{10}{71} = \frac{10}{70 \cdot 71} = \frac{1}{497}$$

ist, während unser Satz nur die Schranke $\frac{1}{7}$ liefert.

Aber auch dieses „viel enger" steht noch nicht im Lexikon der Mathematiker. Wir wollen jetzt einen unzweideutigen Satz daraus machen und hernach beweisen:

Satz 2 : Ist w eine nicht-rationale Zahl und N irgend eine ganze Zahl, so gibt es einen Bruch $\frac{m}{n}$, dessen Nenner höchstens gleich N ist, und der von w um weniger als $\frac{1}{n\,N}$ abweicht. Es gibt daher unendlichviele Brüche $\frac{m}{n}$, die sich von w um weniger als $\frac{1}{n^2}$ unterscheiden.

Für die beiden vorstehenden Zahlenbeispiele besagt dies, daß $\sqrt{2} - \frac{7}{5}$ unter $\frac{1}{5^2} = \frac{1}{25}$ und $\frac{22}{7} - \pi$ unter $\frac{1}{7^2} = \frac{1}{49}$ liegt. Wenn auch die

Wirklichkeit in diesen beiden Fällen das durch den neuen Satz Gewähr-
leistete weit übertrifft, so bedeutet er doch eine wesentliche Verschärfung des ersten banalen Satzes.

Zum Beweise betrachten wir nicht nur $N w$ und die nächste ganze
Zahl darunter, sondern der Reihe nach die Zahlen

$$w, \quad 2w, \quad 3w, \ldots, \quad Nw$$

und bezeichnen die nächsten unter ihnen gelegenen ganzen Zahlen
bzw. mit

$$g_1, \quad g_2, \quad g_3, \ldots, \quad g_N,$$

so daß

$$0 < w - g_1 < 1, \quad 0 < 2w - g_2 < 1, \ldots, \quad 0 < Nw - g_N < 1$$

ist.

Wir orientieren uns am besten erst an einem Beispiel $(w = \sqrt{2},$
$N = 13)$:

$$
\begin{aligned}
\sqrt{2} &= 1{,}414 \ldots = 1 + 0{,}414 \ldots \\
2\sqrt{2} &= 2{,}828 \ldots = 2 + 0{,}828 \ldots \\
3\sqrt{2} &= 4{,}242 \ldots = 4 + 0{,}242 \ldots \\
4\sqrt{2} &= 5{,}656 \ldots = 5 + 0{,}656 \ldots \\
5\sqrt{2} &= 7{,}071 \ldots = 7 + 0{,}071 \ldots \\
6\sqrt{2} &= 8{,}485 \ldots = 8 + 0{,}485 \ldots \\
7\sqrt{2} &= 9{,}899 \ldots = 9 + 0{,}899 \ldots \\
8\sqrt{2} &= 11{,}313 \ldots = 11 + 0{,}313 \ldots \\
9\sqrt{2} &= 12{,}727 \ldots = 12 + 0{,}727 \ldots \\
10\sqrt{2} &= 14{,}142 \ldots = 14 + 0{,}142 \ldots \\
11\sqrt{2} &= 15{,}556 \ldots = 15 + 0{,}556 \ldots \\
12\sqrt{2} &= 16{,}970 \ldots = 16 + 0{,}970 \ldots \\
13\sqrt{2} &= 18{,}384 \ldots = 18 + 0{,}384 \ldots
\end{aligned}
$$

Unter den 13 Überschüssen über die nächst darunter gelegene ganze
Zahl ist der 5. sichtlich der kleinste: $5\sqrt{2} - 7 = 0{,}071\ldots$; der größte
ist der 12.: $12\sqrt{2} = 16 + 0{,}970\ldots$ oder $= 17 - 0{,}030\ldots$, also
$17 - 12\sqrt{2} = 0{,}030\ldots$ Denken wir uns allgemein diese 13 Über-
schüsse, die bald an-, bald absteigen, ihrer Größe nach geordnet, so
haben wir zwischen 0 und 1 im ganzen 13 Zahlen, die 14 Intervalle
abteilen. Natürlich werden diese Intervalle nicht alle gleich lang, also
alle genau $\frac{1}{14}$ lang sein. Aber sicher muß eines von ihnen kleiner
als $\frac{1}{14}$ sein. Denn wären sie alle $\geqq \frac{1}{14}$, so wären alle 14 zusammen
mindestens $\frac{14}{14} = 1$ lang, und zwar nur dann nicht mehr als 1, sondern
genau 1 lang, wenn jedes einzelne $= \frac{1}{14}$ ist; ist nur *eines* größer als $\frac{1}{14}$,

so ist die Summe bereits größer als 1. Aber wenn sie alle genau $\frac{1}{14}$ betragen, so würde auch $\sqrt{2}$ selbst als eine der 13 Zahlen einen Überschuß haben, der so und so viele Vierzehntel beträgt, $\sqrt{2} = 1 + \frac{m}{14}$, d. h. $\sqrt{2}$ wäre eine rationale Zahl. Da wir von w annehmen und von $\sqrt{2}$ insbesondere aus der 4. Vorlesung, S. 19, wissen, daß es irrational ist, folgt also, daß eines der Intervalle sicher $< \frac{1}{14}$ ist. Es ist nicht abzusehen, zwischen welchen Vielfachen von $\sqrt{2}$ es liegt; sei etwa $a \sqrt{2} - g_a = r_a$ das untere, $b \sqrt{2} - g_b = r_b$ das obere Ende dieses Intervalls, so daß

$$0 < r_b - r_a = (b \sqrt{2} - g_b) - (a \sqrt{2} - g_a) < \frac{1}{14}$$

ist, so ist also

$$0 < (b - a) \sqrt{2} - (g_b - g_a) < \frac{1}{14},$$

und da a, b irgend zwei der Zahlen $0, 1, \ldots, 13$ sind, ist auch $b - a$ (vom Vorzeichen abgesehen) eine dieser Zahlen, d. h. $-13 \leqq b - a \leqq 13$, und es ist somit in $(b - a) \sqrt{2}$, oder falls dies negativ sein sollte, in $(a - b) \sqrt{2}$ eines der 13 Vielfachen von $\sqrt{2}$ nachgewiesen, — wir wollen es $n \sqrt{2}$ nennen — dessen Überschuß über die unmittelbar darunter gelegene oder dessen Unterschuß unter die unmittelbar darübergelegene ganze Zahl weniger als $\frac{1}{14}$ beträgt:

$$-\frac{1}{14} < n \sqrt{2} - m < \frac{1}{14}, \quad \text{wo} \quad n \leqq 13,$$

und somit, wenn wir durch n dividieren,

$$-\frac{1}{14\,n} < \sqrt{2} - \frac{m}{n} < \frac{1}{14\,n}.$$

Steht allgemein w statt $\sqrt{2}$, N statt 13, $N + 1$ statt 14, so folgt genau so, daß es ein $n \leqq N$ gibt, für das

$$(5) \qquad -\frac{1}{(N + 1)\,n} < w - \frac{m}{n} < \frac{1}{(N + 1)\,n}$$

ausfällt, wie behauptet. Damit ist der erste Teil unseres Satzes 2 bewiesen.

Wegen $n \leqq N$ folgt aus (5) erst recht

$$(6) \qquad -\frac{1}{n^2} < w - \frac{m}{n} < \frac{1}{n^2}.$$

Wir haben also Brüche gefunden, die von w um weniger als $\frac{1}{n^2}$ abweichen. In (6) ist zwar die Zahl N herausgefallen, sie wurde aber gebraucht zur Auffindung des Bruches $\frac{m}{n}$, dessen Nenner n ja auch die Eigenschaft $n \leqq N$ hat.

In dem obigen Zahlenbeispiel hat n den Wert 5, solange N eine der Zahlen $5, 6, 7, \ldots, 11$ ist; man hat nämlich

$$0 < 5\sqrt{2} - 7 < \frac{1}{5}, \qquad 0 < \sqrt{2} - \frac{7}{5} < \frac{1}{5^2}.$$

Sowie N den Wert 12 erreicht, wird $n = 12$:

$$0 < 17 - 12\sqrt{2} < \frac{1}{12}, \quad 0 < \frac{17}{12} - \sqrt{2} < \frac{1}{12^2} \quad \text{usw.}$$

Nach der Behauptung des zweiten Teils von Satz 2 gibt es nun zu gegebenem irrationalem w sogar unendlich viele Brüche $\frac{m}{n}$, die die in (6) ausgedrückte Eigenschaft besitzen. Wir brauchen nur zu zeigen, daß wir nach jedem Bruch $\frac{m}{n}$, der (6) erfüllt, einen weiteren $\frac{m'}{n'}$ angeben können, der noch näher bei w liegt und der auch (6) erfüllt. Da

$$w - \frac{m}{n}$$

nicht Null sein kann (denn w ist irrational, d. h. von *jedem* Bruch verschieden), so muß diese Differenz von Null um einen gewissen Betrag abweichen. Daher gibt es einen Bruch $\frac{1}{N'}$ mit hinreichend hohem Nenner, der näher bei Null liegt als $w - \frac{m}{n}$, d. h.

$$(7) \qquad 0 < \frac{1}{N'} < w - \frac{m}{n} \quad \text{oder} \quad 0 < \frac{1}{N'} < \frac{m}{n} - w,$$

je nachdem ob $w - \frac{m}{n}$ positiv oder negativ ist. Zu dieser Zahl N' (an Stelle der bisher gebrauchten Zahl N) können wir aber nach dem schon bewiesenen einen Bruch $\frac{m'}{n'}$ finden, so daß gemäß (5) unter der Bedingung $n' \leqq N'$

$$(8) \qquad -\frac{1}{(N'+1)\,n'} < w - \frac{m'}{n'} < \frac{1}{(N'+1)\,n'}$$

und erst recht also $\qquad -\dfrac{1}{n'^2} < w - \dfrac{m'}{n'} < \dfrac{1}{n'^2}$

wird. Hier ist zweifellos $\frac{m}{n}$ von $\frac{m'}{n'}$ verschieden, denn nach (8) ist gewiß

$$-\frac{1}{N'+1} < w - \frac{m'}{n'} < \frac{1}{N'+1},$$

d. h. $w - \frac{m'}{n'}$ weicht von Null um *weniger als* $\frac{1}{N'+1}$ ab, während nach (7) $w - \frac{m}{n}$ um *mehr als* $\frac{1}{N'}$ von Null abweicht. Daher liegt $\frac{m'}{n'}$ näher bei w als $\frac{m}{n}$ bei w liegt; $\frac{m}{n}$ und $\frac{m'}{n'}$ sind somit voneinander verschieden.

3. Es gibt also *keinen letzten Bruch* $\frac{m}{n}$ von der Eigenschaft (6), sondern nach jedem noch immer weitere, also unendlich viele, wie unser Satz 2 behauptet. Während in dem trivialen Satz 1 *jeder* Nenner zugelassen werden konnte, treten hier nur einzelne Nenner mit der Eigenschaft (6) auf. Wir wollen sie als „gute Nenner" bezeichnen. Bei der Annäherung an $\sqrt{2}$ sind gute Nenner 2, 5, 12 und, wie man durch weitere Rechnungen finden würde, 29, 70, 169, ...

Bei π ist 7 ein guter Nenner, ein noch weit besserer, als es der 2. Satz garantiert; denn $\frac{22}{7} - \pi$ ist $< \frac{1}{497}$, und nicht nur $< \frac{1}{7^2} = \frac{1}{49}$. Die Frage ist, ob es nicht bei jeder Zahl w noch bessere Nenner gibt, z. B. solche, daß $-\frac{1}{n^3} < w - \frac{m}{n} < \frac{1}{n^3}$ ist u. dgl.

Wir wollen jetzt zeigen, daß eine solche Verbesserung des 2. Satzes nicht allgemein für jede Zahl w möglich sein kann. Wir werden nämlich zeigen, *daß speziell für* $w = \sqrt{2}$ *stets, was* $\frac{m}{n}$ *auch für ein Bruch sein mag, seine Abweichung von* $\sqrt{2}$ *stets über* $\frac{1}{3n^2}$ *gelegen ist.*

Sei zuerst $\frac{m}{n} > \sqrt{2}$, so können wir doch annehmen, daß $\frac{m}{n} < 1,55$ ist; denn da $\sqrt{2} < 1,45$ ist, ist jedes über 1,55 gelegene $\frac{m}{n}$ von $\sqrt{2}$ um mehr als $\frac{1}{10}$ entfernt, und $\frac{1}{3n^2}$ ist von $n = 2$ ab bereits weniger als $\frac{1}{10}$, also die Behauptung für $\frac{m}{n} > 1,55$ sicher erfüllt. Liegt nun aber $\frac{m}{n}$ zwischen $\sqrt{2}$ und 1,55, so ist

$$\left(\frac{m}{n}\right)^2 - 2 = \frac{m^2 - 2n^2}{n^2} = \frac{g}{n^2},$$

wo g eine positive ganze Zahl ist, also jedenfalls

$$\left(\frac{m}{n}\right)^2 - 2 \geqq \frac{1}{n^2}.$$

Nach dem Satz $a^2 - b^2 = (a + b)(a - b)$ folgt daraus:

$$\left(\frac{m}{n} + \sqrt{2}\right)\left(\frac{m}{n} - \sqrt{2}\right) \geqq \frac{1}{n^2}$$

und daraus

$$\frac{m}{n} - \sqrt{2} \geqq \frac{1}{n^2} \frac{1}{\frac{m}{n} + \sqrt{2}}$$

Wenn nun $\frac{m}{n} < 1,55$, so ist $\frac{m}{n} + \sqrt{2} < 1,55 + 1,45 = 3$, also das Reziproke dieser Summe $> \frac{1}{3}$ und schließlich

$$\frac{m}{n} - \sqrt{2} > \frac{1}{3n^2},$$

wie behauptet. Ist $0 < \frac{m}{n} < \sqrt{2}$, so kann man ausgehend von

$$2 - \left(\frac{m}{n}\right)^2 = \frac{g}{n^2} \geqq \frac{1}{n^2}$$

folgendermaßen schließen:

$$\sqrt{2} - \frac{m}{n} \geqq \frac{1}{n^2} \frac{1}{\frac{m}{n} + \sqrt{2}} > \frac{1}{n^2} \frac{1}{2\sqrt{2}} > \frac{1}{3n^2}.$$

In jedem Falle also ist die Behauptung dargetan.

16. Geradführung durch Gelenkmechanismen.

1. An der Dampfmaschine von JAMES WATT befand sich ein merk-würdiger Hilfsmechanismus, das Wattsche Parallelogramm genannt, dessen Gestalt in Fig. 64 schematisch angegeben ist. Der Apparat besteht aus Stangen, die durch die Gelenke C, D, E, F verbunden sind. In A und B sind die Stangen drehbar befestigt. Alle Gelenke haben Achsen, die senkrecht zur Zeichenebene zu denken sind[1]. In F greift die Kolbenstange an. Der Apparat hat den Zweck, dem Endpunkt F der Kolbenstange eine *geradlinige Bewegung zu erteilen*, die nötig ist, damit sich der Kolben im Zylinder weder lockert noch klemmt. Es

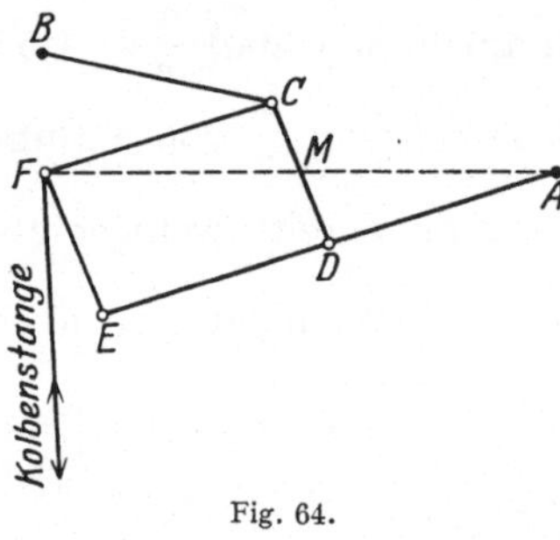

Fig. 64.

stellt sich nun bei mathematischer Nach-prüfung leicht heraus, daß durch den Ge-lenkmechanismus des Wattschen Parallelo-gramms der Punkt F keineswegs genau geradlinig geführt wird, daß aber immer-hin diese Bewegung in einem gewissen engen Bereich als annähernd gerade 'an-gesehen werden kann, so daß also doch die technischen Anforderungen an eine Geradführung durch diesen Mechanismus einigermaßen erfüllt waren.

Das Parallelogramm $CDEF$, das diesem Mechanismus den Namen gegeben hat, ist übrigens eigentlich nicht das Wesentliche; es dient nur dazu, die brauchbare Strecke der Bewegung zu vergrößern. Der wesentliche Teil des Apparates ist vielmehr das Gestänge $ADCB$. Der Mittelpunkt M der Stange DC beschreibt bei nicht zu großen Elongationen eine nahezu geradlinige Bewegung. Ist dann $AD = DE = CF = BC$ und $DC = EF$ (die Stange AE ist in D nicht knickbar!), so liegen die Punkte A, M, F stets auf einer Geraden wegen Ähnlichkeit der Dreiecke ADM und AEF. Da ferner aus demselben Grunde AF doppelt so groß ist wie AM, so macht F eine zu M „ähnliche" Bewegung, nur in doppelt so großen Ausmaßen. — Man könnte genau so gut die Bewegung von M auf das k-fache vergrößern, wenn man dem

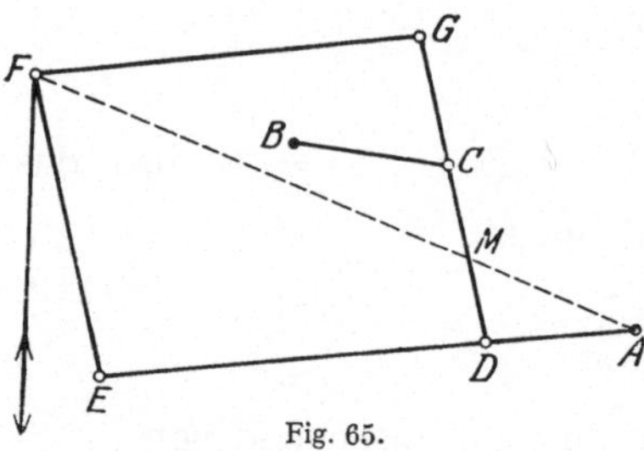

Fig. 65.

Parallelogramm $DEFG$ solche Abmessungen gäbe, daß

$$AD:AE = DM:EF = 1:k$$

---

[1] In den schematischen Zeichnungen von Gelenkmechanismen sind ortsfeste Drehpunkte durch ausgefüllte Kreise, bewegliche Gelenke durch leere Kreise angedeutet. Punktierte Linien sind gedankliche Hilfslinien, stellen keine Stangen dar.

ist. Wieder ist hier $AD = BC$, wodurch für die Mitte M von CD die annähernd geradlinige Bewegung bewirkt wird (Fig. 65).

Bei der Diskussion der Geradführung durch das Wattsche Parallelogramm handelt es sich also nur um die Untersuchung der Bewegung von M. Daß sie nicht genau geradlinig sein kann, macht man sich leicht durch Betrachtung einiger extremer Stellungen des Gestänges klar. Doch wollen wir diese komplizierte Bewegung als für unsere Zwecke belanglos nicht weiter studieren.

2. Das Problem der Geradführung ist in der Geschichte des Maschinenbaues von hoher Bedeutung gewesen und hat daher eine große Zahl von Bearbeitern gefunden. Heutigentages ist die Anwendung auf den von WATT behandelten Fall nicht mehr wichtig. Es dürfte bekannt sein, etwa aus der Betrachtung des äußerlich sichtbaren Gestänges einer Lokomotive, daß man jetzt eine andere Art der Geradführung vorzieht: den „Kreuzkopf", der zwischen zwei parallelen Schienen geführt wird. Es sind vielleicht irrige Vorstellungen über die Reibung gewesen, die den früheren Maschinenbauern Anlaß gaben, die Kreuzkopfform abzulehnen und statt dessen Geradführungen durch Gelenkmechanismen zu ersinnen.

Dieses Problem hat nicht nur die Praktiker beschäftigt, sondern auch die reinen Mathematiker angezogen. Diese haben das Problem natürlich in seiner ganzen Schärfe gestellt: einen Gelenkmechanismus zu finden, bei dem sich ein Gelenk *theoretisch exakt* auf einer Geraden bewegt. Vor allem der große russische Mathematiker TSCHEBYSCHEFF (1821—1894) hat an dem Wattschen Parallelogramm und seinen Verbesserungen gearbeitet, ohne jedoch eine exakte Geradführung zu finden. Nach vielen vergeblichen Lösungsversuchen wurden dann in der Mitte des vorigen Jahrhunderts in mathematischen Kreisen sogar Zweifel an der *Möglichkeit* einer exakten Lösung des Problems der Geradführung durch Gelenkmechanismen geäußert.

Dann erfand jedoch im Jahre 1864 der französische General PEAUCELLIER einen Apparat, der die Geradführung und noch manches mehr leistete; der Apparat wurde „Inversor" genannt. Danach gelang es dann, wie so oft in der Geschichte der Entdeckungen, noch eine ganze Reihe von Lösungen des Problems zu finden, ja die gerade Linie stellte sich als Spezialfall einer großen Klasse von Kurven heraus, die durch Gelenkmechanismen erzeugt werden können.

3. Betrachten wir zunächst den Peaucellierschen Gelenkmechanismus. Er heißt „Inversor", weil er eine „Inversion" leistet. Eine Inversion ist eine spezielle, sogleich noch näher zu bestimmende Abbildung der Ebene auf sich selbst. Unter einer Abbildung versteht man eine Zuordnung, durch die jedem Punkt ein Bildpunkt entspricht. Einfache Abbildungen sind z. B. 1. die Spiegelung an einer Geraden, die wir in Vorlesung 5 und 6 wiederholt angewandt haben; 2. die

Parallelverschiebung, durch die jedem Punkt derjenige Punkt als Bild zugeordnet wird, der aus dem gegebenen durch Verschiebung um eine Strecke fester Länge und fester Richtung hervorgeht; 3. die Drehung der Ebene um einen Punkt um einen gegebenen Winkel; 4. die Dilatation der Ebene von einem Punkt (Dilatationszentrum) aus, bei der jeder Punkt auf dem vom Zentrum durch ihn gehenden Strahl verschoben wird, so daß sein Abstand vom Nullpunkt (Dilatationszentrum) in einem für die Dilatation charakteristischen Verhältnis $1:\lambda$ vergrößert wird. Der Bildpunkt braucht von dem abzubildenden Punkt nicht durchweg verschieden zu sein. Bei der Parallelverschiebung allerdings wird jeder Punkt auf einen von ihm verschiedenen abgebildet. Bei der Drehung

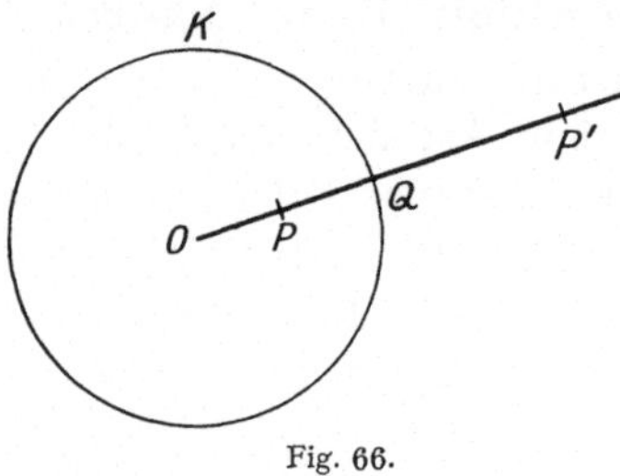
Fig. 66.

und der Dilatation gehen die Zentren in sich über; bei der Spiegelung wird jeder Punkt der spiegelnden Geraden in sich übergeführt.

Diese Beispiele zur Erläuterung des Begriffs Abbildung. Eine *Inversion* läßt sich nun folgendermaßen als Abbildung charakterisieren: Es ist ein Kreis mit Mittelpunkt O, dem Inversionszentrum, gegeben (Fig. 66); um zu einem beliebigen, von O verschiedenen Punkte P den Bildpunkt P' zu finden, zieht man den Strahl von O durch P, der den Kreis in Q schneiden möge, und bestimmt auf diesem Strahl P' so, daß $OP:OQ = OQ:OP'$ wird. Setzen wir den Radius des gegebenen Kreises gleich a, ferner $OP = r, OP' = r'$, so können wir auch schreiben:

$$r \cdot r' = a^2.$$

Aus dieser Definition der Inversion entnimmt man sogleich, daß das Bild eines im Inversionskreise gelegenen Punktes außerhalb liegt und umgekehrt. Jeder Punkt des Inversionskreises selbst ist sein eigenes Bild. Man nennt daher die Inversion auch wohl „Spiegelung am Kreise". Mit der gewöhnlichen Spiegelung teilt die Inversion auch die wichtige Eigenschaft, daß das Bild des Bildes wieder der ursprüngliche Punkt ist.

4. Über die Abbildung einzelner Punkte durch eine Inversion ist durch die Definition eigentlich alles gesagt. Neue Fragen treten auf, wenn man die Abbildung von Kurven betrachtet. Eine gründliche Untersuchung dieser Fragen können wir hier nicht vornehmen. Es würde sich als wichtigstes Resultat herausstellen, daß durch die Inversion Gerade und Kreise in Gerade *oder* Kreise übergeführt werden. Von diesem Sachverhalt brauchen wir im folgenden nur den Teil: *das Bild eines Kreises durch das Inversionszentrum ist eine Gerade*. Diesen Satz wollen wir beweisen.

Es sei (Fig. 67) k der durch das Inversionszentrum O gehende Kreis mit dem Durchmesser $OA = d$; K sei der Inversionskreis vom Radius a. Das Bild A' von A liegt auf dem verlängerten Durchmesser OA, und zwar muß die Entfernung $OA' = d'$ der Gleichung $dd' = a^2$ genügen. Nun soll bewiesen werden, daß die in A' auf OA' errichtete Senkrechte das Bild von k ist. Dazu muß gezeigt werden, daß eine beliebige Gerade durch O den Kreis in einem Punkt P und die Gerade in einem Punkt P' schneidet, so daß $OP \cdot OP' = a^2$ ist. Ziehen wir die Hilfsstrecke AP, so sind in der Tat die beiden rechtwinkligen Dreiecke OAP und $OP'A'$ mit dem gemeinsamen Winkel bei O einander ähnlich. Infolgedessen gilt die Proportion:

$$OP : OA = OA' : OP'$$

oder, $OP = r$, $OP' = r'$ gesetzt,

$$r r' = d d'.$$

Nun ist aber $dd' = a^2$, also

$$r r' = a^2,$$

und dies ist gerade die Beziehung zwischen einem Punkt und seinem Bild bei einer Inversion.

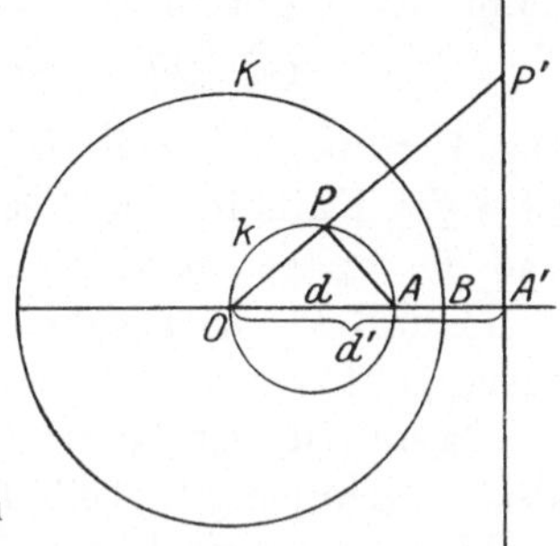

Fig. 67.

Für das Folgende sei hier gleich noch an einen bekannten Satz der Elementargeometrie erinnert (Fig. 68): Zieht man von einem Punkte Sekanten an einen Kreis, so ist das Produkt der von dem Schnittpunkt an gemessenen Sekantenabschnitte auf allen Sekanten gleich. Sei $AP_1 = s_1$, $AP_1' = s_1'$, $AP_2 = s_2$, $AP_2' = s_2'$, so lautet die Behauptung dieses Satzes also $s_1 s_1' = s_2 s_2'$. Dies folgt nun sofort aus der Ähnlichkeit der Dreiecke $AP_1 P_2'$ und $AP_2 P_1'$, die erstens in dem gemeinsamen Winkel bei A übereinstimmen, und in denen die Winkel bei P_1' und P_2' als Peripheriewinkel über demselben Bogen $P_1 P_2$ einander gleich sind.

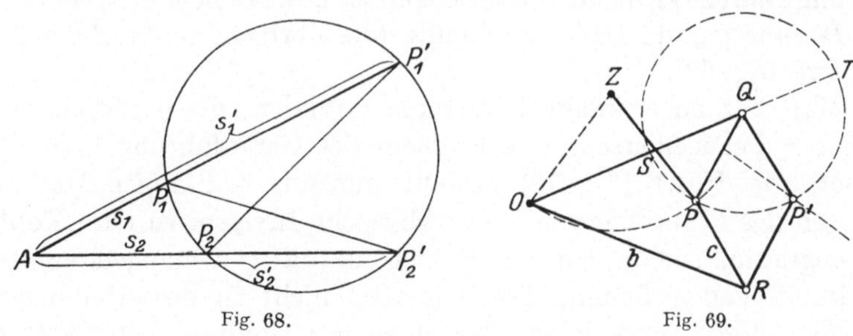

Fig. 68.　　　　Fig. 69.

5. Nach diesen Vorbemerkungen kehren wir zu dem Peaucellierschen Inversor zurück (Fig. 69). Er besteht aus einem Gelenkrhombus $PQP'R$ von der Seitenlänge c, an dessen einander gegenüberliegenden Ecken Q und R zwei gleichlange Stangen von der Länge b gelenkig befestigt sind, die sich in dem festen Punkt O treffen, in dem sie drehbar

angebracht sind. Es ist $b > c$. Der Mechanismus besteht also aus den 6 Stangen OQ, OR, PQ, PR, $P'Q$, $P'R$.

Wegen der Symmetrie des Apparates bleiben die Punkte O, P, P' stets in einer Geraden, der Symmetrieachse des Apparates. Wir schlagen nun um Q den Kreis mit c als Radius, der durch P und P' geht; die Stange OQ und ihre Verlängerung mögen den Kreis bzw. in S und T schneiden. Dann sind OPP' und OST Sekanten des Kreises, auf die der soeben erwähnte elementargeometrische Satz angewendet werden kann. Er ergibt hier:

$$OP \cdot OP' = OS \cdot OT = (b - c)(b + c) = b^2 - c^2.$$

Das Produkt $OP \cdot OP'$ ist also konstant. Setzt man $a^2 = b^2 - c^2$, so ist a die Kathete eines rechtwinkligen Dreiecks mit der Hypotenuse b und der andern Kathete c. Dann aber besagt die Gleichung $OP \cdot OP' = a^2$, daß P' aus P durch Inversion an dem Kreis um O mit Radius a hervorgeht.

Damit ist der Name Inversor erklärt. Der Apparat verwirklicht also in demjenigen Teil der Ebene, der den Punkten P und P' erreichbar ist, eine Inversion. Um ihn nun zur Geradführung auszunutzen, braucht man nur P auf einem Kreise zu führen, der durch O hindurchgeht, *dann muß sich nach unserer Kenntnis der Inversion P' geradlinig bewegen*. Eine solche kreisförmige Führung von P ist aber in einem Gelenkmechanismus trivial zu erreichen. Man bringt einfach in P gelenkig eine neue Stange ZP an, die sich um ihren *festen* Endpunkt Z drehen kann.

Damit die Kreisbahn von P durch O hindurchgeht, muß man nur die Länge ZP gleich der festen Entfernung OZ einrichten. Dadurch, daß man die Stange PZ als siebente hinzufügt und bei Z befestigt, hat P nur noch die Freiheit, einen (evtl. erst in seiner gedachten Verlängerung) durch O gehenden Kreisbogen zu beschreiben, währenddessen dann P' eine gerade Linie durchläuft (die übrigens senkrecht auf OZ steht, vgl. Fig. 69).

6. Man hat noch andere Inversoren erfunden, die natürlich genau so wie der Peaucelliersche das Problem der Geradführung lösen. Der Inversor von HART (Fig. 70) besteht nur aus 4 Stangen statt der 6 Stangen des Peaucellierschen. Der Hartsche Inversor ist ein „Konterparallelogramm“, d. h. ein Gelenkviereck mit gleichlangen einander gegenüberliegenden Seiten, das sich aber nicht in der Stellung des Parallelogramms, sondern in überschlagener Stellung befindet[1]. Die Punkte O, P, P', R mögen nun auf je einer der Stangen markiert sein, und zwar so, daß sie in *einer* Stellung des Konterparallelogramms auf

---

[1] Man kann durch Bewegung die eine Stellung in die andere überführen. Die Übergangsstellung zwischen der Parallelogramm- und der Konterparallelogrammstellung ist diejenige Stellung, in der alle Seiten in einer geraden Linie liegen, wobei ABC gestreckt mit ADC zusammenfällt.

einer Geraden parallel zu den beiden „Diagonalen" AC und BD liegen[1]. *Dann bleiben sie in jeder Stellung des Konterparallelogramms in einer zu den Diagonalen parallelen Geraden.*

Denn aus der Parallelität von OP und DB folgt

(1) $$AO:OD = AP:PB,$$

entsprechend gilt:

(2) $$AO:OD = CP':P'D,$$

(3) $$AP:PB = CR:RB,$$

(4) $$CR:RB = CP':P'D.$$

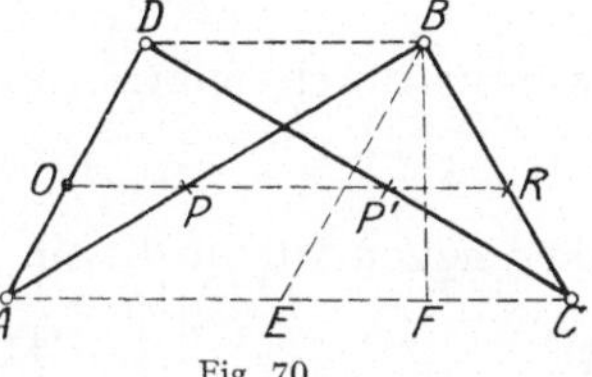

Fig. 70.

Diese Verhältnisse bleiben als reine Längenverhältnisse natürlich bei beliebiger Bewegung des Gelenkvierecks erhalten. Aus (1) folgt dann aber wiederum, daß bei jeder Stellung des Gelenkvierecks $OP\|DB$ ist. Nach (2) ist $OP'\|AC$, also wegen $AC\|BD$ auch $OP'\|DB$. Wenn aber OP und OP' derselben Geraden DB parallel sind, so müssen O, P und P' auf *einer* Geraden liegen, nämlich auf der Parallelen durch O zu DB. Durch analoge Schlüsse stellt man fest, daß auch R, P', P auf der Parallelen durch R zu DB liegen; also liegen schließlich stets alle vier Punkte O, P, P', R auf einer Geraden parallel zu DB.

Ferner ist wieder wegen der Parallelität der drei Geraden

$$OP : DB = AO:AD$$

$$OP':AC = DO:DA.$$

Statt dieser Proportionen kann man auch schreiben:

$$OP \cdot AD = AO \cdot DB$$

$$OP' \cdot DA = DO \cdot AC.$$

Multipliziert man die entsprechenden Seiten dieser Gleichung miteinander, so ergibt sich nach Division durch AD^2:

(5) $$OP \cdot OP' = \frac{AO \cdot DO}{AD^2} \cdot AC \cdot DB.$$

Auf der rechten Seite sind AO, DO, AD feste Längen, die durch den Apparat bestimmt sind; dagegen sind AC und DB die Längen der Diagonalen, die offenbar von der Stellung des Konterparallelogramms abhängen. *Dennoch ist das Produkt $AC \cdot DB$ konstant.* Denn aus der Figur, in der noch $BE\|DA$ und BF senkrecht zu AC gezogen worden sind, entnimmt man ohne weiteres, daß

(6) $$AC \cdot BD = (AF + FC)(AF - FC) = AF^2 - FC^2.$$

---

[1] Die beiden Diagonalen AC und BD sind stets parallel in der Konterparallelogrammstellung, da die beiden Dreiecke ACB und ACD symmetrisch kongruent sind und also die gleiche Höhe über AC haben.

In den rechtwinkligen Dreiecken AFB und FCB gibt nun die Anwendung des pythagoreischen Lehrsatzes:

$$AF^2 + FB^2 = AB^2,$$

$$FC^2 + FB^2 = CB^2,$$

woraus durch Subtraktion folgt

$$AF^2 - FC^2 = AB^2 - CB^2;$$

dies setzen wir in (6) ein und erhalten

$$(7) \qquad AC \cdot BD = AB^2 - CB^2.$$

Rechts in dieser Gleichung steht in der Tat etwas Konstantes. Aus (7) und (5) folgt nun

$$(8) \qquad OP \cdot OP' = \frac{AO \cdot DO}{AD^2}\,(AB^2 - CB^2),$$

wo rechts ein *konstanter*, d. h. ein durch die Abmessungen des Apparates bestimmter Ausdruck steht. Hält man nun den Punkt O bei sonst beliebiger Bewegung des Konterparallelogramms in der Ebene fest, so besagt (8), daß die Punkte P und P', die ja mit O in einer Geraden liegen, einander durch Inversion zugeordnet sind, wobei das Quadrat des Radius des Inversionskreises durch den etwas komplizierten, aber elementar konstruierbaren Ausdruck der rechten Seite von (8) dargestellt wird.

Damit aber ist bewiesen, daß der Hartsche Inversor wirklich eine Inversion liefert. Führt man endlich durch eine angehängte fünfte Stange den Punkt P auf einem Kreise durch O, so beschreibt, wie wir wissen, P' eine gerade Strecke.

7. Man kennt nun auch Gelenkmechanismen, die nicht erst auf dem Umweg über die Inversion eine Geradführung leisten. Eine besonders geistvolle Konstruktion ist von KEMPE in seinem Doppelrhomboid gefunden worden (Fig. **71**). Unter einem Rhomboid soll ein Viereck verstanden werden, in dem zwei Paare gleiche Seiten vorhanden sind, wobei aber je zwei gleiche Seiten aneinander stoßen. In

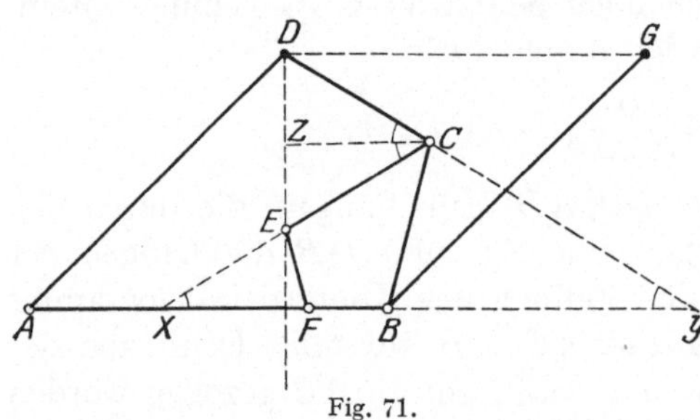

Fig. 71.

einem Rhomboid gibt es stets ein Paar gleiche Winkel, und zwar sind es die von den Seiten verschiedener Paare eingeschlossenen. Es seien $ABCD$ und $BCEF$ zwei gelenkige Rhomboide, die in ihren Seitenverhältnissen übereinstimmen, und von denen die kleinen Seiten des großen gleich den großen Seiten des kleinen sind. Die Gelenkrhomboide seien in ihrer *konvexen* Stellung gemeint. Diese übereinstimmenden Seiten sind CD, CB, CE. Dadurch, daß der Endpunkt F des kleinen Rhomboids auf die eine Seite des großen gelegt ist, haben die beiden Rhomboide den Winkel bei B gemeinsam. Daher sind die Winkel bei D, bei E und bei B einander gleich. Zwei konvexe Vierecke nun von gleichen Seitenverhältnissen und einem übereinstimmenden Winkel sind ähnlich. Bei beliebiger Bewegung des aus den beiden Rhomboiden zusammengebauten Gelenkmechanismus bleiben also die beiden Rhomboide $ABCD$ und $BCEF$ einander stets *ähnlich*.

Wenn man ein Paar Gegenseiten des Rhomboids bis zum Schnitt verlängert, so bilden sie in dem Schnittpunkt einen Winkel. Diese Winkel EXF und CYB sind für die ähnlichen Rhomboide gleich. Zieht man durch C die Parallele CZ zu AB, so ist $\sphericalangle DCZ = \sphericalangle CYB$ als Gegenwinkel an Parallelen; ferner $\sphericalangle ZCE = \sphericalangle EXF$ als Wechselwinkel an Parallelen. Folglich sind die 4 in der Figur angestrichenen Winkel einander gleich. In dem nach Voraussetzung gleichschenkligen Dreieck CDE bildet folglich CZ die Halbierungslinie des Winkels an der Spitze, die aber im gleichschenkligen Dreieck auf der Basis DE senkrecht stehen muß. Da $CZ \| AB$ gezeichnet war, so steht also die Verbindungsstrecke DE *stets senkrecht* auf AB.

Halten wir nun D fest und bewegen AB nur parallel mit sich selbst, so bleibt das Lot von D auf AB auch fest. Da aber auf diesem Lot der Punkt E liegt, so bleibt für E nur eine *geradlinige Bewegung* auf diesem Lot übrig. Um nun die hierzu noch nötige Parallelbewegung von AB zu erzwingen, werde in B noch eine Stange BG gelenkig angebracht von der Länge $AB = AD = BG$. Der Punkt G werde ebenso wie D fixiert, und zwar so, daß auch $DG = AB$ wird, $ABGD$ also ein Rhombus ist. In einem Rhombus sind zwei Gegenseiten stets parallel, also ist AB in jeder Stellung des Mechanismus parallel der *festen* Geraden DG. Damit ist die Geradführung endgültig erreicht.

8. Das Doppelrhomboid von Kempe läßt sich noch auf eine zweite, besonders elegante Weise zur Geradführung ausbauen. Das Doppelrhomboid sei in zwei symmetrisch kongruenten Exemplaren $ABCDEF$ und $A'B'CD'E'F'$ hergestellt. Diese beiden seien so verbunden, daß sie den Punkt C gemeinsam haben und sowohl DCE' als auch $D'CE$ durchgehende Stangen sind (Fig. 72). Die Winkelhalbierende CZ von $\sphericalangle DCE$ ist nach dem Bewiesenen parallel zu AB, die Winkelhalbierende CZ' von $D'CE'$ analog parallel zu $A'B'$. Da nun nach Konstruktion die Winkel DCE und $D'CE'$ Scheitel-

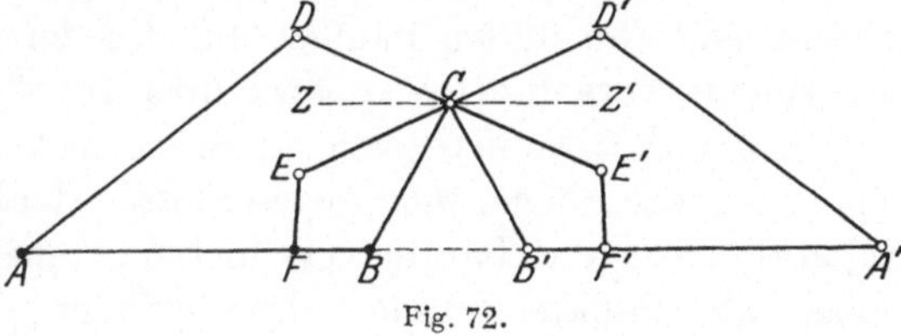

Fig. 72.

winkel sind, so liegen die beiden Winkelhalbierenden CZ und CZ' in einer Geraden. Dieser Geraden sind AB und $A'B'$ parallel. Folglich sind AB und $A'B'$ einander parallel in jeder Stellung des Gelenkmechanismus. Darüber hinaus liegt $A'B'$ stets in der Verlängerung von AB. Da wir die Parallelität von AB und $A'B'$ bewiesen haben, genügt es nachzuweisen, daß der Punkt C den gleichen Abstand von AB wie von $A'B'$ hat, und dazu werden wir beweisen, daß die Rhomboide $ABCD$ und $A'B'CD'$ in jeder Stellung des Mechanismus einander (spiegelbildlich) kongruent sind. In der Tat, in den beiden Hälften des Apparates stimmen die Winkel DCE und $D'CE'$ als Scheitelwinkel

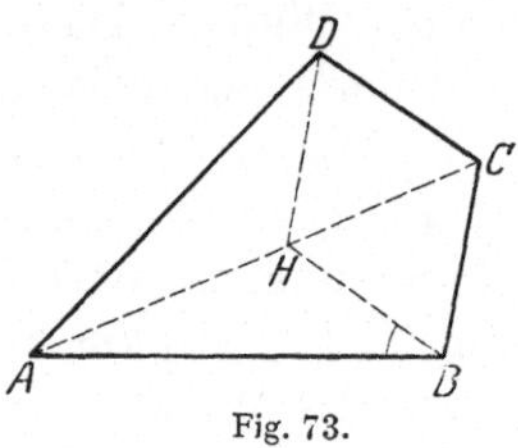

Fig. 73.

miteinander überein. Nach 7. sind nun diese Winkel das Doppelte des Winkels zweier Gegenseiten in einem Rhomboid. Da auch die Seiten der Rhomboide fest gegeben sind, ist hiermit das Rhomboid völlig bestimmt. Das sieht man aus folgender Hilfskonstruktion: In das Rhomboid $ABCD$ werde der Rhombus $BCDH$ eingetragen (Fig. 73). Die Punkte AHC liegen aus Symmetriegründen in einer Geraden[1]. Da $HB\|DC$, so ist der Winkel ABH der Winkel zwischen zwei Gegenseiten, also als die Hälfte von $\sphericalangle DCE$ (Fig. 72) gegeben. Da AB gegeben und BH gleich dem ebenfalls gegebenen BC ist, so ist Dreieck ABH völlig bestimmt. Dann ist D das Spiegelbild von B an AH und C der vierte Eckpunkt des Rhombus $BCDH$, von dem schon die drei Ecken B, H, D bestimmt sind.

Also sind, wie behauptet, die beiden Hälften des Apparates in Fig. 72 einander stets kongruent, folglich die Höhe von C über AB gleich der über $A'B'$. Also liegen die Punkte A, B, A', B' stets in einer geraden Linie.

Hält man nun A und B fest, so bleibt die Strecke $A'B'$ beweglich. Sie kann sich nur in der Geraden AB hin und her bewegen. Damit haben wir eine neue Geradführung durch Gelenkmechanismus erhalten.

Dieser Gelenkmechanismus leistet sogar mehr als die vorher besprochenen. Von diesen nämlich führt jeder nur einen Punkt gerade. Der zuletzt vorgeführte Apparat aber führt die ganze Strecke $A'B'$ in sich gerade. Da man sich an die Strecke $A'B'$ beliebige Figuren, auch die ganze Ebene, *starr* angeschlossen denken kann, so leistet dieser Apparat sogar die Parallelverschiebung einer ganzen Ebene in sich, wobei alle Punkte gerade, untereinander parallele und kongruente Strecken zurücklegen.

---

[1] Diese Figur stimmt mit der für den Peaucellierschen Inversor überein.

17a. Vollkommene Zahlen.

EUKLID wendet sich im IX. Buch seiner Elemente, dem letzten der drei arithmetischen Bücher, zum Schluß zum Thema der sog. vollkommenen Zahlen, nachdem er vorher den in unserer 1. Vorlesung berichteten Beweis für das Nichtabbrechen der Primzahlreihe gegeben hat. Auch bei PLATON kommt das Wort „vollkommene Zahl" mehrfach vor, besonders an der mysteriösen Stelle im „Staat", wo er es in eine uns dunkle eugenetische Zahlenbetrachtung über die sog. Hochzeitszahl einbezieht.

Im Rahmen der heutigen Mathematik betrachtet, mutet uns diese Theorie und das, was die späteren Mathematiker an *Sätzen* daran anzuschließen vermocht haben, als ein reines Kuriosum an, das abseits vom Wege ein bescheidenes Dasein führt. Wenn wir uns jetzt trotzdem diesem Thema zuwenden, so geschieht es darum, weil darin *methodisch* ein kleines Fünkchen brennt, das, wie wir in der anschließenden Vorlesung zeigen wollen, EULER wieder angezündet hat, und das seither zu einer großen Flamme aufgelodert ist, zu einer der größten, die in der heutigen Mathematik glühen, nämlich zur Lehre von der Verteilung der Primzahlen.

Vollkommen heißt nach EUKLID eine Zahl, wenn sie gleich der Summe ihrer sämtlichen Teiler ist. Die Zahl 6 z. B. ist eine vollkommene Zahl; denn ihre sämtlichen Teiler sind, wie man leicht durchprobiert, 1, 2, 3, und es ist offenbar $1 + 2 + 3 = 6$. Die nächste vollkommene Zahl, der man fortsuchend begegnet, ist $28 = 1 + 2 + 4 + 7 + 14$; dann kommt nicht so bald wieder eine. Es gilt, weitere, alle vollkommenen Zahlen zu finden, nicht durch Probieren, sondern systematisch.

1. Es ist klar, daß eine Primzahl nie eine vollkommene Zahl sein kann. Denn die sämtlichen Teiler einer Primzahl p sind die Zahlen 1 und p, und da bei der Definition der vollkommenen Zahlen die Zahl selbst als Teiler nicht mitgerechnet wurde, ist die Summe aller Teiler hier lediglich 1 und reicht nie an p heran.

2. Von dieser sehr einfachen, ersten Feststellung aus wollen wir vorsichtig vorschreiten. Die Zahl 9, die keine Primzahl ist, sondern das Quadrat einer Primzahl, hat offenbar die Teiler 1 und 3 und sonst keine (man prüft leicht die sämtlichen Zahlen von 1 bis 8 daraufhin durch), und da $1 + 3 = 4$ viel weniger als 9 beträgt, ist auch sie nicht vollkommen.

Daß entsprechend das Quadrat *irgend* einer Primzahl, p^2, jedenfalls die Teiler 1 und p hat, ist klar; daß mit diesen beiden aber sämtliche Teiler von p^2 erschöpft sind, kann man für *alle* p nicht mehr durchmusternd bestätigen, wie bei 9, sondern es will durch einen *Beweis* erkannt sein. Das hat EUKLID genau bemerkt und die nötigen Hilfssätze dazu bereitgestellt; und wir zeigen es im Grunde genau so.

nur in etwas anderer Formulierung, indem wir es aus dem Satze von der eindeutigen Zerlegung in Primfaktoren ablesen, von dem die 11. Vorlesung gehandelt hat. Hätte nämlich p^2 noch einen anderen Teiler als p, so müßte es sich noch auf eine andere Art und also unter Benutzung anderer Primfaktoren zerfällen lassen, wie in der unmittelbar gegebenen Zerfällung $p^2 = p \cdot p$.

3. Allgemeiner kann auch keine höhere Potenz irgend einer Primzahl vollkommen sein. Denn analog sind die sämtlichen Teiler von p^a die sämtlichen niedrigeren Potenzen von p,

$$(1) \qquad 1, \quad p, \quad p^2, \quad \cdots, \quad p^{a-1},$$

und ihre Summe ist nach dem Satz von der geometrischen Reihe, den EUKLID übrigens eigens aus diesem Anlaß ableitet,

$$(1\,\mathrm{a}) \qquad 1 + p + p^2 + \cdots + p^{a-1} = \frac{p^a - 1}{p - 1}\,.$$

Der Nenner $p - 1$, der hier auftritt, ist im niedrigsten Falle $p = 2$ genau $= 1$, für jedes höhere p aber größer als 1; der $(p - 1)$-te Teil von $p^a - 1$ ist also je nachdem gleich $p^a - 1$ selbst oder weniger als dieses, nie mehr; d. h. die Summe aller Teiler von p^a ist höchstens $p^a - 1$, also sicher *unter* p^a gelegen; p^a kann also nicht vollkommen sein.

4. Nach dieser Vorübung ist die Vollkommenheit einer Zahl, die zwei verschiedene Primfaktoren enthält, wie $72 = 2^3 \cdot 3^2$ oder allgemeiner $p^3 \cdot q^2$ nicht mehr schwer zu übersehen. Es ist zunächst unmittelbar klar, daß die folgenden Zahlen sämtlich in ihr aufgehen:

$$(2) \qquad
\begin{array}{cccc}
1, & p, & p^2, & p^3, \\
q, & qp, & qp^2, & qp^3, \\
q^2, & q^2 p, & q^2 p^2, & q^2 p^3,
\end{array}$$

d. h. alle Zahlen der Form $p^\alpha q^\beta$, wo α bis zu 3 und β bis zu 2 aufsteigen darf. Daß damit *alle* ihre Teiler erschöpft sind, ergibt sich wieder unmittelbar aus dem Satz von der eindeutigen Zerlegung in Primfaktoren. Damit haben wir zunächst den Überblick über die sämtlichen Teiler der vorgelegten Zahl N erlangt. Um deren Summe zu bilden, bemerken wir, daß in der 2. Zeile des Tableaus (2) das q-fache von den Größen der 1. Zeile steht, in der 3. Zeile das q^2-fache. Nun ist die Summe der in der 1. Zeile stehenden Teiler die geometrische Reihe $1 + p + p^2 + p^3$; diese ist also erst 1-mal, dann q-mal, dann q^2-mal zu nehmen, insgesamt also hat man

$$T = (1 + q + q^2)\,(1 + p + p^2 + p^3),$$

und analog erhält man bei der Ausgangszahl $N = p^a q^b$ die Summe

$$T = (1 + q + \cdots + q^b)\,(1 + p + p^2 + \cdots + p^a)$$
$$(2\,\mathrm{a}) \qquad = \frac{q^{b+1} - 1}{q - 1} \cdot \frac{p^{a+1} - 1}{p - 1}\,.$$

Dabei ist im Gegensatz zu den vorhergehenden Fällen zunächst die vorgegebene Zahl N selbst mit unter die Teiler aufgenommen worden; das müssen wir im Auge behalten.

5. Die Verallgemeinerung auf Zahlen N, die aus mehr als zwei verschiedenen Primfaktoren aufgebaut sind, liegt danach auf der Hand; für $N = p^a q^b r^c \ldots$ wird man außer dem Tableau (2) noch das r-fache, das r^2-fache $\ldots$ bis zum r^c-fachen davon erhalten, also insgesamt das $(1 + r + \cdots + r^c)$-fache, und für jeden weiteren Primfaktor wird eine entsprechende Vervielfachung eintreten (der Teiler N selbst ist wieder mitgerechnet):

$$\text{(3a)} \quad \begin{aligned} T &= (1 + p + \cdots + p^a)(1 + q + \cdots + q^b)(1 + r + \cdots + r^c) \ldots \\ &= \frac{p^{a+1} - 1}{p - 1} \cdot \frac{q^{b+1} - 1}{q - 1} \cdot \frac{r^{c+1} - 1}{r - 1} \cdots . \end{aligned}$$

6. Das alles steht im Grunde bei EUKLID. Ausgeführt ist es allerdings nur für den Fall $p \cdot 2^b$, also für den Fall zweier Primfaktoren, von denen der eine $q = 2$ ist und der andere nur in der Potenz $a = 1$ auftritt. In diesem besonderen Falle ergibt sich aus unserer allgemeinen Formel (2a)

$$T = \frac{2^{b+1} - 1}{2 - 1} \cdot \frac{p^2 - 1}{p - 1} ;$$

dieses N wird also vollkommen sein, wenn seine Teilersumme T, in der N selbst mitgezählt ist, gleich $N + N$, also gleich $2N$ sein wird:

$$T = (2^{b+1} - 1)(p + 1) = 2N,$$

oder, wenn die Bedeutung von N eingeführt wird,

$$(2^{b+1} - 1)(p + 1) = 2 \cdot p \cdot 2^b = 2^{b+1} \cdot p.$$

Daraus folgt sofort

$$2^{b+1}(p + 1) - (p + 1) = 2^{b+1} p$$

oder

$$2^{b+1} = p + 1$$

oder schließlich

$$\text{(4)} \qquad p = 2^{b+1} - 1.$$

Wenn also p nicht irgend eine Primzahl ist, sondern $= 2^{b+1} - 1$ gewählt wird, ist die Zahl N vollkommen. Allerdings, wenn man b irgend einen Wert erteilt, wird $2^{b+1} - 1$ nicht gerade immer eine Primzahl sein. Immerhin können wir mit EUKLID das folgende Ergebnis feststellen:

Die Zahl $N = (2^{n+1} - 1) \cdot 2^n$ ist stets dann eine vollkommene Zahl, wenn $2^{n+1} - 1$ eine Primzahl ist.

7. Setzen wir der Reihe nach $n = 1, 2, 3, \ldots$ und sehen wir zu, was sich dabei für vollkommene Zahlen ergeben:

$$n = 1, \quad N = (2^2 - 1)\cdot 2 \;=\; 3\cdot 2 = \;\;\; 6,$$
$$2, \qquad\;\; (2^3 - 1)\cdot 2^2 = \;\;\; 7\cdot 4 = \;\;\; 28,$$
$$3, \qquad\;\; (2^4 - 1)\cdot 2^3 = \;\;\; 15\cdot 8 \;\; \text{fällt aus, da 15 nicht prim,}$$
$$4, \qquad\;\; (2^5 - 1)\cdot 2^4 = \;\;\; 31\cdot 16 = \;\;\; 496,$$
$$5, \qquad\;\; (2^6 - 1)\cdot 2^5 = \;\;\; 63\cdot 32 \;\; \text{fällt aus, da 63 nicht prim,}$$
$$6, \qquad\;\; (2^7 - 1)\cdot 2^6 = 127\cdot 64 = 8128,$$

. . . .

Man sieht, das Euklidische Resultat gebiert ein neues Problem: *Für
welche n ist $2^{n+1} - 1$ eine Primzahl?* *Einen* Schritt zu seiner Lösung
kann man sofort tun: $n + 1$ muß jedenfalls Primzahl sein. Denn ist
$n + 1$ eine zusammengesetzte Zahl, etwa $n + 1 = u\cdot v$, so ist $2^{n+1} - 1$
$= 2^{uv} - 1 = (2^u)^v - 1$, und nach dem Satz von der geometrischen
Reihe
$$x^v - 1 = [x^{v-1} + x^{v-2} + \cdots + x + 1][x - 1],$$

wenn man in diesem Satz speziell $x = 2^u$ setzt, ist

$$(2^u)^v - 1 = [(2^u)^{v-1} + \cdots + (2^u) + 1][(2^u) - 1],$$

also ebenfalls in zwei Faktoren zerlegt, keine Primzahl. Primzahl kann
es mithin höchstens dann werden, wenn $n + 1$ eine solche ist. Bei
Fortsetzung der obigen Tabelle wäre 11 die nächste auf 7 folgende
Primzahl, also $n = 10$ brauchte erst wieder in Betracht gezogen zu
werden. Ob aber $2^{11}-1$ wirklich eine Primzahl ist und damit $(2^{11}-1)\cdot 2^{10}$
eine vollkommene Zahl, ist damit noch lange nicht gesagt. In Wahrheit
ist $2^{11} - 1 = 2047 = 23\cdot 89$, wie man durch längeres Probieren fest-
stellt. Welche der folgenden Zahlen nun vollkommen sind, und ob deren
Folge einmal ein Ende hat oder sich unbegrenzt ausdehnt, das sind
offene Probleme, denen auch die heutige Wissenschaft noch in keiner
Weise hat beikommen können.

8. Soweit der Satz, der bei EUKLID steht. Daß die Alten mehr über
den Gegenstand gewußt haben, ergeben die verschiedensten Zeugnisse.
Zunächst erwähnt JAMBLICHOS ohne nähere Erläuterung die Tatsache,
daß es außer den von EUKLID angegebenen keine geraden vollkommenen
Zahlen mehr gebe. Ob und wie die Alten das bewiesen haben sollen,
wissen wir nicht. Aber der Beweis, den EULER dafür gegeben hat, fußt
ganz auf der Formel (3a), die im Grunde schon bei EUKLID steht,
und folgert daraus die Behauptung durch eine kurze Rechnung. Sie
sei hier kurz wiedergegeben, obgleich sie für die Hauptidee des folgenden keine Bedeutung hat.

In der Tat: sei N irgend eine gerade Zahl, so kommt die 2 jedenfalls unter ihren Primfaktoren vor, in irgend einer Potenz, etwa 2^n,
und alle übrigen Primfaktoren zusammen stellen etwas Ungerades dar,
es ist $N = 2^n\cdot u$, wo u ungerade. Bilden wir für dieses N gemäß (3a)

die Teilersumme T, so wird deren erster Faktor

$$\frac{2^{n+1}-1}{2-1} = 2^{n+1}-1$$

lauten; die übrigen Faktoren werden genau diejenigen sein, welche auftreten würden, wenn ich statt der Teilersumme T von N die Teilersumme U von u bilden wollte:

$$(5) \qquad T = (2^{n+1}-1)\cdot U,$$

und wenn N nun vollkommen sein soll, muß dieser Ausdruck, in dem N selbst als Teiler mitgerechnet ist, insgesamt $2N$ betragen:

$$(2^{n+1}-1)\,U = 2N = 2\cdot 2^n\cdot u = 2^{n+1}\cdot u\,.$$

Wir multiplizieren aus:

$$2^{n+1}\,U - U = 2^{n+1}\,u$$

oder

$$2^{n+1}\,(U-u) = U = (U--u) + u$$

oder schließlich

$$(6) \qquad (2^{n+1}-1)\,(U-u) = u\,.$$

U ist die Summe aller Teiler von u, dieses u selbst eingeschlossen; $U-u$ also ist die Summe aller Teiler von u, dieses *nicht* mitgerechnet. (6) besagt: wenn N eine vollkommene Zahl ist, muß $U-u$ in u aufgehen, muß ein Teiler von u sein. Wenn aber $U-u$ selbst *ein* Teiler von u ist und zugleich die Summe *aller* Teiler von u, muß es der *einzige* Teiler von u sein. Nun ist 1 jedenfalls ein Teiler von u. Also muß $U-u$ mit der 1 identisch sein und u eine Primzahl, d. h. die Formel (6) vereinfacht sich zu $u = 2^{n+1}-1$, so daß $N = 2^n\,(2^{n+1}-1)$ wird: die von EUKLID angegebenen vollkommenen Zahlen sind also unter allen geraden Zahlen die einzigen vollkommenen.

9. Wir stoßen hier auf ein zweites Problem, das mit unserem Thema verbunden ist und das die heutige Wissenschaft nicht bezwungen hat: *ob es ungerade vollkommene Zahlen gibt*. Man kennt keine einzige, es erscheint sehr unwahrscheinlich, daß es eine gibt, aber noch niemand hat zu beweisen vermocht, daß dem wirklich so ist.

10. Daß die Alten mehr gewußt haben, als bei EUKLID aufgeführt ist, läßt eine wenig beachtete Stelle im 5. Buch von PLATONS Gesetzen ahnen. PLATON empfiehlt dort, die Zahl der Ackerlose und der Grundeigentümer in einem neu zu gründenden Staat so zu wählen, daß sie möglichst viele Teiler habe, etwa gleich 5040, das $60-1$ Teiler habe; der Gesetzgeber müsse so viel Arithmetik verstehen, daß er je nach den Größenverhältnissen der Stadt das passend einrichten könne. Überlegen wir zuerst, wie es mit der *Anzahl* der Teiler irgend einer Zahl und insbesondere von 5040 steht. Dazu bedürfen wir der nämlichen Überlegung, die wir oben angestellt haben, um die *Summe* der Teiler einer Zahl zu studieren. Wenn z. B. *alle* Teiler von p^3q^2 durch

das Tableau (2) gegeben werden, so liest man daraus so gut wie die Summe der Teiler auch die Anzahl der Teiler nämlich $4 \cdot 3 - 1 = 12 - 1$ ab (es ist die Zahl der Teiler mit Ausschluß von N selbst genommen), und analog bei $N = p^a q^b$

$$Z = (a + 1)(b + 1) - 1,$$

endlich ganz allgemein für $N = p^a q^b r^c \ldots$

$$Z = (a + 1)(b + 1)(c + 1) \cdots - 1.$$

Für $N = 5040 = 2^4 \cdot 3^2 \cdot 5 \cdot 7$ wird also speziell

$$Z = (4 + 1)(2 + 1)(1 + 1)(1 + 1) - 1 = 5 \cdot 3 \cdot 2 \cdot 2 - 1 = 60 - 1.$$

Die für PLATONs Sprachgebrauch ungewöhnlich umständliche Umschreibung der Zahl 59 als $60 - 1$ und die Anweisung, der Gesetzgeber müsse mit dieser Sache allgemein Bescheid wissen, lassen also vermuten, daß PLATON selbst damit Bescheid gewußt hat.

11. Die Zusammengehörigkeit der beiden Themen von der Summe und von der Anzahl aller Teiler einer Zahl tritt noch deutlicher hervor, wenn wir beachten, daß beide sich dem allgemeineren Thema unterordnen, die Summe der s-ten Potenzen aller Teiler von N zu studieren, also z. B. für $N = 6$ den Ausdruck

$$1^s + 2^s + 3^s.$$

Denn für $s = 1$ ist dieser nichts anderes wie die Teilersumme T, für $s = 0$ aber wird jeder einzelne Summand dieses Ausdrucks ein Einer, und man hat so viele solche Einer vor sich, wie N Teiler hat, also gerade die Anzahl dieser Teiler. Für $s = 2$ hätte man die Quadratsumme aller Teiler usf. Für jedes s könnte man eine (3a) analoge Formel unmittelbar aufstellen; die Überlegung wäre genau die gleiche. Es hindert nichts, dies auch für $s = -1$ durchzudenken: -1-te Potenzen, das heißt die reziproken Werte der Teiler, also bei $N = 6$

$$\frac{1}{1} + \frac{1}{2} + \frac{1}{3}.$$

Auch für diese Summe der reziproken Teiler wird das Analogon von (3a) unmittelbar gelten:

$$\text{(7)} \quad R = \left(1 + \frac{1}{p} + \cdots + \frac{1}{p^a}\right)\left(1 + \frac{1}{q} + \cdots + \frac{1}{q^b}\right)$$
$$\left(1 + \frac{1}{r} + \cdots + \frac{1}{r^c}\right) \cdots.$$

Alledem liegt ein einziger Gedanke zugrunde, die durch das Tableau vom Typus (2) gegebene volle Übersicht über alle Teiler einer Zahl, und diesen Grundgedanken haben die Alten besessen und, wie PLATONs Andeutung ahnen läßt, in seiner Schönheit und Wichtigkeit erkannt.

17b. Eulers Beweis für das Nichtabbrechen der Primzahlreihe.

Euler, der die Lehre von den vollkommenen Zahlen wieder aufgenommen und fortgeführt hat, hat den nämlichen Grundgedanken auch verwendet, um dem Beweis für das Nichtabbrechen der Primzahlreihe, den wir in der 1. Vorlesung kennengelernt haben, und der im Euklid übrigens unmittelbar vor der Lehre von den vollkommenen Zahlen steht, einen anderen an die Seite zu stellen.

Zwei einfache Bemerkungen müssen vorangehen.

1. Sei AB eine Strecke von 2 m Länge.

$$A \qquad\qquad\qquad\qquad M \qquad\qquad M_1 \quad M_2 \quad B$$

Durchläuft man sie von A an bis zur Mitte M, von da bis zur Mitte M_1 des Restes MB, von da bis zur Mitte M_2 des Restes M_1B usf., so bleibt man immer *vor* B, wenn man auch B immer näher kommt. Man hat der Reihe nach Strecken von 1 m, von $\frac{1}{2}$ m, von $\frac{1}{4}$ m usf.; alle diese zusammen machen weniger als 2 aus:

$$1 + \frac{1}{2} + \frac{1}{2^2} + \cdots + \frac{1}{2^n} < 2.$$

Verkürzen sich die Strecken nicht im Verhältnis $1/2$, sondern in irgend einem anderen Verhältnis $x < 1$, so gilt Entsprechendes; und zwar besagt der sog. Satz von der geometrischen Reihe

$$1 + x + x^2 + \cdots + x^n = \frac{1 - x^{n+1}}{1 - x} = \frac{1}{1 - x} - \frac{x^{n+1}}{1 - x}$$

genauer, daß, wenn $x < 1$ ist, der zweite Bruch rechter Hand etwas Positives ist, was also vom ersten Bruch abgezogen das Ergebnis verkleinert, daß also mit anderen Worten

$$1 + x + x^2 + \cdots + x^n < \frac{1}{1 - x}$$

ist. Insbesondere wenn p irgend eine Primzahl ist, ist $\frac{1}{p}$ gewiß < 1, und daher gilt die eben gewonnene Ungleichung sicher, wenn wir darin für x den Wert $\frac{1}{p}$ einsetzen, und liefert:

Ist p irgend eine Primzahl, n irgend eine ganze Zahl, so gilt stets

$$(1) \qquad 1 + \frac{1}{p} + \frac{1}{p^2} + \cdots + \frac{1}{p^n} < \frac{1}{1 - \dfrac{1}{p}} = \frac{p}{p - 1}.$$

2. Setzen wir

$$A_m = 1 + \frac{1}{2} + \frac{1}{3} + \cdots + \frac{1}{2^m},$$

so ist offenbar

$$A_2 = 1 + \frac{1}{2} + \frac{1}{3} + \frac{1}{4} > 1 + \frac{1}{2} + \left(\frac{1}{4} + \frac{1}{4}\right) = 1 + \frac{2}{2},$$

$$A_3 = 1 + \frac{1}{2} + \frac{1}{3} + \frac{1}{4} + \frac{1}{5} + \frac{1}{6} + \frac{1}{7} + \frac{1}{8} > A_2 + \left(\frac{1}{8} + \frac{1}{8} + \frac{1}{8} + \frac{1}{8}\right)$$

$$> 1 + \frac{3}{2},$$

$$A_4 = 1 + \frac{1}{2} + \frac{1}{3} + \cdots + \frac{1}{16} > A_3 + \left(\frac{1}{16} + \cdots + \frac{1}{16}\right) > 1 + \frac{4}{2}$$

und allgemein ebenso

$$(2) \qquad A_m = 1 + \frac{1}{2} + \frac{1}{3} + \cdots + \frac{1}{2^m} > 1 + \frac{m}{2}.$$

Je größer m ist, desto größer wird auch A_m werden; man braucht z. B. nur $m = 1998$ zu wählen, um zu erreichen, daß $\frac{m}{2} = 999$ und somit $A_m > 1000$ wird, und ebenso könnte man m leicht so bestimmen, daß A_m über einer Million liegt usf.[1]

3. Sei p irgend eine Primzahl, so schreiben wir (1) für alle Primzahlen bis zu p hin auf:

$$1 + \frac{1}{2} + \frac{1}{2^2} + \cdots + \frac{1}{2^n} < \frac{2}{2-1}$$

$$1 + \frac{1}{3} + \frac{1}{3^2} + \cdots + \frac{1}{3^n} < \frac{3}{3-1}$$

$$\cdots\cdots\cdots\cdots\cdots$$

$$1 + \frac{1}{p} + \frac{1}{p^2} + \cdots + \frac{1}{p^n} < \frac{p}{p-1},$$

und bilden das Produkt R_p aller dieser Summen. Dieses wird dann unter dem Produkt M_p aller rechten Seiten gelegen sein:

$$R_p < M_p = \frac{2}{1} \cdot \frac{3}{2} \cdot \frac{5}{4} \cdot \frac{7}{6} \cdots \frac{p}{p-1}.$$

Das Produkt R_p zu bilden, sind wir von der vorstehenden Vorlesung her gewohnt; ausmultipliziert ist es die Summe aller Summanden von der Form

$$\frac{1}{2^\alpha} \cdot \frac{1}{3^\beta} \cdots \frac{1}{p^\mu},$$

---

[1] Hieraus folgt übrigens, weil immer einmal wieder eine Potenz von 2 kommt, daß der Ausdruck $1 + \frac{1}{2} + \frac{1}{3} + \cdots + \frac{1}{n}$, wo n nicht gerade eine Potenz von 2 ist, mit wachsendem n über alle Grenzen wächst, oder, wie die Mathematiker sagen, daß die „unendliche Reihe $1 + \frac{1}{2} + \frac{1}{3} + \cdots$ divergiert", obgleich ihre einzelnen Summanden zunehmend winziger werden. Dieser an sich interessante Sachverhalt und die Idee der Konvergenz und des unendlichen Prozesses tun aber hier nichts zur Sache und würden unsere an sich einfachen Überlegungen nur verwirren.

wo $\alpha, \beta, \ldots, \mu$ jedes einzeln bis zu n aufsteigen dürfen, mit anderen Worten die Summe der reziprok genommenen sämtlichen Teiler von

$$N = 2^n \cdot 3^n \cdot 5^n \cdots p^n .$$

R_p ist also eine Summe von lauter Reziproken ganzer Zahlen, aber nicht von allen der Reihe nach, sondern nur von denen, die sich aus den Primfaktoren 2, 3, 5, $\ldots$, p zusammensetzen und überdies keinen in höherer als der n-ten Potenz enthalten. Z. B. ist

$$\left(1 + \frac{1}{2} + \frac{1}{2^2}\right)\left(1 + \frac{1}{3} + \frac{1}{3^2}\right)$$

$$= 1 + \frac{1}{2} + \frac{1}{3} + \frac{1}{4} + \frac{1}{6} + \frac{1}{9} + \frac{1}{12} + \frac{1}{18} + \frac{1}{36},$$

also gleich der Summe aller reziproken Teiler von $36 = 2^2 \cdot 3^2$.

4. Wir treten nun in den eigentlichen Beweis ein. Sei m irgend eine positive ganze Zahl, so enthält der Ausdruck A_m alle reziprok genommenen ganzen Zahlen bis zu 2^m hin:

$$A_m = 1 + \frac{1}{2} + \frac{1}{3} + \frac{1}{4} + \cdots + \frac{1}{2^m} .$$

Wir stellen uns die sämtlichen Primfaktoren vor, die in den Zahlen

$$(3) \qquad\qquad 1, \quad 2, \quad 3, \quad 4, \ldots, \qquad 2^m$$

darinstecken; die größte aller dieser Primzahlen heiße q. Dann werden sich die Zahlen (3) allein aus den Primfaktoren 2, 3, 5, $\ldots$, q zusammensetzen, und zwar wird keine von diesen dabei in höherer als der m-ten Potenz verwendet sein. Denn würde zunächst die erste dieser Primzahlen, die 2, in irgend einer höheren als der m-ten Potenz in irgend eine der Zahlen (3) eingehen, so würde diese Zahl selbst größer als 2^m sein müssen, also jenseits der betrachteten Serie (3) gelegen sein; und bei den weiteren Primzahlen 3, 5, $\ldots$, die noch größer sind, ist dies erst recht nicht möglich. *Die Zahlen* (3) *sind also sicher alle unter den Teilern von* $2^m \cdot 3^m \cdot 5^m \cdots 9^m$ *enthalten.*

Bildet man nun das in 3. betrachtete Produkt R_p nicht für irgend eine Primzahl p, sondern für die eben geschilderte Primzahl q und mit m statt n, so wird dieser Ausdruck R_q *alle* Summanden von A_m enthalten, und außerdem noch viele andere. Man übersieht es leicht an dem am Ende von 3. gegebenen Zahlenbeispiel: hier treten *alle* Summanden von

$$A_2 = 1 + \frac{1}{2} + \frac{1}{3} + \frac{1}{4}$$ auf und außerdem noch viele andere. Es ist also jedenfalls $A_m < R_q$, und nach 3. ist weiter $R_q < M_q$. Endlich ergibt (2), daß $1 + \frac{m}{2} < A_m$ ist. Insgesamt folgt also

$$(4) \qquad\qquad 1 + \frac{m}{2} < \frac{2}{1} \cdot \frac{3}{2} \cdot \frac{5}{4} \cdots \frac{q}{q-1} .$$

Erinnern wir uns nochmals: m war eine beliebige, positive ganze Zahl, q war der größte unter den Primfaktoren, die in den Zahlen (3) darinstecken. Die linke Seite von (4) wird beliebig groß gemacht werden können, indem man m hinreichend groß wählt — das war in 2. schon überlegt. Gäbe es überhaupt nur eine endliche feste Anzahl von Primzahlen, so könnte q über die letzte dieser Primzahlen nicht hinaussteigen, müßte bei ihr stillstehen, und mit ihr die rechte Seite von (4). Das wäre ein Widerspruch. Also kann die Folge der Primzahlen nicht abbrechen.

Der Beweis ist weit komplizierter als der der ersten Vorlesung. Aber seine Bedeutung liegt darin, daß er sich auf eine ungemeine Anzahl ähnlicher, aber schwierigerer Probleme, von denen in der 1. Vorlesung am Ende nur einige wenige angedeutet worden sind, hat ausdehnen lassen, und daß auf ihm die ganze Lehre von der Verteilung der Primzahlen beruht, wohl das problemreichste, schwierigste und aktuellste Gebiet, das die augenblickliche Mathematik aufweist. Für dieses ganze Gebiet ist die hier skizzierte Grundidee, die im Keime von den Alten herrührt, maßgebend.

18a. Grundsätzliches über Maximumaufgaben.

Wiederholt haben wir hier Maximumaufgaben behandelt, so in der 3., 5., 6. Vorlesung, und dabei Gelegenheit gefunden, kleine mathematische Kunstwerke vorzulegen, die Mathematiker von hohem Rang zwischen ihren großen Leistungen gelegentlich auszuarbeiten sich die Zeit genommen haben. Heute wollen wir davon unabhängig prinzipiell etwas zu diesem Gegenstande sagen, was nachträglich auch in jenen früheren Vorlesungen neben ihrem ästhetischen einen wesentlichen grundsätzlichen Zug hervortreten lassen wird.

Wir wollen heute an eine andere Maximumaufgabe wie die früher behandelten herantreten, die in ihrer besonderen Einfachheit das Prinzipielle am bequemsten aufweisen wird.

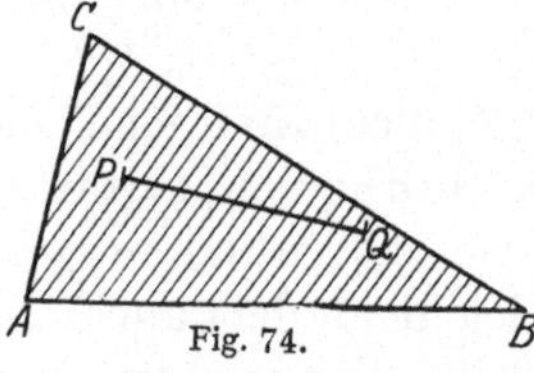
Fig. 74.

Es sei ein Dreieck gegeben, man denke es etwa aus Pappe ausgeschnitten. *Gefragt wird nach denjenigen beiden Punkten P, Q dieses Flächenstückes (die Randpunkte eingeschlossen), die möglichst weit voneinander entfernt sind* (Fig. 74). Man errät leicht das Ergebnis: die Enden der längsten Dreiecksseite. Aber wie beweist man es?

Es gibt für derartige Beweise ein einfaches, allgemeines Rezept, dessen wir uns in den früheren Vorlesungen nicht bedient haben, und das leicht das Resultat liefert. Man sagt so: Liegt einer der beiden Punkte P, Q, etwa P, im *Innern* des Dreiecks, so haben *diese* beiden Punkte P, Q sicher nicht die maximale Entfernung. Denn in der Verlängerung von PQ über P hinaus gibt es dann Punkte P_1, die von Q weiter als P entfernt sind und auch noch innerhalb des Dreiecks liegen. Liegen hingegen beide Punkte P, Q am Rande, jedoch so, daß der eine der beiden, etwa P, nicht gerade in einer Ecke des Dreiecks liegt, so kann man ebenfalls einen Nachbarpunkt P_1 von P finden, der ebenfalls auf dem Rande liegt und von Q weiter als P entfernt ist. Denn sowohl wenn PQ auf der Dreiecksseite, auf der P liegt, senkrecht steht (Fig. 75a), als auch, wenn es auf ihr nicht senkrecht steht (Fig. 75b), ist dies sofort

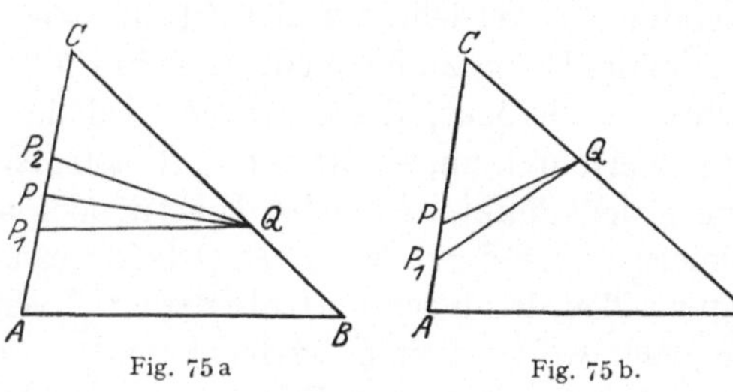

Fig. 75a. Fig. 75b.

durch eine elementare Betrachtung einzusehen. Ein Maximum wird also nur dann vorliegen können, wenn P und Q beide Eckpunkte des Dreiecks sind, sonst ganz sicher nicht; PQ muß also eine Dreiecksseite sein, und dann natürlich die größte.

Dasselbe Prinzip gestattet uns auch, das Ergebnis sofort auf n-Ecke zu übertragen: *um das entfernteste Punktepaar aus einer n-eckigen Fläche zu finden, nehme man unter allen Distanzen je zweier Ecken die größte.* Dabei braucht das n-Eck durchaus nicht konvex zu sein; z. B. für das Viereck von Fig. 76 mit einspringender Ecke sind die beiden Spitzen die Punkte größter Entfernung.

Dasselbe Prinzip hätte auch in den Aufgaben der früheren Vorlesungen gestattet, sehr viel einfacher zu verfahren. Um z. B. zu zeigen (Fig. 77), daß unter

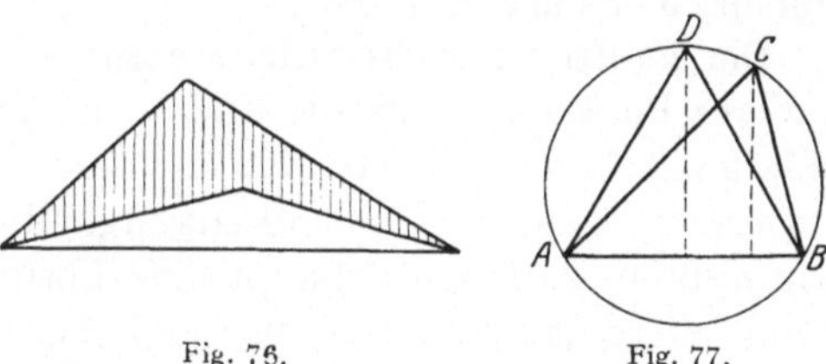

Fig. 76. Fig. 77.

allen einem Kreise einbeschriebenen Dreiecken das gleichseitige den größten Inhalt hat, braucht man nur irgend eines zu nehmen, das *nicht* gleichseitig ist, also zwei ungleiche Seiten hat (AC, BC mögen die ungleichen Seiten sein), über AB als Basis das gleichschenklige Dreieck ABD zu errichten, das dem Kreis einbeschrieben ist und eine größere *Höhe* hat, um einzusehen, daß auch sein *Inhalt* größer ist; also kann kein ungleichseitiges Dreieck das Maximum liefern, das Dreieck muß gleichseitig sein. Ähnlich kurz könnte man im Falle des Höhenfuß-punktdreiecks verfahren.

Warum haben wir dann in jenem Falle so große Mühe und Kunst auf andere Lösungen verwendet, warum werden wir uns auch bei der hier vorliegenden Aufgabe mit der eben gegebenen Lösung nicht be-gnügen? Weil sie einen ganz groben logischen Fehler enthält, den die

Mathematiker zwei Jahrhunderte hindurch unbeachtet gelassen haben und den erst der Scharfsinn eines WEIERSTRASS in der zweiten Hälfte des 19. Jahrhunderts ans Licht gezogen hat.

Der Fehler wird ersichtlich, wenn wir unsere Methode auf die folgende sehr einfache Figur anwenden wollen, bei der von vornherein aus der unendlichen Ausdehnung der Fläche klar wird, daß es zwei Punkte maximaler Distanz hier nicht gibt (Fig. 78); je weiter z. B. der Punkt P rechts herausrückt, desto größer wird der Abstand MP. Wenden wir unser Verfahren an, so funktioniert es trotzdem vortrefflich: selbst wenn keiner der Punkte P, Q im Innern oder auf einer Randstrecke liegt, sondern selbst dann, wenn P, Q beide in irgendwelche der 4 Ecken der Figur fallen, kann man offenbar sofort Nachbarpunkte P_1 von P finden, die noch weiter von Q entfernt sind, mit einer einzigen Ausnahme: wenn PQ die Strecke AB ist. Auch hier haben wir wieder ein Prinzip, um bei allen Punktepaaren mit Ausnahme von A, B ein benachbartes

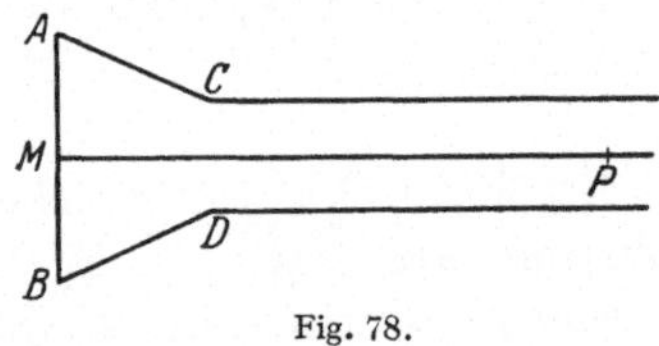

Fig. 78.

zu finden, für das die gewünschte Distanz noch größer ist; kein anderes als A, B kann das Maximum liefern; in straffer Analogie zu den vorigen Beweisen müßte man folgern: also ist AB das Maximum. Man sieht, die Form dieses Schlusses ist völlig analog. Aber hier liefert er ein törichtes Ergebnis. Woher wissen wir dann, daß er in den früheren Fällen überzeugend war?

Der Fehler ist leicht aufzuweisen: wir zeigten ganz zutreffend, kein anderes Punktepaar als die Enden der größten Dreiecksseite kann das Maximum liefern. Aber woher wissen wir dann, daß diese wirklich entfernter voneinander sind als irgend zwei Dreieckspunkte? Wenn wir wüßten, daß es überhaupt eine Lösung der Maximumaufgabe gibt, dann allerdings könnten wir logischerweise schließen, daß es diese eine dann auch wirklich sein muß, da eine andere nicht zur Wahl bleibt. Aber *daß* die Aufgabe überhaupt eine Lösung hat, das fehlt, und das eben bewirkt bei Fig. 78 das sinnlose Ergebnis; denn hier gilt eben dies eine nicht, daß überhaupt ein Maximum vorhanden ist; alle übrigen Schlüsse waren in Ordnung.

Jetzt ist die nicht nur ästhetische, sondern auch logische Bedeutung des in den früheren Vorlesungen gegebenen, scheinbar zu umständlichen Beweises geklärt. Es bleibt nur noch übrig, für die Aufgabe dieser Vorlesung (Fig. 74) nun den schlüssigen Beweis zu liefern, der gerade bei Fig. 78 nicht funktioniert.

Wir schicken eine sehr elementare Bemerkung voran: hat man zwei Parallelen g und h (Fig. 79), so wird das Lot PQ auf beiden von keiner Strecke UV, die einen Punkt der einen mit einem Punkte der anderen Parallelen verbindet, an Länge unterschritten, und noch weniger von einer Strecke $U'V'$, die einen Punkt links von g mit einem Punkt rechts von h verbindet.

Wir brauchen nun unseren Satz für das Dreieck nicht besonders zu behandeln, sondern ohne große Schwierigkeit können wir den Satz über die Maximaldistanz gleich für ein beliebiges n-Eck beweisen.

Seien P, Q irgend zwei Punkte in diesem n-Eck oder auf seinem Rande, so errichten wir in ihnen beiden die Lote g, h auf der Verbindungslinie PQ. Diese schnei-

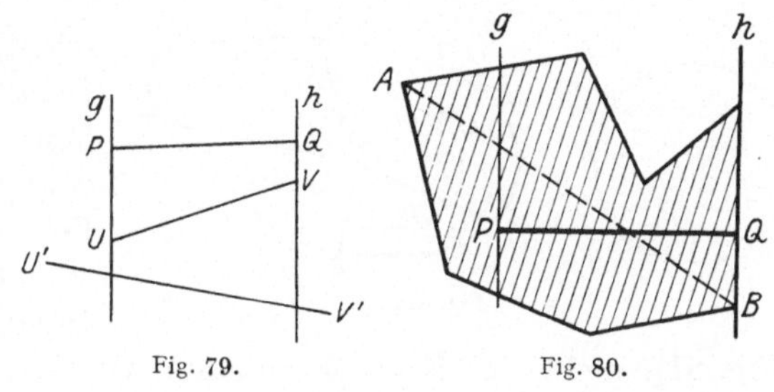

Fig. 79.   Fig. 80.

den aus der gesamten Figur einen Parallelstreifen aus. Aber da auf g zumindest der Punkt P vom n-Eck gelegen ist, muß jenseits von g oder doch äußerstenfalles auf g irgend eine Ecke des n-Eckes gelegen sein, etwa A, und ebenso eine jenseits oder äußerstenfalles auf h, etwa B. Die Distanz AB ist dann jedenfalls nicht unter PQ gelegen, und also ist erst recht nicht die größte aller Distanzen je zweier Eckpunkte des n-Ecks unter PQ gelegen; diese letztere ist also ein Maximum.

Die anschließende Vorlesung wird von einer Maximumaufgabe handeln, die weit schwieriger ist als alle bisher berührten. Es wird nach der (geradlinigen oder krummlinigen) Figur größten Inhaltes bei gegebenem Umfang gefragt werden, und wir werden beweisen, daß keine andere Figur als der Kreis dieses Maximum ergeben kann; den Beweis, daß der Kreis wirklich einen *größeren* Inhalt hat als alle anderen Figuren gleichen Umfangs, werden wir nicht erbringen. Der Umstand, daß der Kreis eine krummlinige Figur ist, bewirkt bereits eine solche Erschwerung der Verhältnisse, daß wir eine ganze Menge Kunst werden aufwenden müssen, um nur diese bescheidene These nachzuweisen. Bevor wir das tun, kam es aber darauf an, prinzipiell klarzulegen, worin die Beschränkung in dieser anschließenden Vorlesung gelegen ist und inwiefern sie nicht die volle Lösung der Aufgabe gibt.

18 b. Die Figur größten Inhalts bei gegebenem Umfang (das STEINERsche Viergelenkverfahren).

Warum haben die Seifenblasen Kugelgestalt? Weil sie, von umgebenden, stärkeren Medien gepreßt, bei unabänderlichem Volumen (ein weiteres Zusammendrücken der Luft kommt hier nicht in Frage) aus Gründen der Kohäsion eine möglichst dicke Oberflächenlamelle zu bilden bestrebt sind, weil sie also die Frage zu lösen vermögen, welcher Körper bei gegebenem Volumen die kleinste Oberfläche hat.

Was jede Seifenblase, jeder Wassertropfen vermag, wollen wir — weit bescheidener nicht im Raum, sondern in zwei Dimensionen — zu bewältigen versuchen: die Aufgabe, unter allen geschlossenen Kurven von gegebenem Inhalt diejenige von kleinstem Umfang zu finden.

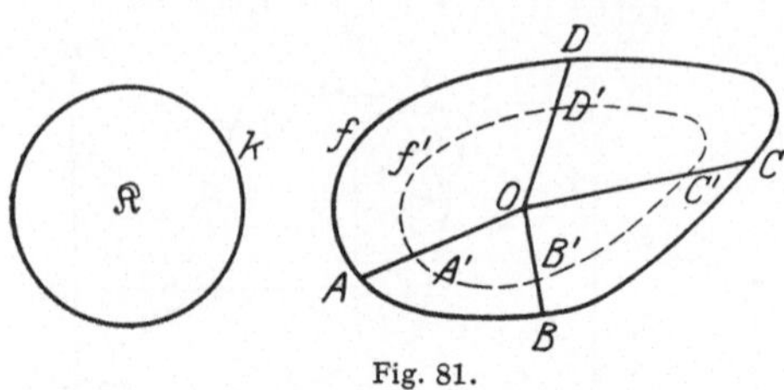

Fig. 81.

1. Die Frage der Überschrift nach der Figur größten *Inhalts* bei gegebenem Umfang klingt nur scheinbar anders als die eben gegebene Formulierung, die Figur kleinsten *Umfangs* bei gegebenem Inhalt zu finden. Denn gesetzt (Fig. 81), nicht der Kreis $\Re$ mit dem Umfang k, sondern irgend eine andere Figur $\mathfrak{F}$ mit dem Umfang f lieferte das Maximum des Inhalts bei gegebenem Umfang, wäre also größer als der Kreis von gleichem Umfang: $\mathfrak{F} > \Re$, während $f = k$, so zeichnen wir die Figur $\mathfrak{F}$ in verkürztem Maßstab, indem wir von irgend einem Punkte O innerhalb von $\mathfrak{F}$ alle nach dem Rande laufenden Strecken OA, OB, $OC, \ldots$ im nämlichen Maßstab verkürzen; und zwar wählen wir diesen veränderlichen Maßstab so, daß die verkürzte Figur $\mathfrak{F}'$ mit dem Umfang f' nun genau den gleichen Flächeninhalt wie $\Re$ hat; dabei hat sich aber auch ihr Umfang verkürzt, und es ist also $f' < k$, d. h. $\mathfrak{F}'$ wäre eine Figur, deren Umfang noch kleiner wäre als der des Kreises von gleichem Inhalt. Wenn aber dies als unmöglich erwiesen ist, ist auch die in der Überschrift gestellte Aufgabe im Sinne des Kreises gelöst. Ebenso könnte man umgekehrt schließen. Beide Formulierungen sind also völlig äquivalent.

2. Wir haben soeben stillschweigend den folgenden Satz über Umfang und Inhalt eines Flächenstückes benutzt:

I. Verkürzt man ein Flächenstück ähnlich von einem Punkte O aus im Maßstab $1:r$, so verhalten sich die Umfänge von ursprünglichem und verkürztem Flächenstück ebenfalls wie $1:r$, die Inhalte wie $1:r^2$.

Wir stellen jetzt zusammen, was wir sonst noch an Sätzen über Umfang und Inhalt brauchen werden. Wie man diese beweist, wollen wir hier gar nicht erörtern. Wir müßten sonst die Frage anschneiden, wie diese Begriffe überhaupt definiert sind. Es ist nicht die Absicht, dies hier zu tun. Wenn man es tut — und das erfordert eine umfassende, systematische Analyse —, so wird man sich ohnedies mit der Gültigkeit der Tatsachen auseinandersetzen müssen, die wir hier mit römischen Zahlen numerieren. Wir jedenfalls werden nichts als diese römisch numerierten Tatsachen benutzen und stehen damit vor einer klaren Sachlage.

II. Ist ein Flächenstück Teil eines anderen, so hat es den kleineren Inhalt (Fig. 82).

Bezüglich des Umfanges gilt der analoge Satz *nicht*, wie Fig. 83 unmittelbar sehen läßt: wenn die Windungen der inneren Fläche nur gründlich genug sind, ist ihr Umfang sicher größer als der der äußeren Kurve. Aber der Satz wird richtig, wenn man sich auf *konvexe* Flächenstücke beschränkt.

Ein Flächenstück heißt konvex, wenn die Verbindungslinie irgend zweier Punkte ihm stets ganz angehört. Fig. 84 zeigt ein *nicht*-konvexes

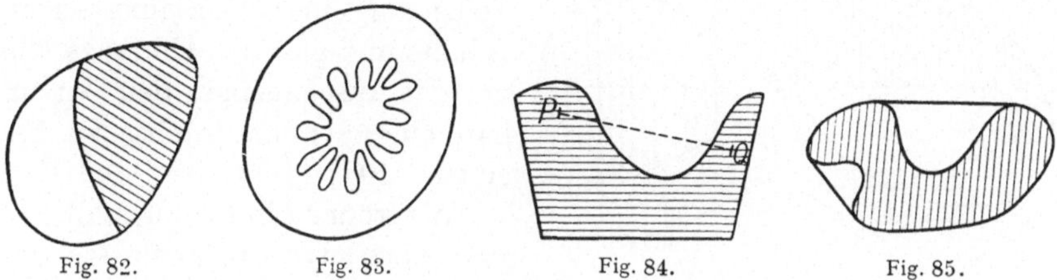

Fig. 82.   Fig. 83.   Fig. 84.   Fig. 85.

Flächenstück: P, Q sind Punkte seines Innern, deren Verbindungsstrecke ihm *nicht* ganz angehört. Es gilt nun

III. Umfaßt ein konvexes Flächenstück ein anderes konvexes Flächenstück, so ist sein Umfang der größere (Fig. 82).

IV. Jedes nicht-konvexe Flächenstück kann zu einem konvexen abgerundet werden, dessen Inhalt vergrößert, dessen Umfang verkleinert ist (Fig. 85).

Diese vier Tatsachen, die wir ohne Erörterung voranstellen, sind anschaulich gewiß völlig evident; bei III könnte dies allenfalls bezweifelt werden. Aber was ist anschauliche Evidenz?

3. Wir treten nun in den STEINERschen Gedankengang ein, den zu schildern das Ziel dieses Vortrags ist. Wir beginnen mit der Feststellung, *daß die Kurve größten Inhalts bei gegebenem Umfang jedenfalls konvex sein muß.* Aus IV und I ist das unmittelbar abzulesen; denn rundet man das Flächenstück gemäß IV zu einem konvexen ab, so hat sich zunächst sein Umfang verkleinert, sein Inhalt vergrößert; erweitert man es jetzt ähnlich in einem solchen Maßstab, daß der alte Umfang wiederhergestellt wird, so hat sich der Inhalt gemäß I erneut vergrößert; d. h. zu jedem nichtkonvexen Flächenstück kann man ein anderes konstruieren vom selben Umfang und größeren Inhalt. Ein nichtkonvexes Flächenstück kann also nie das Maximum des Inhalts bei gegebenem Umfang liefern.

4. Wir brauchen uns also nur noch mit konvexen Kurven zu beschäftigen. Wir zeigen zunächst: *zu einer konvexen Figur von gegebenem Umfang gibt es eine konvexe vom selben Umfang und mindestens gleichen Inhalt, die eine Symmetrieachse aufweist.*

Sei P irgend ein Punkt auf der Kurve (Fig. 86), so suchen wir denjenigen Punkt Q auf ihr, der den von P aus gemessenen vollen Umfang in zwei gleiche Teile teilt. Die Sehne PQ teilt das gegebene Flächenstück in zwei Teile; von diesen betrachten wir den seiner Fläche nach größeren und spiegeln ihn an der Geraden PQ. Dann bildet er mit seinem Spiegelbild zusammen eine Figur, deren Inhalt größer geworden ist, und deren Umfang der alte geblieben ist. Die Ausgangsfigur wäre damit also durch eine *größere* ersetzt, sie gäbe nicht das Maximum des Inhalts bei gegebenem Umfang. Wir führen die Ersetzung des einen Teils der Figur durch den gespiegelten andern auch dann aus, wenn beide Teile den *gleichen* Inhalt haben. In diesem Falle liefert unsere Spiegelung eine neue Figur gleichen Inhalts und gleichen Umfangs, die vor der Ausgangsfigur den Vorzug hat, eine Symmetrieachse zu besitzen, PQ.

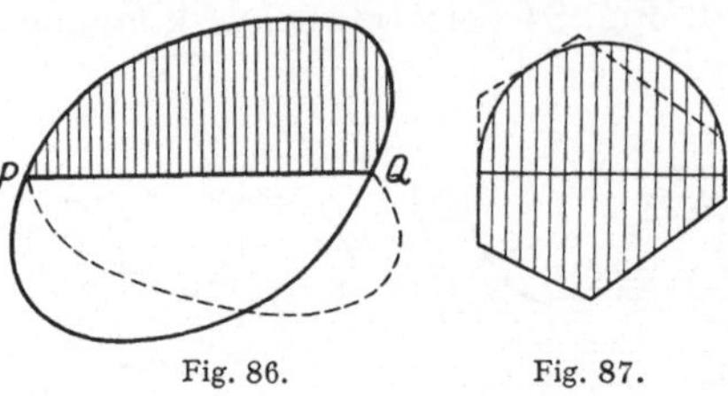

Fig. 86.   Fig. 87.

Wir können in diesem Fall alsbald noch etwas mehr feststellen: ist die Ausgangsfigur ein Kreis, so wird PQ irgendein Durchmesser von ihm sein, und die neue Figur ist der nämliche Kreis geblieben. Aber auch umgekehrt: die neue Figur wird nur dann als ein Kreis ausfallen, wenn die eine Hälfte der alten Figur, diejenige, die wir gespiegelt haben, ein Halbkreis war. Nun wäre es allerdings denkbar, daß diese Halbfigur ein Halbkreis war, die andere Halbfigur aber nicht (Fig. 87); in diesem Falle wäre also die Umkehrung ungültig, nämlich die neue Figur gleichen Umfangs und Inhalts ein Kreis, ohne daß die alte es war. In diesem Falle aber können wir noch verhüten, daß etwas Derartiges eintritt und damit die Gültigkeit jener Umkehrung retten. Denn wir hätten in diesem Falle freie Wahl, welche der beiden gleich großen Halbfiguren wir zur Spiegelung verwenden; wir setzen für diesen Fall einfach fest, daß diejenige der beiden Halbfiguren zu nehmen ist, die *kein* Halbkreis ist.

Nun können wir im Beweise der Behauptung von 4. fortfahren: Sollte die neue Figur nicht konvex sein, so könnte man sie durch Abrunden konvex machen und durch Vergrößerung in passendem Maßstabe den alten Umfang wieder herstellen; die Symmetrieachse würde sie dabei behalten; man könnte sie also effektiv verbessern und sie würde damit für unsere weitere Betrachtung ausgeschieden werden können.

5. Wir wissen bisher soviel: wenn die Ausgangsfigur kein Kreis ist, so können wir sie entweder „verbessern" (dann liefert sie das Maximum sicher nicht), oder wir können eine konvexe Figur mit gleichem Inhalt und gleichem Umfang finden, die sicher kein Kreis ist und die eine Symmetrieachse besitzt.

Wir wollen jetzt zeigen, daß man aus einer konvexen Figur mit Symmetrieachse, die kein Kreis ist, stets eine andere von gleichem Umfang ableiten kann, deren Inhalt nicht nur nicht kleiner, sondern wirklich vergrößert ist. Ist dies gezeigt, so ist dargetan, daß man eine Figur, die *kein* Kreis ist, in *jedem* Falle „verbessern" kann.

Wir folgern als erstes (Fig. 88), daß es auf der begrenzenden Kurve einen Punkt C geben muß, von dem aus die Symmetrieachse $A\,B$ unter *keinem* rechten Winkel erscheint. Denn würde von jedem Punkt der Kurve aus $A\,B$ unter einem rechten Winkel erscheinen, so würde nach dem Satz des THALES oder (wenn man will) nach dem Peripheriewinkel-satz (vgl. S. 21, Fig. 24) die Kurve ein Kreis mit dem Durchmesser $A\,B$ sein, und eben ein Kreis sollte sie *nicht* sein.

Ich konstruiere nun neben dem Dreieck $A\,B\,C$ ein anderes, *recht*winkliges (Fig. 89), das die Katheten $A_1C_1 = A\,C$ und $B_1C_1 = B\,C$ hat, spiegele es an A_1B_1 in $A_1B_1C_1'$ und setze auf die vier Seiten des so entstandenen Vier-

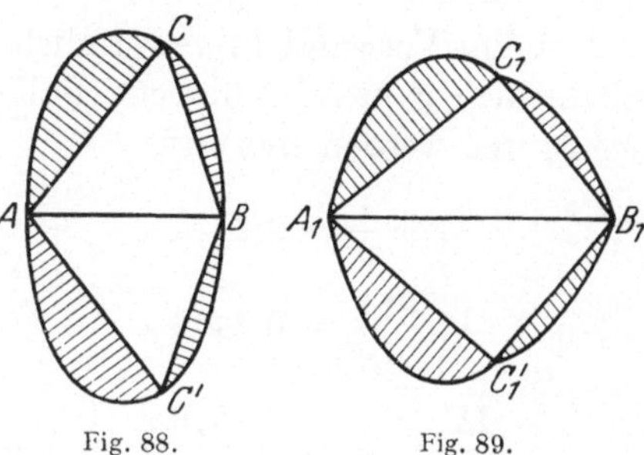

Fig. 88.   Fig. 89.

ecks die vier schraffierten Segmente auf, in unveränderter Gestalt, wie sie in Fig. 88 auf ihnen gesessen hatten. Man hätte dieses ganze Ver-fahren auch so schildern können, daß man sich in Fig. 88 die Seiten des Vierecks $A\,C\,B\,C'$ als Stangen vorstellt, die in den Eckpunkten durch Scharniere verbunden sind und auf denen die vier Segmente starr dar-aufsitzen, und daß man die Gelenke dreht, bis bei C und C' rechte Winkel entstanden sind. Daher der Name: *Steinersches Viergelenkverfahren.*

Der Umfang der so hergestellten Figur ist der alte geblieben; er besteht aus denselben vier Kurvenbogen. Der Inhalt ist, was die vier Segmente betrifft, auch der gleiche geblieben. Es kommt also alles auf den Vergleich der Vierecke an oder der Dreiecke $A\,B\,C$ und $A_1B_1C_1$, von denen jene Vierecke aus Symmetriegründen das Doppelte sind. Der Inhalt eines Dreiecks ist nach einem bekannten Satze $\frac{1}{2}$ mal Grund-linie mal Höhe. Das Dreieck $A_1B_1C_1$ hat also den Inhalt $\frac{1}{2} \cdot A_1C_1 \cdot B_1C_1$. Die Höhe von $A\,C\,B$, die man von B auf $A\,C$ fällen kann, ist, da der Winkel bei C *kein* rechter ist, sicher *kleiner* als $B\,C$, also der Inhalt kleiner als $\frac{1}{2} \cdot A\,C \cdot B\,C$. Nun ist $A_1C_1 = A\,C$, $B_1C_1 = B\,C$, also der Inhalt von $A\,C\,B$ sicher *kleiner* als der von $A_1C_1B_1$, und daher also die neue Figur sicher von größerem Inhalt als die alte.

Damit ist alles gezeigt: zu jeder Figur, die kein Kreis ist, kann man eine andere hinzukonstruieren von demselben Umfang, die einen größeren Inhalt hat. Keine Figur außer dem Kreis kann also die maxi-male gegebenen Umfangs sein.

Inwiefern damit das volle Problem nicht erledigt ist, inwiefern noch nicht erschöpfend gezeigt ist, daß der Kreis wirklich inhaltlich größer als alle anderen Figuren gleichen Umfangs ist, darüber ist in der voran-stehenden Nummer Genaueres gesagt. Die volle Erledigung dieser Frage würde sich ihrem entscheidenden Gedankengange nach immerhin hier vollziehen lassen; jedoch würde man dazu eine mathematische Technik benötigen, die innerlich nur der überschauen kann, der sich ihrer Einübung systematisch widmet, und das entspricht nicht der Absicht dieses Buches.

19. Die periodischen Dezimalbrüche.

1. Beim Verwandeln gewöhnlicher Brüche in Dezimalbrüche treten bekanntlich ganz verschiedene Fälle auf, die durch folgende Beispiele angedeutet werden mögen:

$$\text{I} \quad \frac{1}{5} = 0,2 \quad , \quad \frac{3}{40} = 0,075 \quad ,$$

$$\text{II} \quad \frac{4}{9} = 0,4444\ldots, \quad \frac{1}{7} = 0,142\,857\,142\,857\ldots,$$

$$\text{III} \quad \frac{1}{6} = 0,1666\ldots, \quad \frac{7}{30} = 0,2333\ldots \quad .$$

Die Beispiele I sind die einfachsten, sie lassen sich, wenn man auf die Bedeutung der Dezimalbrüche als solche Brüche, deren Nenner Zehnerpotenzen sind, zurückgeht, auch so schreiben:

$$\frac{1}{5} = \frac{2}{10}, \quad \frac{3}{40} = \frac{75}{1000}.$$

Die Gleichungen bieten nichts Besonderes. Sie besagen nur, daß die gegebenen Brüche so „erweitert" worden sind, daß ihre Nenner Potenzen von 10 geworden sind. Das wird bei allen Brüchen möglich sein, deren Nenner in einer hinreichend hohen Potenz von 10 aufgehen. Das einfache Kennzeichen für solche Nenner ist, daß sie keine anderen Primfaktoren wie 2 und 5 enthalten. In der Tat, eine Zahl $2^\alpha \cdot 5^\beta$ geht auf in 10^γ, wo γ die größere der beiden Zahlen α und β ist. Ein Bruch mit dem Nenner $2^\alpha \cdot 5^\beta$ läßt sich also stets durch Erweitern in einen Dezimalbruch mit dem Nenner 10^γ verwandeln.

2. Enthält der Nenner eines Bruches noch einen weiteren, nicht durch 2 oder 5 teilbaren Faktor k, so kann man ihn durch Erweitern offenbar nicht in einen Dezimalbruch verwandeln, denn die Annahme

$$\text{würde besagen} \qquad \frac{1}{2^\alpha \cdot 5^\beta \cdot k} = \frac{a}{10^\delta} = \frac{a}{2^\delta \cdot 5^\delta},$$

$$2^{\delta-\alpha} \cdot 5^{\delta-\beta} = a \cdot k,$$

d. h. k wäre (da es nicht 1 sein soll) doch durch 2 oder 5 teilbar, da wegen der Eindeutigkeit der Primfaktorenzerlegung keine anderen Primzahlen außer 2 und 5 in $a \cdot k$, also speziell in k auftreten könnten.

In II und III sind solche Beispiele vorgeführt. Man sagt hier, die Brüche $\frac{4}{9}, \frac{1}{7}, \frac{1}{6}$ und $\frac{7}{30}$ lassen sich in einen „unendlichen Dezimalbruch" verwandeln. Nun, ein solcher ist eigentlich gar kein Dezimal*bruch*. Denn welchen Nenner hat er denn? Da in einem „unendlichen Dezimal-

bruch" keine Dezimalstelle die letzte ist, so kann keine Zehnerpotenz·
den genügend großen Nenner eines solchen Bruches abgeben, und wie
wir uns allgemein überlegt haben, kann auch ein Bruch, dessen Nenner
z. B. durch 3 teilbar ist, gar nicht durch passendes Erweitern in einen
Dezimalbruch erweitert werden.

Mit dem Worte „unendlicher Dezimalbruch" ist also ein Dezimalbruch in einem verallgemeinerten, uneigentlichen Sinne gemeint. Uns
interessiert hier nur die formelle Seite dieses neuen mathematischen
Gebildes: Der Prozeß des Verwandelns eines gewöhnlichen Bruches
in einen Dezimalbruch bricht nicht ab, sondern liefert unaufhörlich
weitere Stellen des unendlichen Dezimalbruches. Und zwar sind die
hierbei erzielten unendlichen Dezimalbrüche insbesondere *periodisch*,
d. h. ihre Ziffernfolge weist (von einer gewissen Stelle an) lückenlos
Wiederholungen einer gewissen Zifferngruppe und keine andern Ziffern
auf. Da es nur 10 Ziffern gibt, muß in einem unendlichen Dezimalbruch
gewiß die eine oder die andere Ziffer wiederholt vorkommen, aber
darum braucht natürlich nicht jeder unendliche Dezimalbruch periodisch zu sein. Ein Beispiel eines unendlichen nicht periodischen Dezimalbruches ist

$$0{,}101\ 001\ 0001\ 00001\ldots,$$

der so gebildet sein soll, daß nur Nullen und Einsen vorkommen und
daß auf die $n$te Ziffer 1 genau n Nullen folgen.

3. Für Brüche, deren Nenner außer 2 und 5 noch andere Primfaktoren
enthalten, sind in II und III Beispiele angegeben. Für solche Brüche
wollen wir beweisen, daß sie zu periodischen Dezimalbruchentwicklungen Anlaß geben. Den zu einem Bruch gehörenden Dezimalbruch
gewinnt man bekanntlich durch fortgesetztes Dividieren:

$$1 : 7 = 0{,}142857\ldots\ldots$$
$$
\begin{array}{r}
10 \\
7 \\
\hline
30 \\
28 \\
\hline
20 \\
14 \\
\hline
60 \\
56 \\
\hline
40 \\
35 \\
\hline
50 \\
49 \\
\hline
1
\end{array}
$$

Sobald der Rest 1 auftritt, beginnt hier das Rechenverfahren, das
von 1 ausgeht, von neuem, also wiederholt sich die Reihenfolge der

Reste 1, 3, 2, 6, 4, 5 und die Folge der Quotienten 1, 4, 2, 8, 5, 7 immer von neuem, d. h. der resultierende Dezimalbruch hat die Periode 142857. Da wir auch weiterhin noch mehrfach Divisionsaufgaben der eben durchgeführten Art behandeln müssen, so wollen wir eine abkürzende Darstellung einführen. Wir schreiben

$$1 : 7 = 0,\overline{142857}\ldots,$$
$$\text{1 3 2 6 4 5 1}$$

indem wir die Reste jedesmal in kleinen Ziffern unter den neu gewonnenen Quotienten angeben. Die Periode des unendlichen Dezimalbruches wollen wir stets durch Überstreichen zusammenfassen.

Ein anderes Beispiel ist

$$3 : 41 = 0,\overline{0\ 7\ 3\ 1\ 7}\ldots.$$
$$\text{[3   30 13 7 29 3}$$

Hier beginnt beim Auftreten des Restes 3 die Divisionsaufgabe sich zu wiederholen, da sie ja von 3 ausgegangen ist. Schon vorher können dabei die *Quotienten* sich wiederholen, wie hier die Ziffer 7; das Wiederkehren der *Reste* jedoch ist das entscheidende Kriterium für die Wiederholung des Divisionsprozesses und damit für den Abschluß der Periode.

Beim Fortsetzen der Division muß nun aber wirklich einmal ein Rest auftauchen, der schon da war. (Der Zähler des Bruches ist mit zu den „Resten" gezählt.) Es gibt nämlich nur endlich viele verfügbare Reste, und zwar beim Entwickeln von $\frac{a}{b}$, beim Dividieren von a durch b die Reste $1, 2, 3, \ldots, b - 1$, also einen weniger, als der Nenner b in $\frac{a}{b}$ angibt. Der Rest 0 kommt hier nämlich nicht vor, da dies das Aufgehen der Division bedeuten und damit zu einem *endlichen* Dezimalbruch führen würde. Das wäre aber, wie wir oben gesehen haben, nur bei einem Nenner möglich, der sich nur aus den Primfaktoren 2 und 5 zusammensetzt. Also muß die Entwicklung von $\frac{a}{b}$ einen periodischen Dezimalbruch ergeben, und zwar kann die Periode höchstens $b - 1$ Stellen umfassen. Für $\frac{1}{7}$ wird diese Maximallänge erreicht, für $\frac{3}{41}$ nicht, wie unsere Beispiele zeigen. Ein weiteres Beispiel für die Maximallänge einer Periode ist

$$\frac{1}{17} = 0,\overline{0\ 5\ 8\ 8\ 2\ 3\ 5\ 2\ 9\ 4\ 1\ 1\ 7\ 6\ 4\ 7}\ldots$$
$$\phantom{\frac{1}{17} = 0,}\text{1 10 15 14 4 6 9 5 16 7 2 3 13 11 8 12 1}$$

mit der Periodenlänge $b - 1 = 17 - 1 = 16$.

4. Wir betrachten nun nur Brüche, deren Nenner zu 10 teilerfremd sind, also die Faktoren 2 und 5 überhaupt nicht enthalten. Dann können wir die maximale Stellenzahl der Periode von $\frac{a}{b}$ noch etwas genauer bestimmen.

Der Bruch $\frac{a}{b}$ wird selbstverständlich als *gekürzt* angenommen, also a teilerfremd zu b. Dann können beim Dividieren nur solche Reste auftreten, die auch teilerfremd zu b sind. Es sei nämlich r ein zu b teilerfremder Rest. Der nächste Schritt der Rechnung besteht dann im Dividieren von $10 \cdot r$ durch b. Es sei q der dabei auftretende Quotient, es gehe also b $q$mal in $10\,r$ auf, wobei ein Rest r_1 übrigbleiben möge:

$$10\,r = q\,b + r_1$$

oder

$$(1) \qquad\qquad r_1 = 10\,r - q\,b\,.$$

Dann ist auch r_1 zu b teilerfremd, da kein Primteiler von b in 10 noch in r aufgeht, also auch nicht in $10\,r$ und auch nicht in $10\,r - q\,b$ aufgehen kann. Also folgt auf einen zu b teilerfremden Rest r stets ein ebensolcher r_1. Da nun von einem zu b teilerfremden „Rest" a ausgegangen wurde, treten auch weiterhin nur zu b teilerfremde Reste auf. Daher können wir schließen, daß die Periode von $\frac{a}{b}$ höchstens *so lang sein kann, wie die Anzahl der zu b teilerfremden Reste.*

Die Anzahl der zu einer Zahl b teilerfremden Reste ist eine auch an sich interessante Zahl. Man bezeichnet sie in der Zahlentheorie üblicherweise mit $\varphi\,(b)$. Es ist z. B. $\varphi\,(2) = 1$, $\varphi\,(3) = 2$, $\varphi\,(4) = 2$, $\varphi\,(5) = 4$, $\varphi\,(6) = 2$, $\varphi\,(7) = 6$, $\varphi\,(8) = 4$. Da speziell zu einer Primzahl p alle $p - 1$ vorangehenden Zahlen teilerfremd sind, so gilt für jede Primzahl p

$$(2) \qquad\qquad \varphi\,(p) = p - 1\,.$$

Zusammenfassend können wir also sagen: Die Periode von $\frac{a}{b}$ bei zu 10 teilerfremdem b hat höchstens $\varphi\,(b)$ Stellen.

5. Wir hatten bewiesen, daß in dem unendlichen Dezimalbruch für $\frac{a}{b}$ eine Periode auftreten muß, wenn b auch nur einen von 2 und 5 verschiedenen Primfaktor besitzt. Es mußte sich nämlich aus den endlich vielen möglichen Resten einmal einer wiederholen. Damit wissen wir zwar, *daß* es eine Periode geben muß, aber noch nicht, *wo* die Periode beginnt. In den Beispielen II beginnt die Periode gleich hinter dem Komma, in III dagegen erst nach Überspringen von einigen Ziffern hinter dem Komma. Nun sind die Nenner von II so gewählt, daß sie keinen gemeinsamen Teiler a mit 10 haben, und wir wollen nun zeigen, daß die Periode des Dezimalbruchs zu $\frac{a}{b}$ stets gleich hinter dem Komma beginnt, wenn b zu 10 teilerfremd ist. Dazu werden wir zeigen müssen, daß der zuerst wiederholte Rest der früheste auftretende, also der Zähler selber ist. Stimmen nämlich zwei Reste überein, $r_m = r_n$, so müssen auch die beiden vorangehenden Reste r_{m-1} und r_{n-1} (wenn

es vor beiden noch vorangehende gibt) übereinstimmen. Denn r_m und r_n haben sich beim Dividieren von $10\,r_{m-1}$ bzw. $10\,r_{n-1}$ ergeben:

$$10\,r_{m-1} = q_{m-1}\cdot b + r_m\,,$$
$$10\,r_{n-1} = q_{n-1}\cdot b + r_n\,,$$

woraus durch Subtrahieren wegen $r_m = r_n$

$$10\,(r_{m-1} - r_{n-1}) = (q_{m-1} - q_{n-1})\,b$$

folgt. Also ist $10\,(r_{m-1} - r_{n-1})$ durch b teilbar. Da aber b zu 10 teilerfremd ist, muß schon $r_{m-1} - r_{n-1}$ durch b teilbar sein. Die Differenz $r_{m-1} - r_{n-1}$ muß also in der Serie

$$0\,,\quad \pm\,b\,,\quad \pm\,2\,b\,,\quad \pm\,3\,b\,,\dots$$

vorkommen. Da aber r_{m-1} und r_{n-1} Reste, also kleiner als b sind, ist ihre Differenz von kleinerem Betrage als b, so daß nur

$$r_{m-1} - r_{n-1} = 0$$
oder
$$r_{m-1} = r_{n-1}$$

übrigbleibt. Die Periode beginnt also so früh wie möglich, folglich gleich hinter dem Komma.

6. Bezeichnen wir mit λ die Periodenlänge, so haben wir also beim Entwickeln von $\dfrac{a}{b}$ in einen Dezimalbruch nach λ Divisionsschritten wieder den Rest a. Bei jedem Divisionsschritt ist aber eine Null „heruntergeholt" worden; insgesamt haben wir also nicht a, sondern $a\cdot 10^\lambda$ dividiert und dabei den Rest a erhalten. Folglich ist $a\cdot 10^\lambda - a$ durch b teilbar. Da nun

$$a\cdot 10^\lambda - a = a\,(10^\lambda - 1)$$

ist und a teilerfremd zu b sein soll, heißt dies, daß $10^\lambda - 1$ durch b teilbar sein muß. Und zwar ist λ die *kleinste* Zahl, für die $10^\lambda - 1$ durch b teilbar wird. Denn die Periode schließt beim *ersten* Wiederauftreten des Restes a, also ist λ die kleinste Zahl, für die $a\cdot 10^\lambda$ beim Dividieren durch b den Rest a läßt, woraus die Behauptung folgt.

Wir haben also den Satz

I. *Die Länge λ der Periode von $\dfrac{a}{b}$ ist die kleinste Zahl λ, für die $10^\lambda - 1$ durch b teilbar ist.*

In diesem Satze sind zwei Aussagen mit enthalten, die hervorgehoben zu werden verdienen. Es ist *erstens* darin ausgesprochen, daß es überhaupt zu gegebenem zu 10 teilerfremdem b einen Exponenten λ geben muß, so daß $10^\lambda - 1$ durch b teilbar ist. Die nicht selbstverständliche Existenz eines solchen λ wird hier dadurch erwiesen, daß der Exponent λ sich als Stellenzahl der Periode erweist, von der ihrerseits die Existenz in 3 erwiesen worden ist. *Zweitens* ergibt sich λ hier als nur von b, *nicht* von a abhängig. Alle gekürzten Brüche $\frac{a}{b}$ mit gleichem Nenner b haben die gleiche Periodenlänge λ, deren Abhängigkeit von b wir auch durch die Bezeichnung $\lambda = \lambda\,(b)$ andeuten wollen.

7. Wir wollen nun nebeneinander die Dezimalbruchentwicklungen von $\frac{a}{b}$ für verschiedene a betrachten. Wir hatten schon die Entwicklung

$$1 : 7 = 0,\overline{142857}\ldots,$$
$$\text{1 3 2 6 4 5 1}$$

und rechnen zum Vergleich aus:

$$2 : 7 = 0,\overline{285714}\ldots.$$
$$\text{2 6 4 5 1 3 2}$$

Die zu $\frac{2}{7}$ gehörende Periode 285714 geht aus der zu $\frac{1}{7}$ gehörenden 142857 einfach durch eine zyklische Umordnung hervor. Das wird sofort klar, wenn man bedenkt, daß der Rest 2, mit dem die Entwicklung von $\frac{2}{7}$ beginnt, ja auch unter den Resten der Entwicklung von $\frac{1}{7}$ vorkommt und von diesen übereinstimmenden Resten an auch die Divisionsoperationen übereinstimmen müssen. Auch die Reste 3, 4, 5, 6 finden sich unter den bei $\frac{1}{7}$ auftretenden; und in der Tat, es müssen hier ja alle sechs zu 7 gehörenden Reste vorkommen, da die Entwicklung von $\frac{1}{7}$ eine Periode von 6 Stellen hat. Wenn man die Ziffernfolge in der Periode sich zyklisch denkt, d. h. hinter der letzten wieder von vorn anfangend und zu jeder Periodenziffer den Rest, aus dem sie durch Dividieren hervorgeht,

$$\begin{array}{ll} \text{Reste} & 132\,645 \\ \text{Quotienten} & 142\,857 \end{array},$$

so kann man aus dieser Tabelle sofort ablesen, daß die Entwicklung von $\frac{6}{7}$ eine Periode hat, die mit 8 beginnt und daher 857142 heißen muß, also $\frac{6}{7} = 0,\overline{857142}\ldots$ usw.

Nicht nur in der Quotientenentwicklung treten Perioden auf, sondern auch die Reste wiederholen sich periodisch, wie wir gleich zu Anfang unserer Untersuchung festgestellt haben. Wir wollen daher jetzt nicht mehr von Perioden schlechtweg, sondern von *Quotientenperioden* und *Resteperioden* sprechen.

8. Nicht immer braucht die Periode von $\frac{a}{b}$ die Länge $\varphi\,(b)$ zu erreichen, die sie jedenfalls nach unseren Überlegungen nicht überschreiten kann. Für $\frac{1}{7}$ und $\frac{1}{17}$ tritt die Maximallänge auf, wie unsere Beispiele zeigen, für $\frac{3}{41}$ dagegen nicht. Wie lang die Periode in Wirk-

lichkeit ausfällt, ist eine schwierige Frage und eigentlich nur von Fall zu Fall durch wirkliches Ausrechnen zu bestimmen. Immerhin können wir noch Aussagen über die *wirkliche Periodenlänge* $\lambda\,(b)$ machen, die über $\lambda\,(b) \leqq \varphi\,(b)$ noch hinausgehen.

Wir entwickeln unsere Überlegungen an dem neuen Beispiel $\frac{1}{21}$, für das sich $\lambda\,(21) < \varphi\,(21)$ herausstellt. Wir haben als Anzahl $\varphi\,(21)$ der zu 21 teilerfremden Reste:

$$\varphi\,(21) = 12\,,$$

wie man leicht nachzählen kann. Dagegen erhält man

$$1:21 = 0,\overline{0\ \ 4\ \ 7\ \ 6\ \ 1\ \ 9}\ \ldots\,,$$
$$\ \scriptstyle{1\ \ 10\ 16\ 13\ 4\ 19\ 1}$$

also nur die Periodenlänge $\lambda\,(21) = 6$. Es treten beim Divisionsprozeß also nicht alle 12 zu 21 teilerfremden Reste auf, sondern nur 6, die wir samt den zugehörigen Quotienten wieder in einer Tabelle zusammenstellen:

(A)

Reste	1 10 16 13 4 19
Quotienten	0 4 7 6 1 9

Aus dieser Tabelle liest man z. B. ab:

$$\frac{10}{21} = 0,\overline{476190}\ldots\,, \qquad \frac{4}{21} = 0,\overline{190476}\ldots.$$

Dagegen kommt der Rest 2 nicht vor, und $\frac{2}{21}$ muß daher etwas Neues liefern. In der Tat:

$$2:21 = 0,\overline{0\ \ 9\ \ 5\ \ 2\ \ 3\ \ 8}\ \ldots\,,$$
$$\ \scriptstyle{2\ \ 20\ 11\ \ 5\ \ 8\ 17\ 2}$$

was die Tabelle ergibt:

(B)

Reste	2 20 11 5 8 17
Quotienten	0 9 5 2 3 8

Hier ist nicht nur der eine neue Rest 2 aufgetreten, sondern lauter neue Reste. Es war auch von vornherein einzusehen, daß hier keiner von den alten Resten vorkommen konnte. Denn jeder Rest bestimmt den Fortgang der Entwicklung eindeutig, speziell also zieht jeder Rest aus Tabelle (A) die ganze sechsstellige Periode der Reste aus (A) nach sich. Enthielte also die Resteperiode aus (B) auch nur einen Rest aus (A), so müßte sie alle aus (A) enthalten und könnte daher auch, da sie nur 6 Stellen aufweist, keinen in (A) nicht vorkommenden Rest enthalten, was nicht stimmt, da der Rest 2 unter den in (A) nicht vorkommenden Resten gewählt worden war. In den beiden Tabellen (A) und (B) zusammen sind nun alle $\varphi\,(21) = 12$ Reste enthalten, die als Zähler von gekürzten echten Brüchen mit dem Nenner 21 möglich sind.

9. In der Konstruktion der Tabellen (A) und (B) für den Nenner 21 liegt ein allgemeiner Gedanke, den wir nun herausheben wollen.

Wenn die Entwicklung von $\dfrac{1}{b}$ die maximale Periodenlänge $\lambda\,(b) = \varphi\,(b)$ hat, so gibt es nur eine Periodentabelle, wie für $\dfrac{1}{7}$ in Nr. 7 dieser Vorlesung.

Ist dagegen $\lambda\,(b) < \varphi\,(b)$, wie für $b = 21$, so können bei der Entwicklung von $\dfrac{1}{b}$ nur $\lambda\,(b)$ Reste vorkommen, mit denen wir eine Tabelle (A) entwerfen. Diese enthält aber nicht alle $\varphi\,(b)$ zu b teilerfremden Reste, sondern nur $\lambda\,(b)$, also weniger als φ (b). Es sei nun r ein in (A) nicht enthaltener Rest. Dann entwickeln wir $\dfrac{r}{b}$ und erhalten eine Dezimalbruchentwicklung, deren Perioden gleichfalls $\lambda\,(b)$ Stellen enthält, wie wir aus 6. wissen. Die hierbei vorkommenden Reste und Quotienten bringen wir in einer neuen Tabelle (B) unter, die nun den in (A) nicht auftretenden Rest r und auch sonst lauter in (A) nicht vorhandene Reste aufweisen wird. Denn jeder Rest aus (A) zieht alle andern Reste aus (A) nach sich, würde also das Vorkommen von r ausschließen.

Die Tabellen (A) und (B) zusammen enthalten $2\cdot\lambda\,(b)$ verschiedene zu b teilerfremde Reste. Entweder sind dies alle möglichen, also $2\,\lambda\,(b) = \varphi\,(b)$, oder es gibt noch andere. Ist dann s ein solcher, der weder in (A) noch in (B) vorkommt, so entwickeln wir $\dfrac{s}{b}$ und stellen danach die Periodentabelle (C) her, die nun sogar $\lambda\,(b)$ neue, weder in (A) noch in (B) vorhandene Reste enthält. Insgesamt wären das jetzt $3\,\lambda\,(b)$ verschiedene, zu b teilerfremde Reste. Wenn $3\,\lambda\,(b) = \varphi\,(b)$ ist, so sind alle in Frage kommenden Reste erschöpft. Sonst wiederholen wir das Verfahren und konstruieren eine Restetabelle nach der andern, bis der aus $\varphi\,(b)$ Resten bestehende Vorrat erschöpft ist. Das Wesentliche ist, daß stets *ein* tabellierter Rest sogleich $(\lambda - 1)$ weitere neue Reste zutage fördert.

Nach Beendigung dieser Tabellierung haben wir alle $\varphi\,(b)$ zu b teilerfremden Reste in, sagen wir, k Tabellen untergebracht, von denen keine irgendeinen Rest mit einer andern gemeinsam hat. Dann ist also

$$(3) \qquad\qquad \varphi\,(b) = k\cdot\lambda\,(b)\,.$$

Damit haben wir den Satz gewonnen:

Die Periodenlänge λ (b) ist ein Teiler von φ (b).[1]

Für eine Primzahl p ist $\varphi\,(p) = p - 1$, wie schon oben bemerkt. Speziell haben wir also das Ergebnis, daß die Periodenlänge $\lambda\,(p)$ von $\dfrac{a}{p}$ für eine Primzahl p ein Teiler von $p - 1$ ist, wofür wir schon die Beispiele $\lambda\,(3) = 1$, $\lambda\,(7) = 6$, $\lambda\,(17) = 16$, $\lambda\,(41) = 5$ unter unseren Rechnungen finden.

---

[1] Der „unechte" Teiler φ (b) selbst ist dabei nicht ausgeschlossen.

Die Verteilung der Reste auf die verschiedenen Perioden mag noch an dem Beispiel des Nenners 39 durchgeführt werden. Es ist

$$\text{(A)}\qquad 1:39 = 0,\ \overline{0\ 2\ 5\ 6\ 4\ 1}\ldots,$$
$$\phantom{\text{(A)}\qquad 1:39 = 0,\ }1\ \ 10\ 22\ 25\ 16\ \ 4\ \ 1$$

woraus man die Reste- und Quotiententabelle leicht herstellen könnte. Es fragt sich nur, ob hier alle zu 39 teilerfremden Reste schon vorkommen. Offensichtlich fehlt hier schon der Rest 2, den wir zur Konstruktion der nächsten Periodentabelle benutzen:

$$\text{(B)}\qquad 2:39 = 0,\ \overline{0\ 5\ 1\ 2\ 8\ 2}\ldots.$$
$$\phantom{\text{(B)}\qquad 2:39 = 0,\ }2\ \ 20\ \ 5\ \ 11\ 32\ \ 8\ \ 2$$

Hier haben wir 6 neue Reste. Der kleinste zu 39 teilerfremde Rest, der in (A) und (B) noch nicht aufgetreten ist, ist 7. Von 7 aus gewinnen wir eine neue Tabelle von Resten und Quotienten:

$$\text{(C)}\qquad 7:39 = 0,\ \overline{1\ 7\ 9\ 4\ 8\ 7}\ldots.$$
$$\phantom{\text{(C)}\qquad 7:39 = 0,\ }7\ \ 31\ 37\ 19\ 34\ 28\ \ 7$$

Unter den 18 Resten in (A), (B) und (C) fehlt als kleinster zu 39 teilerfremder Rest die Zahl 14, von der wir aufs neue ausgehen:

$$\text{(D)}\qquad 14:39 = 0,\ \overline{3\ 5\ 8\ 9\ 7\ 4}\ldots.$$
$$\phantom{\text{(D)}\qquad 14:39 = 0,\ }14\ \ 23\ 35\ 38\ 29\ 17\ 14$$

Jetzt haben wir 24 verschiedene, zu 39 teilerfremde Reste aufgezählt, und in der Tat sind dies alle. Denn unter den Zahlen 1 bis 39 haben nur die durch 3 und die durch 13 teilbaren einen gemeinsamen Teiler mit 39. Die durch 3 teilbaren sind ein Drittel aller Zahlen von 1 bis 39, also 13 Zahlen. Außerdem noch die beiden durch 13 teilbaren Zahlen 13 und 26 (dagegen ist die Zahl 39 als durch 3 teilbar schon vorhin in Anschlag gebracht). Im ganzen haben 15 Zahlen von 1 bis 39 mit 39 einen gemeinsamen Teiler, bleiben also $39 - 15 = 24$ teilerfremde Reste übrig. D. h. $\varphi(39) = 24$, und damit stimmt die Feststellung $\lambda(39) = 6$. Es ist $\varphi(39) = 4 \cdot \lambda(39)$, daher gibt es 4 Reste- und Quotientenperioden.

10. Aus unseren Kenntnissen über die Periodenlänge wollen wir noch einen wichtigen Schluß ziehen, dazu bedürfen wir nur des folgenden einfachen Hilfssatzes:

Sind x und k ganze positive Zahlen, so ist $x^k - 1$ durch $x - 1$ teilbar.

Dieser Hilfssatz ist sofort klar, wenn wir uns an die geometrische Reihe $1 + x + x^2 + \cdots + x^{k-1}$ erinnern; denn zur Summation dieser Reihe nimmt man einfach die Multiplikation mit $(x - 1)$ vor:

$$(1 + x + x^2 + \cdots + x^{k-1})(x - 1) = x^k - 1,$$

wo sich bei der Zusammenfassung nach der Multiplikation die meisten Glieder weggehoben haben. Setzen wir nun $x = 10^{\lambda(b)}$, so folgt aus dem Hilfssatz, daß $10^{\lambda(b)} - 1$ ein Teiler von $10^{k \cdot \lambda(b)} - 1$ ist. Wir wählen speziell das in Gleichung (3) auftretende k und stellen daher fest, daß

$$10^{k\lambda(b)} - 1 = 10^{\varphi(b)} - 1$$

ist und somit $10^{\lambda(b)} - 1$ ein Teiler von $10^{\varphi(b)} - 1$ ist. Nach dem Satze von Nr. 6 ist aber b ein Teiler von $10^{\lambda(b)} - 1$, also auch ein Teiler von $10^{\varphi(b)} - 1$. Wir sprechen dies in dem Satze aus:

Ist b eine zu 10 teilerfremde Zahl, so ist $10^{\varphi(b)} - 1$ durch b teilbar.

Dieser Satz enthält nichts mehr von periodischen Dezimalbrüchen, da $\varphi(b)$ eine davon ganz unabhängige Bedeutung hat. Die Gleichung (2) ergibt noch den Spezialfall:

Ist p eine nicht in 10 aufgehende Primzahl, so ist $10^{p-1} - 1$ durch p teilbar.

In diesen beiden Sätzen ist die Zahl 10 durchaus unwesentlich. Sie ist nur durch den Zufall hineingekommen, daß unser gebräuchliches Ziffernsystem auf der Grundzahl 10 aufgebaut ist. Durch Betrachtung eines Ziffernsystems mit der beliebigen Grundzahl g und der dazugehörigen „g-adischen Brüche" würde man durch sonst unveränderte Wiederholung unserer Schlüsse zu der Folgerung gelangen:

II. Ist b eine zu g teilerfremde Zahl, so ist $g^{\varphi(b)} - 1$ durch b teilbar, und speziell:

III. Ist die Primzahl p kein Teiler von g, so ist $g^{p-1} - 1$ durch p teilbar.

Hier hat sich uns ein Satz ergeben, der über das speziell vorliegende Thema der periodischen Dezimalbrüche wesentlich hinausgeht und der einer der fundamentalen Sätze der klassischen Zahlentheorie ist. Man benennt den Satz III nach seinem Entdecker FERMAT, und zwar bezeichnet man ihn als den „kleinen Fermatschen Satz" im Gegensatz zu dem noch unbewiesenen „großen", den wir in Vorlesung 13 erwähnt haben. Satz II ist die Eulersche Verallgemeinerung des kleinen Fermatschen Satzes.

Einige Beispiele mögen noch diese Sätze illustrieren:

$p = 5$:

$$2^{5-1} - 1 = 15 = 3 \cdot 5,$$
$$3^{5-1} - 1 = 80 = 16 \cdot 5,$$
$$4^{5-1} - 1 = 255 = 51 \cdot 5,$$

$p = 7$:

$$2^{7-1} - 1 = 63 = 9 \cdot 7,$$
$$3^{7-1} - 1 = 728 = 104 \cdot 7,$$
$$5^{7-1} - 1 = 15624 = 2232 \cdot 7,$$
$$10^{7-1} - 1 = 999999 = 142857 \cdot 7,$$

$b = 6$, $\varphi(b) = 2$:

$$5^2 - 1 = 24 = 4 \cdot 6,$$
$$7^2 - 1 = 48 = 8 \cdot 6,$$

$$b = 9, \quad \varphi(9) = 6:$$

$$2^6 - 1 = 63 \quad = 7 \cdot 9,$$
$$4^6 - 1 = 4095 = 455 \cdot 9,$$
$$5^6 - 1 = 15624 = 1736 \cdot 9,$$

$$b = 10, \quad \varphi(10) = 4:$$

$$3^4 - 1 = 80 \quad = 8 \cdot 10,$$
$$7^4 - 1 = 2400 = 240 \cdot 10,$$
$$9^4 - 1 = 6560 = 656 \cdot 10.$$

11. Nach dieser Abschweifung kehren wir zu den periodischen Dezimalbrüchen zurück. Wir haben schon festgestellt, daß die Entwicklung des gekürzten Bruches $\frac{a}{b}$, in dem der Nenner b teilerfremd zu 10 ist, auf einen periodischen Dezimalbruch führt, dessen Periode gleich hinter dem Komma beginnt.

Wenn umgekehrt ein periodischer Dezimalbruch vorliegt, so werden wir wissen wollen, aus welchem gewöhnlichen Bruch er hergeleitet worden ist. Der periodische Dezimalbruch habe die Periodenlänge λ und die Periode P, wobei wir die λ-stellige Periode einfach als eine gewöhnliche λ-stellige Zahl im dekadischen System lesen wollen, z. B. in $\frac{1}{7} = 0,\overline{142857}\ldots$ tritt die Periode $P = 142857$ („hundertzweiundvierzigtausendachthundertsiebenundfünfzig") auf. Den Bruch $\frac{a}{b}$, aus dem der Dezimalbruch mit der λ-stelligen Periode P hergeleitet worden ist, kann man sich nun leicht verschaffen. Denn beim Dividieren von a durch b muß nach λ Stellen der Rest a wieder auftreten, folglich muß $a \cdot 10^\lambda - a$ durch b teilbar sein, und zwar ist der Quotient die beim Auftreten des Restes a gerade beendigte Periode, also

$$a(10^\lambda - 1) = b \cdot P,$$

oder

$$(4) \qquad \frac{a}{b} = \frac{P}{10^\lambda - 1}.$$

Der rechtsstehende Bruch wird im allgemeinen nicht gekürzt sein, aber durch Kürzung in $\frac{a}{b}$ übergehen. Da 2 und 5 Teiler von 10^λ sind, so gehen diese beiden Zahlen in $10^\lambda - 1$ *nicht* auf, sie können also auch keine Teiler des Teilers b von $10^\lambda - 1$ sein. Damit haben wir festgestellt, daß *jeder* sog. „reinperiodische" Dezimalbruch, d. h. ein solcher, dessen Periode gleich hinter dem Komma beginnt, aus einem gewöhnlichen Bruch $\frac{a}{b}$ entspringt, dessen Nenner b zu 10 teilerfremd ist, während wir das Umgekehrtr schon wußten.

12. Bisher haben wir nur reinperiodische Dezimalbrüche betrachtet. In 1. haben wir unter III aber auch Beispiele angeführt, in denen

zwischen dem Komma und der Periode noch andere Ziffern auftreten. Solche Dezimalbrüche nennt man gemischt-periodisch. Da nun *endliche* Dezimalbrüche zu Brüchen mit Nennern, die nur die Primfaktoren 2 und 5 enthalten, gehören, die *reinperiodischen* zu Brüchen, deren Nenner weder 2 noch 5 enthält, so bleibt für die gemischtperiodischen nur die dritte Möglichkeit übrig, daß sie aus Brüchen entstehen, deren Nenner mit 10 einen gemeinsamen Teiler besitzt und außerdem noch von 2 und 5 verschiedene Primfaktoren enthalten muß. Diesen dritten Fall wollen wir nur erwähnen, er bietet aber nichts Neues, das eine eingehende Betrachtung lohnte.

13. Nach diesen grundlegenden Erörterungen soll noch auf eine mehr amüsante als bedeutsame Eigenschaft der Perioden periodischer Dezimalbrüche hingewiesen werden. Die Periode von $\frac{1}{7}$ besteht aus 6 Ziffern 142857. Wir zerteilen sie in zwei Hälften, die wir addieren:

$$142 + 857 = 999\,.$$

Die Periode von $\frac{1}{17}$ besteht aus 16 Stellen, nämlich 0588235294117647, mit deren beiden Hälften wir ebenso verfahren:

$$05\,882\,352 + 94\,117\,647 = 99\,999\,999\,.$$

Für die Periode von $\frac{1}{11}$, die 09 ist, haben wir

$$0 + 9 = 9\,.$$

Wir wollen nun zeigen, daß für die Periode von Brüchen $\frac{a}{p}$, deren Nenner eine Primzahl p ist, diese Summeneigenschaft der beiden Hälften der Perioden stets gilt, wenn die Periode überhaupt Hälften zuläßt, d. h. aus einer geraden Zahl von Stellen besteht.

Es sei also die Periodenlänge λ gerade, $\lambda = 2\,l$. Die Periode sei P, ihre beiden Hälften seien A und B; dabei werde P als λ-stellige Zahl gelesen, A und B je als l-stellige. Dann ist, unter Berücksichtigung des dekadischen Stellenwertes der Ziffern:

$$P = A \cdot 10^{l} + B\,.$$

Nun wissen wir schon, daß sich der entwickelte Bruch $\frac{a}{p}$ aus seiner Periode P berechnen läßt, nämlich nach Gleichung (4)

$$(5) \qquad \frac{a}{p} = \frac{P}{10^{\lambda} - 1} = \frac{A \cdot 10^{l} + B}{10^{\lambda} - 1}\,.$$

Nach Annahme ist $\lambda = 2 \cdot l$, also

$$(6) \qquad 10^{\lambda} - 1 = 10^{2\,l} - 1 = (10^{l} - 1)\,(10^{l} + 1)\,.$$

Aus (5) geht hervor, daß sich der Nenner p zu $10^{\lambda} - 1$ erweitern lassen muß, also geht p in $10^{\lambda} - 1$ auf, was wir auch direkt aus dem Satz in 6. schließen können. Wenn p in $(10^\lambda - 1) = (10^l - 1)(10^l + 1)$ aufgeht, so muß es als Primzahl in mindestens einem der beiden Faktoren $(10^l - 1)$ und $(10^l + 1)$ aufgehen. In $10^l - 1$ kann nun p gewiß nicht aufgehen, denn l ist kleiner als λ, aber die Periodenlänge λ ist nach Satz I (S. 126) die *kleinste* Zahl, für die $10^\lambda - 1$ durch p teilbar wird. *Folglich muß p in $10^l + 1$ aufgehen.* Aus (5) und (6) erhalten wir

$$\frac{a}{p} = \frac{A \cdot 10^l + B}{(10^l - 1)(10 + 1)},$$

was wir durch Multiplikation beider Seiten mit $10^l + 1$ umformen in

$$\frac{a(10^l + 1)}{p} = \frac{A \cdot 10^l + B}{10^l - 1},$$

hier steht links eine ganze Zahl, da der Nenner p, wie schon festgestellt, in $10^l + 1$ aufgeht. Folglich ist auch

$$\frac{A \cdot 10^l + B}{10^l - 1}$$

eine ganze Zahl. Nun ist

$$\frac{A \cdot 10^l + B}{10^l - 1} = \frac{A(10^l - 1) + A + B}{10^l - 1} = A + \frac{A + B}{10^l - 1},$$

und da A ganz ist, ist auch

(7)
$$\frac{A + B}{10^l - 1} = h$$

eine ganze Zahl. Wir behaupten, daß $h = 1$ sein muß. Denn A besteht aus l Ziffern und ist dann am größten, wenn alle diese l Ziffern ihren größten Wert 9 annehmen. Die aus l Ziffern 9 bestehende Zahl ist aber gleich $10^l - 1$. Daher ist $A \leq 10^l - 1$. Ebenfalls ist die l-stellige Zahl $B \leq 10^l - 1$. Also ist

$$A + B \leq 2 \cdot (10^l - 1).$$

Es kann hier aber nicht das Gleichheitszeichen gelten, sondern es muß genauer sogar

(8)
$$A + B < 2 \cdot (10^l - 1)$$

sein. Denn wäre $A + B = 2(10^l - 1)$, so müßten A *und* B beide ihren größten Wert annehmen, es müßte

$$A = 10^l - 1, \quad B = 10^l - 1$$

sein. Dann bestände aber A aus l Ziffern 9 und B gleichfalls, die Periode also aus $2\,l$ gleichen Ziffern 9. Das ist aber Unsinn, denn in diesem Falle wäre schon die Ziffer 9 selbst die Periode, diese also *ein*stellig, während doch die Periode nach Voraussetzung eine *gerade* Anzahl von Stellen haben soll. Folglich gilt die Ungleichung (8). Aus (7) erhält man aber

(9)
$$A + B = h(10^l - 1),$$

worin h eine ganze (positive) Zahl ist, die nach (8) *kleiner* als 2 sein muß. Folglich bleibt nur

$$h = 1$$

übrig. Dann aber erhalten wir aus (9)

$$A + B = 10^l - 1,$$

und das heißt, daß $A + B$ eine l-stellige Zahl ergibt, die aus lauter Ziffern 9 besteht, was zu beweisen war.

20a. Eine kennzeichnende Eigenschaft des Kreises.

Wenn es regnet, ist es naß; wenn es naß ist, braucht es nicht geregnet zu haben[1]. Dieses Beispiel pflegt man zu benutzen, um Kindern den Unterschied von Satz und Umkehrung zu verdeutlichen. So einleuchtend er in dieser Formel erscheint, so wenig wird er im gewöhnlichen Leben klar gehandhabt. Menschen, denen die Sache natürlich sonnenklar ist, sowie man sie ihnen ins Bewußtsein bringt, scharfsinnige Juristen sogar sah ich sie in der unbewußten Praxis des gewöhnlichen Verkehrs verwechseln; bei politischen Rednern fand ich solche Verwechselung wieder als geschicktes Mittel, um den vom Gegner aufgestellten Satz in dessen Umkehrung zu jonglieren und dann lächerlich zu machen, und eine vielköpfige Menge bemerkte es nicht. Wir Mathematiker wissen es aus der Praxis unseres Unterrichts genau: den beginnenden Studenten der Mathematik müssen wir systematisch erst dazu erziehen, auch im Unterbewußtsein diese Verwechselung nicht zu begehen.

Für die forschende Mathematik aber ist der bewußte Übergang vom Satz zu seiner Umkehrung eines der fruchtbarsten Prinzipe. Von der Art und Weise, wie dieses Prinzip von bekannten Sätzen zu neuen Sätzen oder aber zu neuen Begriffsbildungen führt, sollen diese beiden Nummern hier handeln, die im übrigen unabhängig voneinander gelesen werden können.

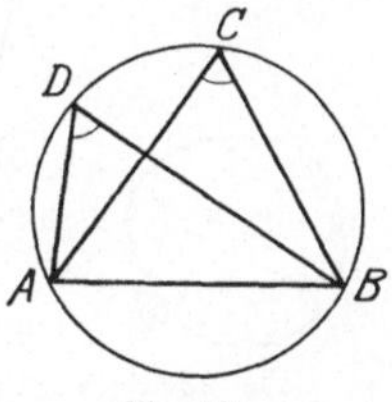

Beginnen wir mit einem einfachen Beispiel eines mathematischen Satzes und seiner Umkehrung. Der Peripheriewinkelsatz (Fig. 90) wird noch in Ihrer aller Erinnerung sein: alle Peripheriewinkel über derselben Sehne sind einander gleich[2]. Aber die Hauptsache ist, daß von diesem Satz auch die Umkehrung gilt: Der Ort aller Punkte, von denen aus eine feste Strecke AB unter dem nämlichen[2] Winkel erscheint, ist ein Kreis. Der Schulunterricht läßt es nicht überall so klar hervortreten, daß

Fig. 90.

---

[1] Näheres vgl. CHRISTIAN MORGENSTERN: Palmström, S. 16, Bona fide.

[2] Wenn D auf dem unteren Bogen AB liegt, ist der Winkel zu nehmen, den die Verlängerung des Strahls AD über D hinaus mit DB bildet (sonst müßte vom „Nebenwinkel" geredet werden).

hier die Schicksalsstelle der gesamten Kreislehre gelegen ist. Denn wenn von diesem Satz zugleich auch seine Umkehrung gilt, so besagt das, daß die genannte Peripheriewinkeleigenschaft für den Kreis charakteristisch ist, daß sie den Kreis zu definieren geeignet ist, daß sie einfach an Stelle der üblichen Definition gesetzt werden könnte, wonach der Kreis der Ort aller Punkte ist, die von einem festen Punkt den gleichen Abstand haben. In Wahrheit kann man alle schönen Sätze der Kreislehre erst beweisen, nachdem man den Peripheriewinkelsatz hat, und nur auf diesen, nicht auf die klassische Definition des Kreises gestützt. In diesem Sinne ist er der Angelpunkt der gesamten Kreislehre, die eigentliche Definition des Kreises.

Nach dieser Vorübung wenden wir uns zu einer anderen Eigenschaft des Kreises und zeigen, daß auch sie eine charakteristische ist. Eine kleine Bemerkung muß voraufgeschickt werden. Die Schule gewöhnt uns, unter „Winkel“ stets die Neigung zweier *geraden* Linien zu verstehen,

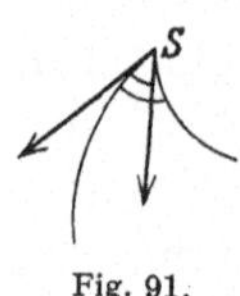

Fig. 91.

aus guten Gründen übrigens. Es steht aber für uns hier nichts im Wege, auch die Neigung zweier krummen Linien zu betrachten; wenn man will, kann man sie als den Winkel erklären, den die Tangenten im Scheitel S an die beiden krummen Kurven miteinander bilden und damit den Begriff auf den des geradlinigen Winkels zurückführen (Fig. 91).

Der Kreis hat offenbar die Eigenschaft, von jeder Sehne, die zwei seiner Punkte miteinander verbindet, in zwei einander gleichen Winkeln getroffen zu werden, krummlinigen Winkeln natürlich. Diesen Satz wollen wir umkehren. Wir wollen fragen: *Ist eine Kurve, die von jeder Sehne, die irgend zwei ihrer Punkte verbindet, in beiden Punkten unter gleichen Winkeln getroffen wird, stets ein Kreis, oder gibt es noch andere Kurven mit dieser Eigenschaft?* (Fig. 92.) Wir werden zeigen, daß auch diese Eigenschaft für den Kreis charakteristisch ist.

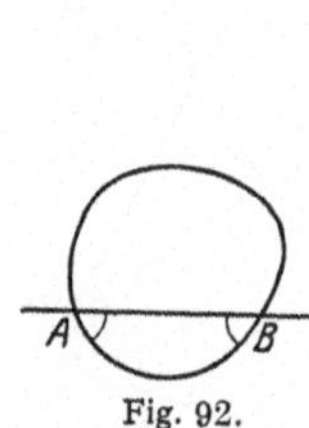

Fig. 92.

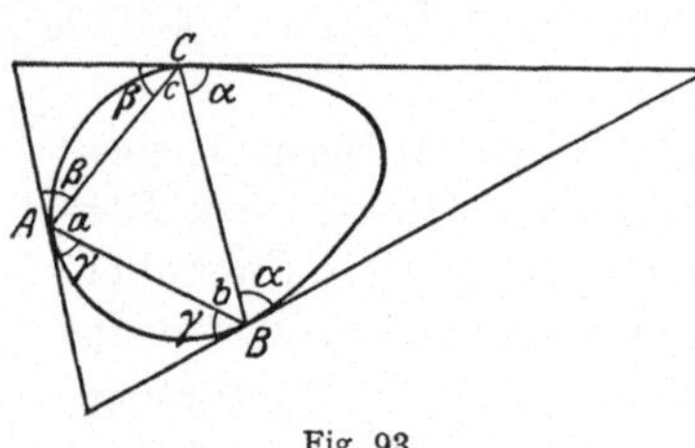

Fig. 93.

Wir stellen uns also irgend eine geschlossene Kurve vor (Fig. 93), die von jeder Sehne, die irgend zwei ihrer Punkte verbindet, unter gleichen Winkeln getroffen wird. Seien A, B, C irgend drei Punkte dieser Kurve; außer den drei sie verbindenden Sehnen seien die drei Tangenten in ihnen an die Kurve gezeichnet. Dann bestehen in Anbetracht der zugrunde gelegten Eigenschaft zwischen den so entstehenden Winkeln diejenigen Gleichheiten, die in der Benennung von Fig. 93 zum Ausdruck gebracht sind.

Andererseits bilden die drei um A herumliegenden Winkel zusammen einen gestreckten Winkel, und ebenso die bei B und die bei C,

d. h. es ist:

$$a + \beta + \gamma = 2\,R$$
$$\alpha + b + \gamma = 2\,R$$
$$\alpha + \beta + c = 2\,R.$$

Durch Addition folgt daraus

$$(a + b + c) + 2\,(\alpha + \beta + \gamma) = 6\,R.$$

Nun ist nach dem Satz, daß die Summe der Winkel im Dreieck $2\,R$ beträgt, angewendet auf das Dreieck $A\,B\,C$:

$$a + b + c = 2\,R;$$

also folgt

$$2\,(\alpha + \beta + \gamma) = 4\,R,$$
$$\alpha + \beta + \gamma = 2\,R,$$

und wenn man

$$a + \beta + \gamma = 2\,R$$

daneben hält, $a = \alpha$; genau so folgt $b = \beta$, $c = \gamma$.

Aus diesen vorbereitenden Betrachtungen halten wir das Ergebnis $c = \gamma$ fest und führen nun den eigentlichen Beweis. Sei D irgend ein anderer Punkt der Kurve, so können wir betreffend das Dreieck $A\,B\,D$ genau dieselben Schlüsse machen, wie bezüglich $A\,B\,C$. Bei dem Dreieck $A\,B\,D$ und der aus ihm entspringenden zu Fig. 93 analogen Figur sind die Punkte A, B und somit auch die Tangenten in ihnen die alten geblieben, somit auch der Winkel γ. Der Winkel d bei D wird also ebenfalls diesem γ gleich sein, und mithin wird auch $d = c$ sein. Die Sehne $A\,B$ erscheint also von D aus unter dem nämlichen Winkel, wie von C aus. Also liegt nach der Umkehrung des Peripheriewinkelsatzes, von der oben die Rede war, D auf dem durch die Punkte A,B,C bestimmten Kreise, und ebenso jeder weitere Punkt unserer Kurve. Diese ist also ein Kreis.

Im Gegensatz hierzu werden wir in der anschließenden Vorlesung eine Eigenschaft des Kreises kennenlernen, die nicht nur dem Kreise zukommt, sondern auch einer Reihe anderer Kurven; hier wird also das Prinzip des Umkehrens zu einer neuen Begriffsbildung, zu einer bemerkenswerten Klasse von Kurven führen, die durch das gemeinsame Band dieser Eigenschaft zusammengehalten werden.

20 b. Kurven konstanter Breite.

1. Ein Kreis ist definiert als eine Kurve, deren sämtliche Punkte von einem gegebenen Punkt (dem Mittelpunkt) gleichen Abstand haben. Die unmittelbare praktische Ausnutzung dieser Kreiseigenschaft zeigt das Wagenrad: durch seine gleichlangen Speichen wird die Radnabe bei beliebiger Drehung des Rades in fester Höhe über dem horizon-

talen Boden gehalten und dadurch die horizontale Bewegung des
Wagens gesichert. Zur horizontalen Fortbewegung von schweren Lasten
bedient man sich gelegentlich nicht des achsenfesten Rades, sondern
benutzt in primitiver Weise zylinderförmige Walzen, die man unter
die etwa kistenförmige Last schiebt (Fig. 94). Auf diesen Walzen von
kreisförmigem Querschnitt rollt die Last
in festem Abstande über den Boden hin.

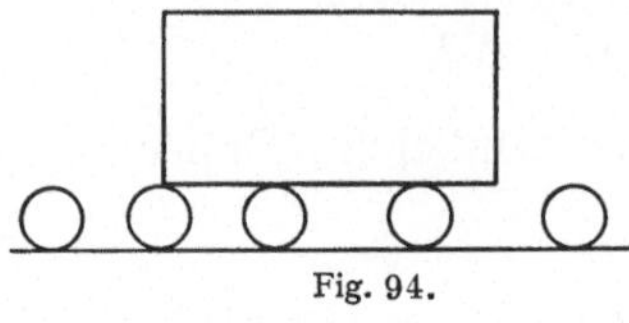

Fig. 94.

Während nun offenbar ein Rad notwendig kreisförmig mit der Nabe als Mittelpunkt sein muß, da jede andere Rad-
form eine Auf- und Niederbewegung des
fahrenden Wagens hervorrufen würde, ist es merkwürdigerweise nicht
notwendig, daß die erwähnten Walzen, um ihren Zweck zu erfüllen,
kreisförmigen Querschnitt haben. Denn der *Mittelpunkt* des Quer-
schnittes spielt hier gar keine Rolle. Es kommt hier vielmehr nur darauf an, daß ein Paar parallele Tangenten an dem Kreis stets den gleichen
Abstand besitzt, wie der Kreis auch zwischen ihnen gedreht werden
mag. Der Kreis ist nach allen Richtungen gleich breit, er ist, wie man
sagt, eine „Kurve konstanter Breite". Man könnte nun der Meinung
sein, daß diese Eigenschaft den Kreis schon völlig charakterisiert, in
der Art, wie die im vorigen Abschnitt betrachtete Kreiseigenschaft
nur dem Kreise zukommt. Überraschenderweise verhält es sich hier
aber anders. Es gibt nämlich, was man von vornherein nicht erwarten
wird, eine große Mannigfaltigkeit von Kurven konstanter Breite, die
keine Kreise sind und von denen wir im folgenden einige kennenlernen
wollen.

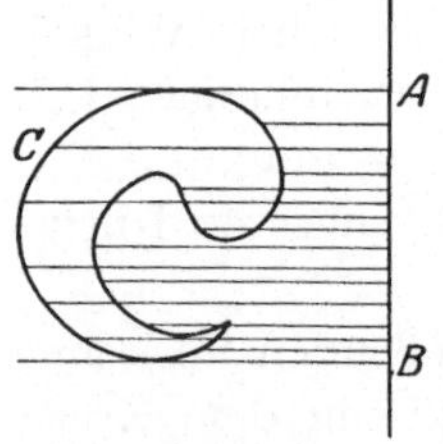

Fig. 95.

2. Die Breite irgendeiner geschlossenen Kurve C
in vorgeschriebener Richtung bestimmt man so, daß
man sich die Kurve C auf eine Gerade dieser Richtung Punkt für Punkt senkrecht projiziert denkt
(Fig. 95). Die Projektionen erfüllen in ihrer Gesamtheit eine Strecke $A B$ auf der Geraden, deren Länge
die Breite in dieser Richtung angibt.

Die beiden äußersten Projektionslote in A und B
haben die Eigenschaft, daß sie zwar mindestens einen Punkt mit der
projizierten Kurve C gemeinsam haben, aber doch die Kurve ganz je auf
einer Seite lassen. Geraden von solcher Beschaffenheit nennt man *Stützgeraden* der Kurve.

In jeder Richtung besitzt eine geschlossene Kurve genau zwei
Stützgeraden. Man kann sich das entweder nach der Fig. 95 für jede
beliebige Richtung klarmachen, oder auch so, daß man zwei Parallele
der vorgeschriebenen Richtung annimmt, die die Kurve C zwischen
sich lassen, und nun jede von ihnen parallel mit sich an die Kurve C
heranschiebt, bis sie genau an die Kurve stößt (Fig. 96).

Der Begriff der Stützgeraden deckt sich übrigens nicht mit dem der Tangente. In Fig. 97a ist t eine Tangente im Punkte T, aber keine Stützgerade, in Fig. 97b ist s eine Stützgerade, aber keine Tangente.

Für eine Kurve konstanter Breite b hat also jedes Paar paralleler Stützgeraden einen festen Abstand b. Zieht man an eine solche Kurve 2 Paare par-

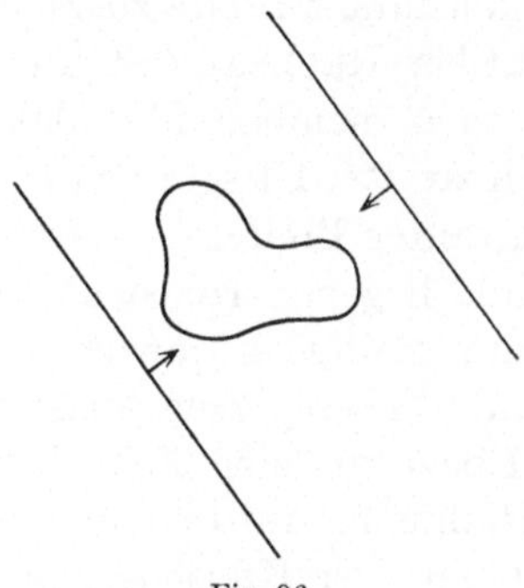

Fig. 96.

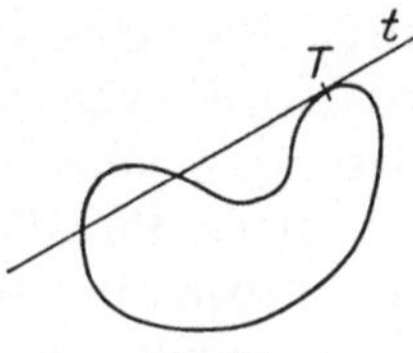

Fig. 97a.

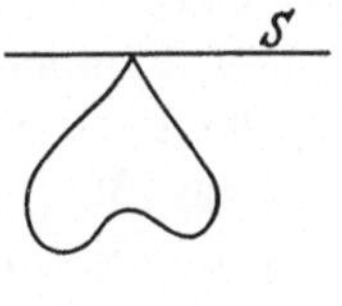

Fig. 97b.

allele Stützgeraden (Fig. 98), so muß also das entstehende Parallelogramm ein Rhombus sein. Stehen die beiden Paare von Stützgeraden senkrecht aufeinander, so wird der Rhombus rechtwinklig, d. h. ein Quadrat. Dieses Quadrat hat die Breite b der Kurve als Seitenlänge. Daher sind alle einer Kurve konstanter Breite umgeschriebenen Quadrate untereinander kongruent. Man kann dies durch ein Modell veranschaulichen, das aus der aus einer Platte ausgeschnittenen Figur konstanter Breite und aus einem quadratischen Rahmen besteht. Hat der Rahmen

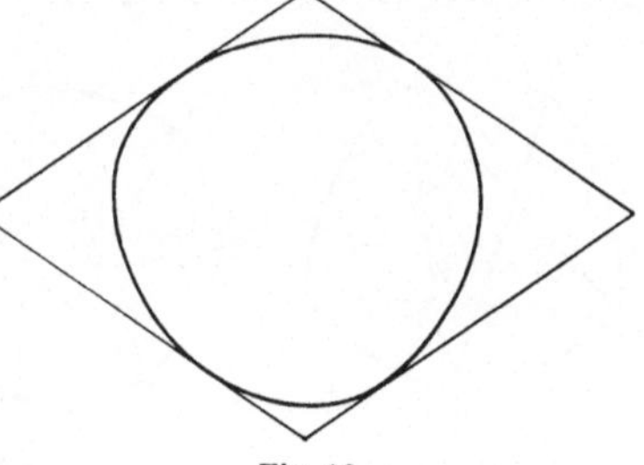

Fig. 98.

als Seitenlänge die Breite der Kurve, so paßt er in jeder Richtung um die Kurve, d. h. er läßt sich um die Figur konstanter Breite drehen, ohne daß ein Spielraum zwischen Quadrat und Kurve bleibt. Oder umgekehrt: Jede Kurve konstanter Breite läßt sich in einem Quadrat ohne Spielraum umdrehen, und jede in einem Quadrat umdrehbare Kurve ist offenbar von konstanter Breite.

3. Die einfachste Kurve von konstanter Breite, die kein Kreis ist, ist ein gleichseitiges Kreisbogendreieck, von dem jede Ecke Mittelpunkt des gegenüberliegenden Kreisbogens ist (Fig. 99). Alle 3 Kreisbögen haben den gleichen Radius. Dieser ist zugleich die konstante Breite b der Kurve.

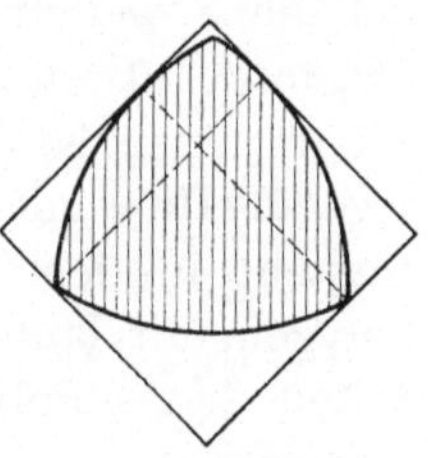

Fig. 99

Denn von zwei parallelen Stützgeraden geht stets die eine durch eine Ecke und die andere ist Tangente des gegenüberliegenden Kreisbogens, oder beide gehen durch Ecken, sind dort aber Tangenten von Kreis-

bögen. In jedem Falle ist die Entfernung der beiden parallelen Stützgeraden voneinander gleich der Länge des auf der Tangente im Berührungspunkt senkrecht stehenden Radius.

Dieses Kreisbogendreieck ist als Kurve konstanter Breite zuerst von
der Technik beachtet worden. Der Kinematiker REULEAUX stellte bei
der Klassifizierung der Bewegungsmechanismen nämlich fest, daß es
in einem Quadrat ohne Spielraum umdrehbar ist. Diese Eigenschaft
ist ja charakteristisch für alle Kurven konstanter Breite.

4. Der dem Reuleaux-Polygon zugrunde liegende Konstruktions-
gedanke, nämlich Kreisbögen von gleichem Radius so anzuordnen,
daß jeder Ecke ein Bogen gegenüberliegt, läßt beliebig viele Ausgestal-
tungen zu. Man fixiere einen Punkt der Ebene als eine Ecke B und
schlage um B einen Kreisbogen mit dem Radius b. Auf diesem Bogen
nimmt man zwei neue Eckpunkte A und C an. Der Kreisbogen mit b
als Radius um C geht nun wieder durch B, da $BC = b$ durch die bis-
herige Konstruktion war. Auf diesem Kreisbogen werde nun D als eine
neue Ecke angenommen. Der Kreisbogen mit dem Radius b um D
geht durch C. Um nun die Figur einmal zu schließen, werde auf diesem
Kreisbogen die neue Ecke E nicht willkürlich angenommen, sondern

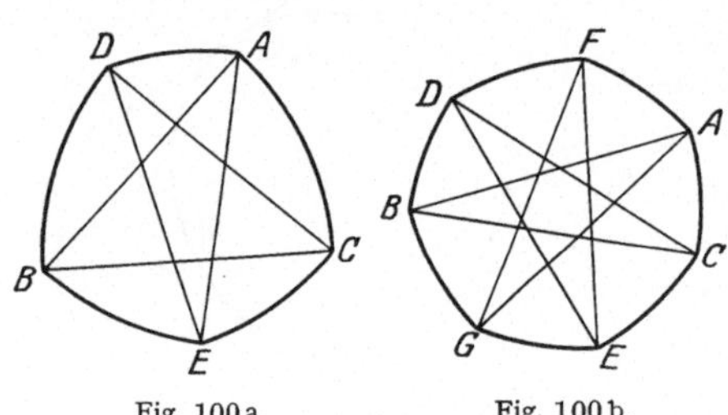

Fig. 100 a.   Fig. 100 b.

sie liege zugleich auf dem durch
B gehenden Bogen um A mit
dem Radius b, werde also als
Schnittpunkt zweier Kreisbögen
bestimmt. Somit ist ein fünf-
eckiges Kreisbogenpolygon
$ADBEC$ von konstanter Breite
entstanden (Fig. 100 a). Man
kann durch Weiterführung der
Konstruktion um weitere Schritte auch Kreisbogenpolygone konstanter Breite mit noch mehr Ecken erzielen; Fig. 100 b zeigt z. B. ein
Siebeneck dieser Art. Dadurch, daß jeder Ecke ein Kreisbogen mit
dieser Ecke als Mittelpunkt und vom Radius b gegenüberliegt, ergibt
sich ohne weiteres, daß diese Konstruktion Kreisbogenpolygone von
konstanter Breite b erzielt. Für eine spätere Anwendung verbinden
wir in diesen Kreisbogenpolygonen jede Ecke mit den beiden auf dem
gegenüberliegenden Bogen liegenden Ecken durch die Radien. Dadurch
entsteht in dem Kreisbogenpolygon ein sich selbst überschlagendes
Polygon mit lauter gleich langen Seiten. In jeder Ecke schließen die
Seiten dieses Polygons den Zentriwinkel des gegenüberliegenden Bogens ein.

Die nach dieser Vorschrift gezeichneten Kreisbogenpolygone haben
stets eine *ungerade* Anzahl von Seiten. Markieren wir nämlich eine
Ecke und die ihr gegenüberliegende Seite und gehen dann von der
markierten Ecke aus in dem Kreisbogenpolygon herum! Man passiert

zuerst eine Seite, dann eine Ecke und so abwechselnd, bis, unmittelbar vor der markierten Seite, eine Ecke erreicht wird. Im ganzen liegen auf diesem einen Weg von der markierten Ecke bis zur markierten Seite ebenso viele Seiten wie Ecken, sagen wir, in der Anzahl n. Man kann nun auch anders herum von der markierten Ecke zur markierten Seite gehen; dabei passiert man auch n Seiten und n Ecken, denn jeder Seite auf dem ersten Wege liegt eine Ecke auf dem zweiten Wege gegenüber, und ebenso jeder Ecke eine Seite. Dazu kommt noch die markierte Ecke, und ihr gegenüber die markierte Seite, im ganzen also $(2\,n + 1)$ Ecken und ebenso viele Seiten.

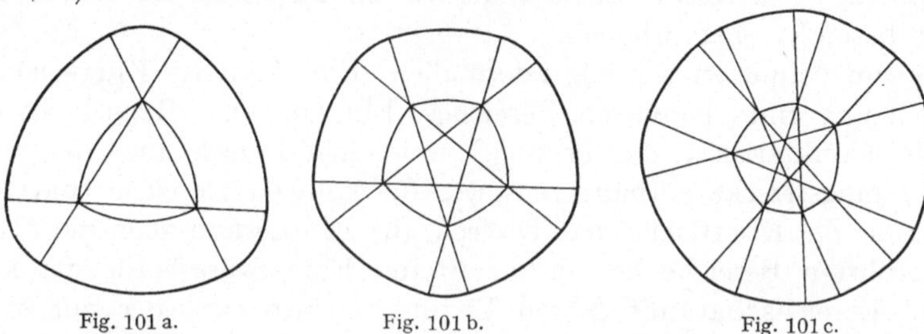

Fig. 101 a.　　　　　Fig. 101 b.　　　　　Fig. 101 c.

5. Aus den bisher angegebenen Kreisbogenpolygonen, die sämtlich Ecken aufweisen, lassen sich auch Kurven konstanter Breite *ohne* Ecken herleiten. Zu diesem Zweck konstruieren wir die im Abstand d außen parallel laufende Kurve (Fig. 101 a, b, c). Das läßt sich mit Hilfe des eingezeichneten Diagonalpolygons leicht durchführen. Man vergrößere einfach den Radius jedes vorkommenden Kreisbogens um die gleiche Länge d, halte aber die Mittelpunkte fest. Eine Ecke in dem ursprünglichen Kreisbogenpolygon gilt dabei als Bogen vom Radius Null, wird also durch einen Bogen vom Radius d ersetzt. Die so entstehenden Kurven sind aus je ungerade vielen Kreisbögen von zwei verschiedenen Radien zusammengesetzt. Je ein Kreisbogen vom einen und vom andern Radius haben einen gemeinsamen Mittelpunkt (nämlich eine Ecke der zugrunde gelegten Kurve).

Schließlich kann man zu noch allgemeineren Kreisbogenpolygonen von konstanter Breite kommen, indem man mehr als zwei verschieden große Radien zuläßt, aber aus den soeben gezeichneten Figuren das Konstruktionsprinzip übernimmt, daß

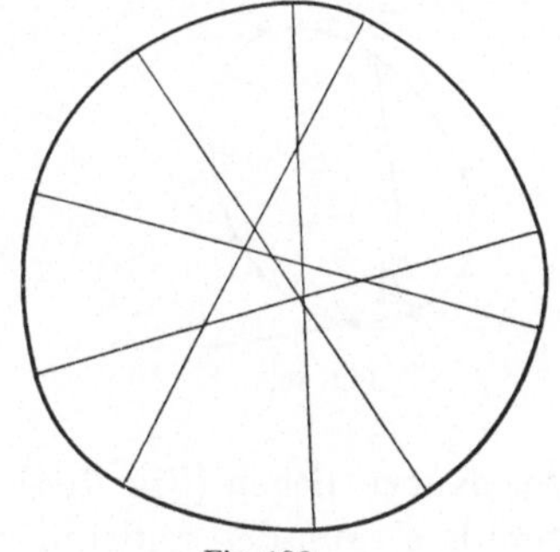

Fig. 102.

je zwei Kreisbögen einander gegenüberliegen, mit demselben Mittelpunkt und mit zwei Scheitelwinkeln als Zentriwinkel (Fig. 102).

Unsere Konstruktionsverfahren liefern uns Kurven konstanter Breite in unbeschränkter Menge. Allerdings haben diese Kurven sämtlich die

Besonderheit, daß sie nur aus Kreisbögen zusammengesetzt sind. Um Mißverständnissen vorzubeugen, betonen wir gleich jetzt, daß es auch Kurven konstanter Breite gibt, in denen kein noch so kleines Bogenstück ein Kreisbogen ist.

6. Nach diesen Beispielen von Kurven konstanter Breite wollen wir einige allgemeine Sätze über diese Kurven aufstellen. Unsere Beispiele zeigen lauter konvexe Kurven, d. h. solche Kurven, die mit einer schneidenden Geraden nur zwei Punkte gemeinsam haben. Wir wollen der Einfachheit halber nur *konvexe* Kurven konstanter Breite betrachten[1], und meinen nur solche, auch wenn wir im folgenden die Konvexität nicht besonders hervorheben.

Genau definieren wir folgendermaßen: Eine konvexe Kurve ist die Begrenzung eines konvexen Bereiches. Ein konvexer Bereich ist dadurch charakterisiert, daß er zu je zwei seiner Punkte auch die ganze Verbindungsstrecke enthält. Beispiele für konvexe Bereiche sind: das Quadrat, die Kreisfläche, das Dreieck, die Ellipse und auch die bisher vorgeführten Bereiche konstanter Breite. Eine Stützgerade des konvexen Bereichs hat mit dessen Berandung also entweder nur einen Punkt oder eine ganze Strecke gemeinsam. — Es gilt jedoch der Satz:

I. *Eine Kurve konstanter Breite hat mit jeder ihrer Stützgeraden nur je einen Punkt gemeinsam.*

Um dies zu beweisen, machen wir eine einfache Bemerkung:

II. *Zwei Punkte einer Kurve von der konstanten Breite b haben einen Abstand von höchstens der Länge b voneinander.*

In der Tat, sind P und Q Punkte der Kurve (Fig. 103), so müssen die beiden zu der Strecke PQ senkrechten Stützgeraden der Kurve gewiß die Strecke PQ zwischen sich lassen, also mindestens den Abstand PQ aufweisen. Da ihr Abstand aber andrerseits gleich b ist, so wird b von PQ nicht übertroffen, was gezeigt werden sollte.

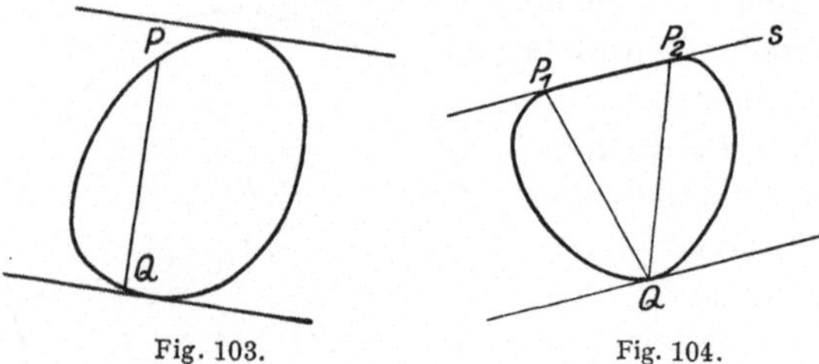

Fig. 103.   Fig. 104.

Gegen die Behauptung von Satz I nehmen wir nun an, daß auf einer Stützgeraden s zwei Punkte P_1 und P_2 der Kurve liegen (Fig. 104). Wir ziehen dann die zu s parallele Stützgerade s' auf der anderen Seite der Kurve. Auf s' liege der Kurvenpunkt Q. Die Stützgeraden s und s' haben wieder den Abstand b.

Die Strecken P_1Q und P_2Q können nun nicht beide senkrecht auf s stehen, da das Dreieck P_1QP_2 nicht zwei rechte Winkel enthalten kann.

---

[1] Jede Kurve konstanter Breite muß zwar konvex sein, wie man beweisen kann; doch würde ein solcher Beweis hier zu weit führen.

Folglich ist eine von ihnen länger als b, was dem Satz II widerspricht. Also ist die Annahme zweier Punkte der Kurve auf der Stützgeraden widerlegt, und der Satz I bewiesen.

Indem wir nochmals die Tatsache benutzen, daß nur die auf den beiden Stützgeraden senkrecht stehende Verbindungslinie die Länge b hat, jede andere Verbindungslinie der Stützgeraden länger ist, folgern wir sofort den Satz:

III. Die Verbindungsstrecke der Berührungspunkte zweier parallelen Stützgeraden einer Kurve konstanter Breite steht auf den Stützgeraden senkrecht.

7. Schlägt man um einen Punkt der Kurve der konstanten Breite b den Kreis mit dem Radius b, so muß dieser nach Satz II die ganze Kurve umfassen. Wir wollen nun zeigen, daß die Kurve nicht ganz im Innern eines solchen Kreises liegen kann, sondern stets mindestens einen Punkt mit der Kreisperipherie gemeinsam haben muß.

Auf der Kurve C von der konstanten Breite b sei P irgend ein Punkt. Um P als Mittelpunkt ziehen wir einen Kreis konzentrisch so weit zusammen, daß er noch C umschließt, aber mindestens einen Punkt Q von C auf seiner Peripherie besitzt (Fig. 105). Der so bestimmte Kreis heiße K_1. Sein Radius r ist höchstens gleich b, denn der Kreis K mit dem Radius b um P umschließt ja schon C. Es bedarf also höchstens noch einer Zusammenziehung des Kreises K, um den Kreis K_1 zu erhalten.

Die Tangente t in Q an den Kreis K_1 ist zugleich eine Stützgerade nicht nur des Kreises, sondern auch der Kurve C; denn sie geht durch den Punkt Q von C und hat die in K_1 enthaltene Kurve C ganz auf der einen Seite. Die zu t parallele Stützgerade s an der andern Seite von C hat den Abstand b von t (wegen der vorgeschriebenen konstanten Breite b von C), und nach Satz III liegt der Berührungspunkt P_1 von s auf dem Lot in

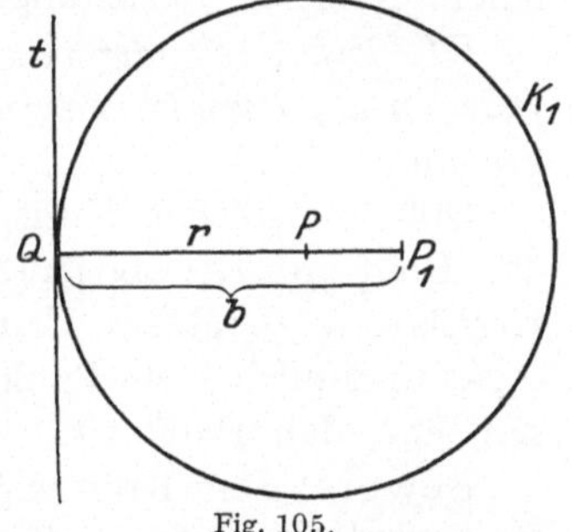

Fig. 105.

Q auf t. Wenn $r = b$, so fällt P_1 in P hinein; ist $r < b$, so liegt P zwischen Q und P_1. Dies letztere nun ist unmöglich. Denn es müßten die 3 Punkte Q, P, P_1 zu C gehören und auf einer Geraden liegen. Nun wird eine konvexe Kurve von einer Geraden aber nur in zwei Punkten geschnitten. Eine Gerade könnte nur dann mehr als zwei Punkte mit einer konvexen Kurve gemeinsam haben, wenn sie Stützgerade an die Kurve wäre. Aber nach Satz I hat eine Kurve konstanter Breite mit einer Stützgeraden stets nur einen Punkt gemeinsam. Also muß P_1 mit P zusammenfallen, d. h. $r = b$.

Es war P ein beliebiger Punkt von C. Wir haben in ihm die Stützgerade s von C konstruiert, und können daher den Satz aussprechen:

IV. Durch jeden Punkt einer Kurve konstanter Breite gibt es min-destens eine Stützgerade.

Eine Kurve konstanter Breite kann auch Punkte besitzen, in denen es mehr als eine Stützgerade gibt. Solche Punkte nennen wir *Ecken*. In unseren Beispielen sind Kurven mit Ecken mehrfach aufgetreten. Da die in dem Winkel zwischen zwei Stützgeraden einer Ecke ver-laufenden Geraden offenbar gleichfalls Stützgeraden sind, so besitzt eine konvexe Kurve in einer Ecke ein ganzes *Büschel* von Stützgeraden

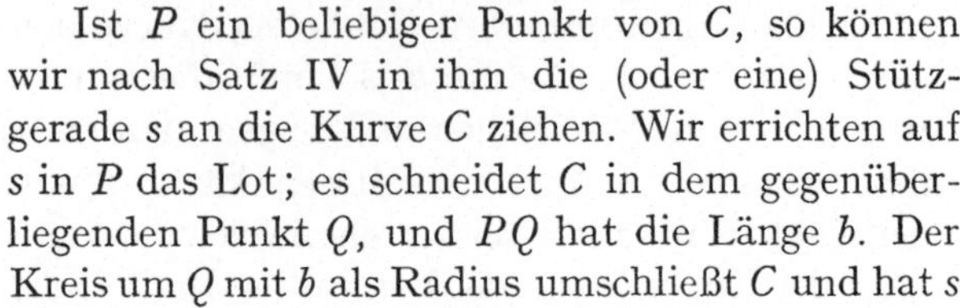

Fig. 106.

(Fig. 106). Unter diesen Stützgeraden gibt es zwei äußerste, das Büschel begrenzende.

Ist *P* ein beliebiger Punkt von *C*, so können wir nach Satz IV in ihm die (oder eine) Stütz-gerade *s* an die Kurve *C* ziehen. Wir errichten auf *s* in *P* das Lot; es schneidet *C* in dem gegenüber-liegenden Punkt *Q*, und *PQ* hat die Länge *b*. Der Kreis um *Q* mit *b* als Radius umschließt *C* und hat *s* zur Tangente. Diesen Sachverhalt fixieren wir in dem folgenden Satz:

V. Durch jeden Punkt P einer Kurve von der konstanten Breite b geht ein Kreis vom Radius b, der die Kurve umschließt und in dem Kurvenpunkt P die (oder eine vorgeschriebene) Stützgerade an die Kurve (in P) berührt.

8. Auch der folgende Satz setzt eine Kurve konstanter Breite mit einem Kreis in Beziehung.

VI. Ein Kreis, der mit einer Kurve von der konstanten Breite b drei (oder mehr) Punkte gemeinsam hat, besitzt einen Radius von höchstens der Länge b.

Daß ein solcher Kreis den Radius *b* wirklich haben kann, zeigt das Reuleaux-Kreisbogendreieck: Man braucht nur einen seiner drei Kreisbogen zu einem Vollkreis zu ergänzen, so hat dieser Kreis, der sogar unendlich viele Punkte mit der Kurve konstanter Breite gemein-sam hat, den Radius *b*.

Beweis: Der Kreis *k* habe also mit der Kurve *C* von konstanter Breite *b* die Punkte *P*, *Q* und *R* gemeinsam. Unter den drei Winkeln im Dreieck *PQR* gibt es mindestens einen, der von den andern beiden an Größe nicht übertroffen wird, sei es, daß er selbst größer ist als die beiden andern, oder gleich einem und größer als der dritte, oder endlich gleich den beiden andern ist. Dieser Winkel liege bei *P* und werde α genannt. Durch *P* werde nun die (oder eine) Stützgerade an die Kurve kon-stanter Breite *b* gezogen und der diese Stützgerade in *P* berührende Kreis *K* mit dem Radius *b* gezeichnet, der *C* ganz umfaßt. Die Punkte *Q* und *R* liegen also innerhalb des Kreises *K* oder auf seiner Peripherie. Wenn übrigens *Q* und *R* beide auf *K* liegen, so muß *K* und *k* identisch sein, da durch die drei Punkte *P*, *Q* und *R* nur *ein* Kreis gehen kann. In diesem Fall bleibt nichts mehr zu beweisen.

Sonst verlängern wir PQ und PR bis zu ihren Schnittpunkten Q' bzw. R' mit K (Fig. 107). Dann ist $Q'R'$ länger als QR. Das wollen wir nun beweisen.

Wenn zunächst Q mit Q' zusammenfällt (Fig. 108a), so ist R' von R verschieden, da der Fall, daß Q *und* R auf K liegen, erledigt ist[1]. Nun ist Winkel $QRR' = \delta$ Außenwinkel an dem Dreieck PQR. Nach einem Satze der Elementargeometrie ist aber ein Außenwinkel größer als jeder der beiden ihm nicht anliegenden Dreieckswinkel. In unserem Falle also $\delta > \alpha$. Ferner ist β Außenwinkel an dem Dreieck QRR', also $\beta > \beta'$. Nun war aber in dem Dreieck PQR $\alpha \geqq \beta$ gewählt. Im ganzen haben wir also $\delta > \alpha \geqq \beta > \beta'$. Aus dieser Serie von Ungleichungen schließen wir aber $\delta > \beta'$. In dem Dreieck QRR' liegt daher die Seite QR' einem größeren Winkel gegenüber

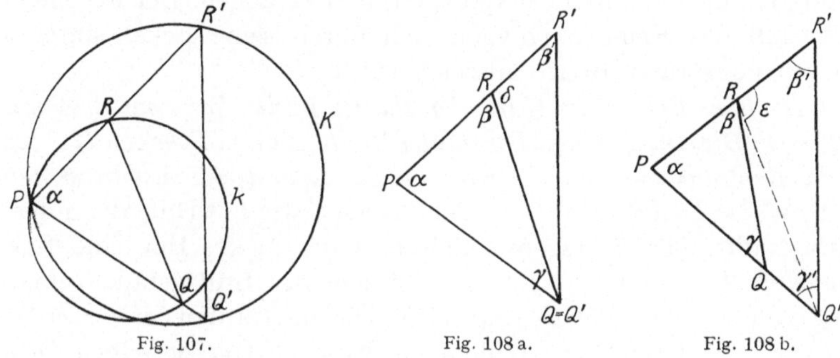

Fig. 107.   Fig. 108 a.   Fig. 108 b.

als QR, und daraus folgt, abermals nach einem bekannten Satze der Elementargeometrie, $QR' > QR$.

Ist nicht nur R von R' verschieden, sondern auch Q von Q' (Fig. 108b), so bemerken wir zunächst, daß $\beta + \gamma = \beta' + \gamma'$ ist, da beides gleich $180^0 - \alpha$ ist, wegen der Winkelsumme in den Dreiecken PQR und $PQ'R'$. Es kann daher nicht zugleich $\beta' > \beta$ und $\gamma' > \gamma$ sein. Treffe etwa die erstere der beiden Ungleichungen nicht zu (wie in unserer Figur), sei also $\beta' \leqq \beta$. Dann ziehen wir in dem Viereck $QQ'R'R$ von den beiden Diagonalen diejenige, die den Winkel β' nicht teilt, nämlich $Q'R$. (Im Falle $\gamma' \leqq \gamma$ müßte dagegen QR' gezogen werden). Ganz analog wie an der Fig. 108a beweist man dann zunächst $Q'R > QR$. Der Winkel $Q'RR'$ werde mit ε bezeichnet; ε ist Außenwinkel an dem Dreieck $PQ'R$, daher $\varepsilon > \alpha$. Ferner war $\alpha \geqq \beta$ und $\beta \geqq \beta'$, also im ganzen auch $\varepsilon > \beta'$. In dem Dreieck $Q'R'R$ liegt somit die Seite $Q'R'$ einem größeren Winkel gegenüber als die Seite $Q'R$, woraus $Q'R' > Q'R$ folgt. Da wir schon $Q'R > QR$ festgestellt haben, so ergibt sich $Q'R' > QR$.

---

[1] Die Fig. 108a und 108b sind als besonders hervorgehobene Teile der Fig. 107 aufzufassen.

Diese Ungleichung gilt also in jedem Falle an der Fig. 107, zu der wir jetzt zurückkehren wollen. Der zu untersuchende Kreis k hat α als Peripheriewinkel über der Sehne QR, K dagegen hat α als Peripheriewinkel über $Q'R'$. In den Kreisen K und k gehören daher die Sehnen

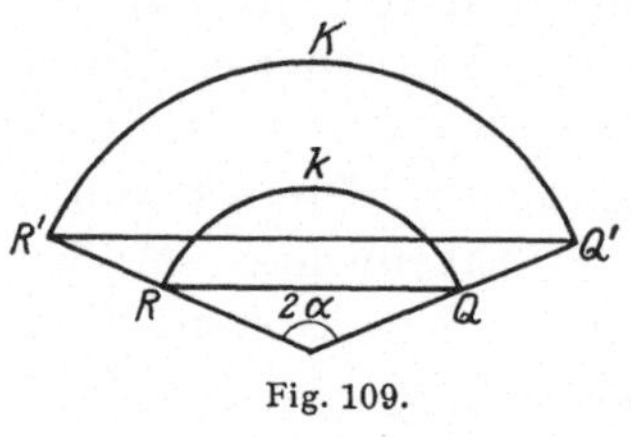

Fig. 109.

$Q'R'$ bzw. QR auch zu dem gleichen Zentriwinkel 2α. Legen wir diese Zentriwinkel aufeinander, so ergibt sich die Fig. 109. Man erkennt sofort, daß sich die Sehnen wie die Radien ihrer Kreise verhalten. Da $Q'R' > QR$, so muß der Radius b von K größer als der Radius von k sein. Das war aber zu beweisen.

9. Die einfachste, von einem Kreise verschiedene Kurve konstanter Breite, nämlich das Reuleauxpolygon, besitzt Ecken. Der folgende Satz sagt, daß das Reuleauxpolygon sich durch seine Ecken unter allen Kurven konstanter Breite auszeichnet:

VII. Eine Ecke einer Kurve konstanter Breite kann nicht spitzer als 120° sein. Die einzige Kurve konstanter Breite, die eine Ecke von 120° besitzt, ist das Reuleauxsche Kreisbogendreieck, das sogar drei Ecken dieser Art hat.

Beweis: Den Winkel einer Ecke messen wir mit Hilfe der äußersten Stützgeraden des Stützgeradenbüschels der Ecke. Hat eine Ecke Q den Winkel ϑ, so bleibt für das Büschel der Stützgeraden eine Öffnung von $180° - \vartheta$ übrig (Fig. 110). Die in Q auf jeder dieser Stützgeraden errichteten Lote bilden ein Büschel von derselben Öffnung $180° - \vartheta$, die durch den Winkel P_1QP_2 gegeben ist. Jedes Lot hat von Q bis zum gegenüberliegenden Kurvenpunkt die Länge b (nach Satz III).

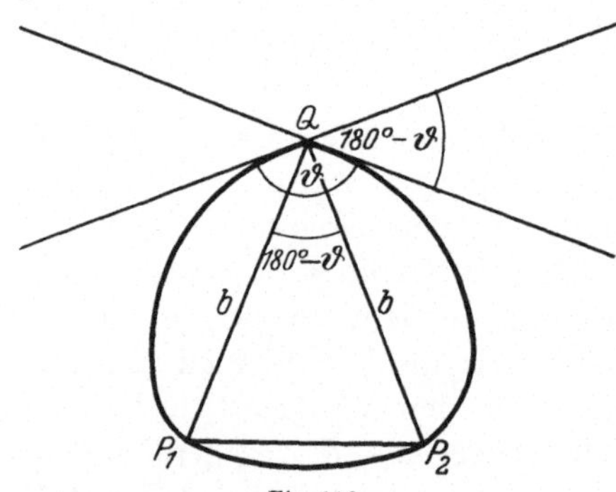

Fig. 110.

Der Ecke Q liegt also auf der Kurve ein Kreisbogen P_1P_2 vom Radius b und dem Zentriwinkel $180° - \vartheta$ gegenüber. Die Länge der Sehne P_1P_2 in diesem Kreisbogen darf nun wiederum nach I die Breite b nicht übertreffen.

Das Dreieck QP_1P_2 mit den Schenkeln der Länge b hat somit eine Basis, die höchstens gleich den Schenkeln ist. Folglich ist der Winkel an der Spitze Q in diesem Dreieck höchstens 60° groß. Dieser Winkel P_1QP_2 war als $180° - \vartheta$ erkannt worden, es ist also $180° - \vartheta \leq 60°$, d. h. $\vartheta \geq 120°$. Da ϑ der Winkel einer beliebigen Ecke Q ist, so ist der erste Teil des Satzes damit bewiesen.

Ist nun der Eckenwinkel $\vartheta = 120°$, so ist der Winkel P_1QP_2 gleich 60° und das gleichschenklige Dreieck QP_1P_2 ist dann auch gleichseitig

(Fig. 111). Dann hat also $P_1 P_2$ genau die Länge b. Da diese Länge zugleich die Breite der Kurve ist, so müssen die beiden zu $P_1 P_2$ senkrechten Stützgeraden s_1 und s_2 durch P_1 und P_2 selbst gehen. Hieraus erkennt man, daß P_1 und P_2 selbst wieder Ecken der Kurve sein müssen. Denn das Kurvenstück $P_1 P_2$ ist schon als Kreisbogen festgestellt worden. In P_1 ist nicht nur s_1 Stützgerade, sondern auch die Tangente t_1 in P_1 an den Kreisbogen ist gleichfalls Stütz-gerade. Diese Stützgeraden s_1 und t_1 bilden nun, wie man leicht sieht, einen inneren Winkel von 120⁰. Folglich müssen sie die äußersten Stützgeraden des Büschels durch P_1 sein, da kein Eckenwinkel spitzer als 120⁰ sein kann. Die Ecke bei P_1 (und ebenso die bei P_2) hat also genau den Winkel 120⁰. Dann haben aber P_1 und P_2 die Eigenschaf-ten von Q. Es liegen ihnen also Kreisbögen vom Radius b und dem Zentriwinkel 60⁰ gegenüber. Damit hat sich aber das Reu-leauxsche Kreisbogenpolygon ergeben, und auch der zweite Teil von VII ist bewiesen.

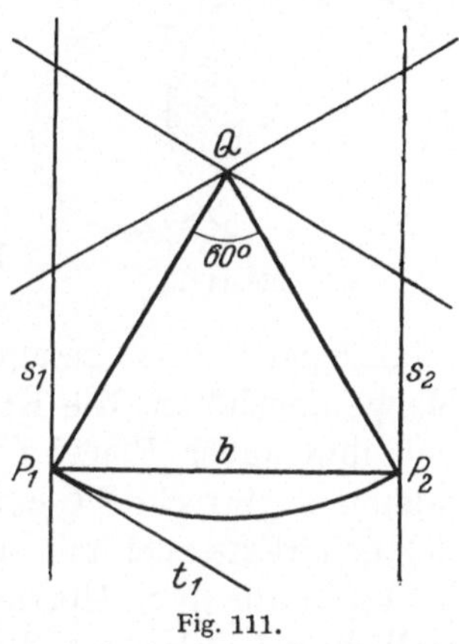

Fig. 111.

10. Wir haben zuerst nur einige Beispiele von Kurven konstanter Breite konstruktiv hergestellt. Dagegen gelten die in den Sätzen I bis VII festgestellten Eigenschaften für alle Kurven konstanter Breite, ohne über deren Vorhandensein etwas zu besagen. Wir wollen nun noch ein ganz allgemeines Konstruktionsverfahren angeben, das jede Kurve konstanter Breite liefert. Dadurch werden wir einen Überblick über alle möglichen Kurven konstanter Breite erhalten. Der Satz V gibt eine besonders wichtige Eigenschaft unserer Kurven an. Durch diese Eigenschaft werden die Kurven konstanter Breite insofern *hin-reichend* charakterisiert, als man eine Hälfte einer solchen Kurve zwi-schen zwei gegenüberliegenden Punkten willkürlich vorgeben kann, wenn sie nur den Bedingungen von Satz V genügt. Wir behaupten genauer folgendes:

VIII. Jeder konvexe Kurvenbogen[1] *Γ mit der Sehnenlänge b, der ganz zwischen den beiden in seinen Endpunkten auf der Sehne errich-teten Loten liegt und so beschaffen ist, daß jeder Kreis vom Radius b, der durch einen seiner Punkte geht und dort die Stützgerade des Kur-venbogens berührt und auf derselben Seite der Stützgeraden gelegen ist wie der Kurvenbogen, den Kurvenbogen ganz umschließt, kann zu einer Kurve von der konstanten Breite b ergänzt werden.*

11. Für den Beweis der Möglichkeit der Ergänzung von Γ zu einer Kurve konstanter Breite schlagen wir zweckmäßig einen gewissen

---

[1] D. h. ein Kurvenbogen, der mit seiner Sehne zusammen einen konvexen Bereich begrenzt.

Umweg ein, indem wir es auf den *Bereich* konstanter Breite absehen, der dann die gesuchte *Kurve* konstanter Breite als Berandung aufweist.

Eine Vorbemerkung: Sind mehrere Bereiche gegeben, so nennt man denjenigen Teilbereich, der all diesen Bereichen gemeinsam ist, den Durchschnitt dieser Bereiche. Z. B. ist der Durchschnitt zweier Kreise ein Kreisbogenzweieck (Fig. 112).

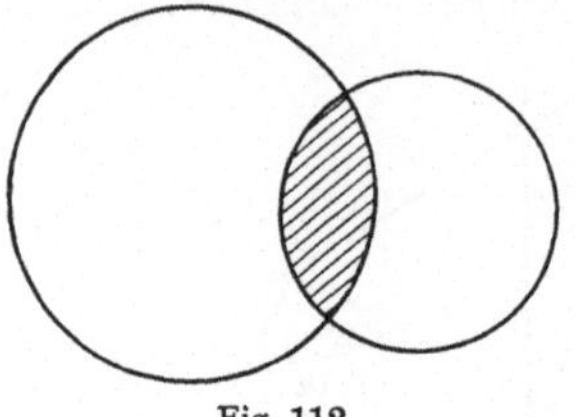

Fig. 112.

Der Durchschnitt einer beliebigen Menge von konvexen Bereichen ist notwendig selbst konvex.

Dazu braucht nur bewiesen zu werden, daß je zwei Punkte des Durchschnittes durch eine Strecke verbunden werden, die selbst zum Durchschnitt gehört. Das ist aber klar. Denn wenn die beiden Punkte P und Q zum Durchschnitt gehören, so besagt das, daß sie allen Bereichen der vorgelegten Menge angehören. Die Konvexität jedes dieser Bereiche bewirkt aber, daß ihm außer P und Q auch die ganze Strecke PQ angehört. Also kommt die Strecke PQ in allen konvexen Bereichen der Menge vor, folglich gehört sie auch mit zum Durchschnitt all dieser konvexen Bereiche.

Es ist für diese Überlegung übrigens gleichgültig, ob die Menge nur endlich viele oder unendlich viele Exemplare von konvexen Bereichen enthält.

12. Es sei nun das Kurvenstück Γ so beschaffen, wie es Satz VIII verlangt (Fig. 113): Die Sehne AB hat die Länge b. Sie umgrenzt mit der Kurve Γ einen konvexen Bereich G_1. Die auf AB in A und B senkrecht stehenden Geraden s und t sind Stützgeraden von G_1. Jeder Kreis vom Radius b, der in einem Punkt von Γ eine Stützgerade an Γ durch diesen Punkt berührt, umschließt Γ ganz.

Zu G_1 fügen wir nun den dreieckartigen Bereich ABS hinzu, der von der Sehne AB, dem Kreisbogen AS mit dem Mittelpunkt B und dem Kreisbogen BS mit dem Mittelpunkt A begrenzt wird. Dieses Kreisbogendreieck heiße G_2. Die beiden konvexen Bereiche G_1 und G_2 zusammen bilden den konvexen Bereich G; er wird begrenzt von Γ und den beiden Kreisbögen AS und BS.

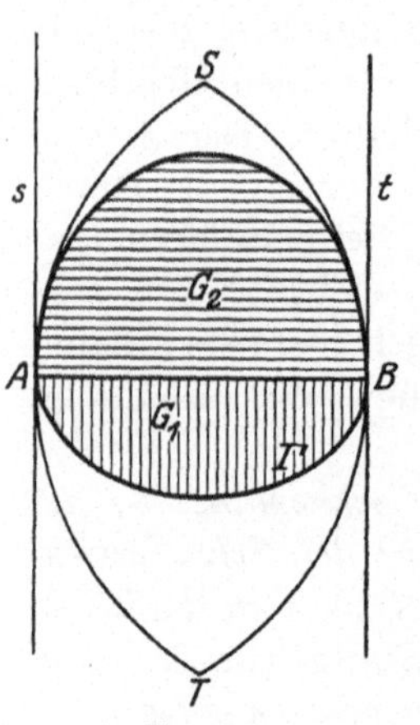

Fig. 113.

Wir betrachten nun die Gesamtheit aller Kreise vom Radius b, die ihren Mittelpunkt auf Γ haben. Der Bereich G und diese unendlich vielen Kreise haben alle einen konvexen Durchschnitt D (er ist in der Figur schraffiert). Von D behaupten wir, daß er ein Bereich der konstanten Breite b ist, der das Kurvenstück Γ auf der Begrenzung enthält.

Wenn Γ zu D gehört, so kann es nur Berandung sein, da es ja schon zur Berandung von G gehört. Nun ist aber Γ in allen Kreisen mit dem

Radius b um einen Punkt von Γ ganz enthalten. Das heißt nämlich, daß je zwei Punkte von Γ höchstens den Abstand b haben. Und dies ist richtig. Denn Γ liegt nach Voraussetzung in den Kreisen mit b um A und B, also in dem Kreisbogenzweieck $SATBS$. Und da Γ auf der einen Seite von AB liegt, so liegt es ganz in dem Bereich G_2', der aus G_2 durch Spiegelung an AB hervorgeht. In G_2' ist aber offenbar die längste vorkommende Entfernung überhaupt b; also können speziell zwei Punkte von Γ keine größere Entfernung als b voneinander haben. — Mit Γ gehört auch jede Sehne von Γ zu D, da D konvex ist; also ist G_1 ein Teil von D.

In D kann keine größere Entfernung als b vorkommen. Da D in G also zu einem Teil in G_1 zum andern in G_2 liegt, handelt es sich um Entfernungen entweder von zwei Punkten aus G_1, die nach dem schon Gesagten keinen größeren Abstand als b haben können, oder um zwei Punkte von D aus G_2, für die das gleiche ohne weiteres gilt, oder drittens um zwei Punkte von D, von denen der eine P_1 in G_1, der andere P_2 in G_2 liegt. Auch diese beiden können keine größere Entfernung als b haben. Denn verbinden wir P_1 mit P_2 und verlängern die Gerade bis zum Schnittpunkt P mit Γ, so liegen die Punkte in der Anordnung $P\,P_1\,P_2$ auf dieser Geraden. Der Kreis mit dem Radius b um P enthält D, also auch diese 3 Punkte, folglich sind P_1 und P_2 auf einem Radius von der Länge b gelegen, haben also selbst höchstens die Entfernung b.

Hiernach kann der entstandene Bereich D in keiner Richtung eine größere Breite als b haben. Er hat nun in jeder Richtung genau die Breite b. In der Richtung AB war die Breite b vorgeschrieben. Wir betrachten eine beliebige andere Richtung und ziehen die zu dieser Richtung senkrechten beiden Stützgeraden s_1 und s_2 an D. Die eine von beiden, s_1, hat einen Punkt Q mit Γ gemeinsam. Auf s_1 in Q werde das Lot von der Länge b errichtet; seinen Endpunkt nennen wir M. Dann gehört M zu D. Dazu muß gezeigt werden, daß M in G und in allen Kreisen vom Radius b um Punkte von Γ liegt. Zu letzterem muß gezeigt werden, daß M von jedem Punkt von Γ höchstens die Entfernung b hat. Dies folgt daraus, daß der Kreis mit b um M, der s_1 in Q berührt, nach Voraussetzung über Γ dieses Kurvenstück Γ ganz umschließt, d. h. daß jeder Punkt von Γ höchstens die Entfernung b von M hat. Da übrigens speziell auch A und B höchstens die Entfernung b von M haben, liegt M in dem Kreisbogenzweieck $SATBS$, und zwar in der Γ gegenüberliegenden Hälfte, also in G_2, also liegt M auch erst recht in G. Damit ist nachgewiesen, daß M in allen jenen Bereichen liegt, als deren Durchschnitt D definiert wurde. Also liegt M in D.

Da QM auf s_1 und s_2 senkrecht steht, und Q und M zu D gehören, haben die Stützgeraden s_1 und s_2 mindestens den Abstand $QM = b$ voneinander. Einen *größeren* Abstand können sie aber nicht haben, da sonst die Berührungspunkte auf ihnen einen größeren Abstand als b voneinander hätten, in D aber ein solcher nicht vorkommen kann, wie schon gezeigt worden ist.

Damit haben wir den Satz VIII bewiesen. Man sieht übrigens leicht. daß sich der Kurvenbogen Γ nicht auch noch zu einer andern Kurve konstanter Breite ergänzen läßt, sondern daß er die Kurve C eindeutig bestimmt.

13. Zum Schlusse sei noch ohne Beweis auf eine merkwürdige Eigenschaft unserer Kurven hingewiesen: Alle Kurven derselben konstanten Breite b haben den gleichen Umfang, also speziell den Umfang des Kreises vom Durchmesser b. Für die in 4. und 5. gezeichneten Kreisbogenpolygone würde man dies leicht beweisen können, auf Grund der Ähnlichkeit von Kreisbögen, die zu demselben Zentriwinkel gehören. Für die allgemeinen Kurven konstanter Breite würde der Beweis aber den Kreis unserer Betrachtungen völlig überschreiten, da dieser Beweis erst möglich ist nach einer schwierigen Präzisierung des Begriffs der Kurvenlänge.

21. Die Unentbehrlichkeit des Zirkels bei elementargeometrischen Konstruktionen.

1. Die Konstruktionen der elementaren Geometrie, wie sie uns schon bei EUKLID entgegentritt, werden mit dem Lineal und dem Zirkel ausgeführt; man pflegt die Abgrenzung der elementaren Geometrie innerhalb der gesamten Geometrie geradezu nach der Möglichkeit der Konstruktion der geometrischen Gebilde mit Zirkel und Lineal vorzunehmen. Diese beiden Instrumente spielen nun aber ihrerseits keine völlig festgelegte Rolle: man kann nach Belieben viele Aufgaben dem einen oder anderen Instrument zuweisen. Nach den Untersuchungen von MASCHERONI und nach den erst neuerdings wieder aufgefundenen viel älteren des dänischen Mathematikers MOHR kann man sogar das Lineal ganz entbehren und alle Konstruktionen, die sich mit Zirkel und Lineal zusammen ausführen lassen, völlig allein mit dem Zirkel ausführen[1]. In der umgekehrten Richtung ist JACOB STEINER am weitesten gegangen, indem er gezeigt hat, daß sich sämtliche elementargeometrischen Konstruktionen mit dem Lineal allein ausführen lassen, wenn nur *ein fester Kreis samt seinem Mittelpunkt* gezeichnet vorliegt. Daß man diesen festen Kreis nicht auch noch entbehren kann, läßt sich leicht einsehen und wird im folgenden mitbewiesen werden. Wir wollen nämlich zeigen, daß ein fester Kreis, *dessen Mittelpunkt unbekannt* ist, nicht genügt, um alle weiteren Konstruktionen mit dem Lineal allein ausführbar zu machen. Ja, sogar *zwei sich nicht schneidende* Kreise mit unbekannten Mittel-

---

[1] Eine gerade Linie ist in diesen Untersuchungen (da sie selbst nicht gezeichnet werden darf) durch zwei ihrer Punkte vertreten.

punkten genügen auch noch nicht. Dagegen ist bekannt, daß zwei sich schneidende Kreise ohne Mittelpunkt statt des Steinerschen Kreises mit Mittelpunkt dienen können (s. S. 173); gleichfalls drei sich nicht schneidende Kreise ohne Mittelpunkt.

2. Da man nach STEINER alle elementargeometrischen Konstruktionen mit dem Lineal allein ausführen kann, wenn ein Kreis *mit* Mittelpunkt gegeben ist, so wird es darauf ankommen, zu zeigen, daß man mit dem Lineal allein weder in einem einzigen gegebenen Kreise ohne Mittelpunkt, noch in zwei sich nicht schneidenden Kreisen den Mittelpunkt wiederfinden kann. Wir haben also zwei *Unmöglichkeitsbeweise* zu führen. Das werden wir dadurch bewerkstelligen, daß wir die Annahme, der oder die Mittelpunkte seien mit dem Lineal allein konstruierbar, ad absurdum führen. Inhaltlich wird dieser *indirekte Beweis* sich auf das Prinzip der Abbildung stützen.

Bemerken wir zunächst, daß die Behauptung, daß auch die Mittelpunkte zweier Kreise mit dem Lineal allein nicht wiedergefunden werden können, die weitergehende ist und die Unzulänglichkeit eines einzigen Kreises ohne Mittelpunkt natürlich schon einschließt. Wir werden diese einfachere Aufgabe über einen einzigen Kreis jedoch vorwegnehmen, da sie geometrisch einfacher ist und das Prinzipielle unserer Überlegungen schon erkennen läßt.

3. Nehmen wir an, wir hätten zu einem gezeichnet vorliegenden Kreis durch bloße Benutzung des Lineals nach einem gewissen Verfahren den Mittelpunkt konstruiert. Man hätte also gerade Linien gezogen, die den Kreis oder einander schneiden und hätte gewisse Schnittpunkte durch gerade Linien verbunden. Da hierbei ein Punkt nur fixiert werden kann durch gerade Linien, auf denen er liegt, so wäre also schließlich der Mittelpunkt als der Schnittpunkt zweier Geraden in diesem Verfahren aufgetreten. Die so erzielte Figur bestände also aus dem gegebenen Kreis und einigen geraden Linien, von denen zwei sich im gesuchten Kreismittelpunkt schneiden.

Wir werden nun eine besondere *Abbildung* dieser Figur studieren, eine Abbildung, die zunächst den Kreis wieder in einen Kreis überführt, jede gerade Linie in eine gerade Linie und jeden Schnittpunkt wieder in den Schnittpunkt der entsprechenden Linien. Solcher Abbildungen gibt es natürlich sehr viele; z. B. wäre jede ähnliche Vergrößerung oder Verkleinerung der Figur eine solche. Aber gerade mit ähnlichen Abbildungen ist uns für unseren Zweck nicht gedient. Wir werden vielmehr eine solche Abbildung angeben, die zwar unseren Kreis als Kreis und jede Gerade als Gerade erhält, aber doch die Figur völlig verzerrt, vor allem den Kreismittelpunkt in einen Bildpunkt überführt, der gewiß nicht der Mittelpunkt des Bildkreises ist.

Wenn wir eine solche Abbildung angeben können, sind wir schon fertig mit unserem Beweis. Denn in der Tat: Die Bildfigur mag sich von der Originalfigur noch so sehr unterscheiden, in bezug auf die als möglich angenommene Konstruktion sind beide Figuren völlig gleichberechtigt. Jeden Schritt der Konstruktion in der Originalfigur, etwa das Ziehen einer Geraden, das Aufsuchen eines Schnittpunktes oder das Verbinden zweier Schnittpunkte durch eine Gerade, könnten wir auch, da der Kreis und jede Gerade und jeder Schnittpunkt sich im Bilde wiederfinden, in derselben Reihenfolge in der Bildfigur ausführen. Da aber nach Voraussetzung der Mittelpunkt des Originalkreises *nicht* auf den Mittelpunkt des Bildkreises abgebildet ist, so kann die Konstruktion in der Bildfigur nicht zum Ziele geführt haben: zu den Geraden, die sich in der Originalfigur im Mittelpunkt des Kreises schneiden sollten, gehören Bildgeraden, deren Schnittpunkt vom Mittelpunkt des Bildkreises verschieden ist. Obgleich also auch in der Bildfigur Schritt für Schritt die angenommene Konstruktionsvorschrift erfüllt worden ist, hat sie doch nicht die Auffindung des Kreismittelpunktes geleistet. Das ist aber ein Widerspruch gegen den Sinn einer Konstruktionsmethode. Also kann es eine solche gar nicht geben: mit dem Lineal allein ist die Konstruktion des Mittelpunktes eines ohne Mittelpunkt gegebenen Kreises unausführbar.

Für den Fall *zweier* Kreise wird unser Beweis nachher ganz analog verlaufen.

4. Es kommt nun darauf an, eine Abbildung der soeben geschilderten Art anzugeben. Wir werden uns eine solche Abbildung einfach durch eine räumliche Projektion, und zwar durch eine Zentralprojektion, verschaffen. Außerhalb der Figurenebene E (Fig. 114) denken wir uns einen Punkt O angenommen und von dort durch jeden Punkt P der Ebene E den Strahl gezogen. Dieser Strahl schneidet die Bild- oder Projektionsebene E' in dem Punkte P', dem Bilde oder der Projektion von P. So wie P wird die ganze Figur in E Punkt für Punkt auf E' abgebildet. Man kann dies Bild etwa auffassen als den Schatten, den die punktförmige Lichtquelle in O von der Figur in E auf die Ebene E' wirft.

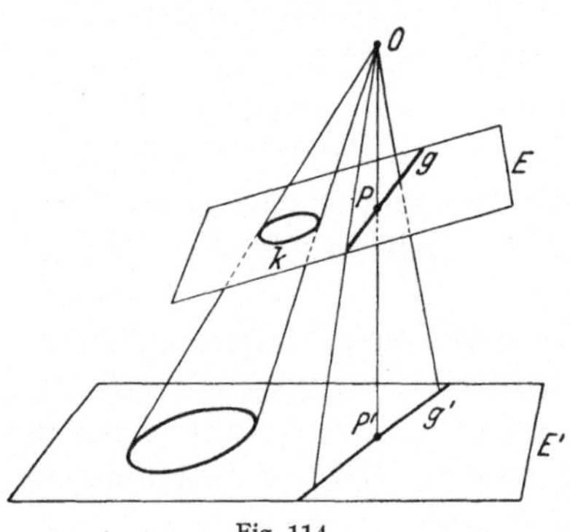

Fig. 114.

Dabei wird offenbar jede Gerade g wieder in eine Gerade g' abgebildet. In der Tat, die Gesamtheit aller Projektionsstrahlen durch O und durch die einzelnen Punkte der Geraden g liegen in der durch O und g festgelegten Ebene, die dann die Ebene E' in der Geraden g' schneidet.

Das Projektionsbild eines Kreises wird aber im allgemeinen kein Kreis sein. Die Gesamtheit der von O zu der Kreisperipherie k gehenden Strahlen bilden einen Kegel, und zwar im allgemeinen einen schiefen

Kreiskegel. „Gerade“ heißt ein Kreiskegel, in dem die Verbindung der Spitze O mit dem Kreismittelpunkt M senkrecht zur Kreisebene steht; alle anderen Kreiskegel heißen schief. Die Projektionsebene E' schneidet nun den Kegel in einem Kegelschnitt, der bekanntlich im allgemeinen kein Kreis ist. Für unsern Zweck aber ist es unumgänglich nötig, den Kreis wieder in einen Kreis abzubilden. Das kann man nun auch tatsächlich in zwei besonderen Fällen erreichen.

Der erste dieser Fälle ist trivial. Er tritt ein, wenn die Figurenebene E und die Bildebene E' parallel zueinander sind. Dann ist die durch die Projektion erzielte Abbildung offenbar eine Ähnlichkeitsabbildung, und zwar eine Vergrößerung oder eine Verkleinerung, je nachdem E' weiter oder näher an O liegt als E. Diesen Fall können wir für unseren Zweck natürlich nicht brauchen, da er keine Verzerrung der Figur bewirkt, speziell daher auch den Mittelpunkt eines Kreises wieder in den Mittelpunkt des entsprechenden Kreises überführt, was wir gerade verhindern wollen.

Über den zweiten Fall gibt ein Lehrsatz Auskunft, den wir hier zunächst nur unbewiesen anführen wollen, und dessen Beweis wir, um den Gang der Überlegungen nicht zu unterbrechen, erst am Schlusse dieses Kapitels nachtragen wollen (Fig. 115). Die Ebene, die senkrecht auf der Kreisebene des schiefen Kegels steht und durch den Mittelpunkt dieses Kreises und durch die Kegelspitze O geht, ist eine Symmetrieebene des schiefen Kegels. In ihr liegen die kürzeste Seitenlinie OK_1 und die längste Seitenlinie OK_2 des Kegels. Als Symmetrieebene ist die Zeichenebene der Figur aufzufassen; der Grundkreis ist in der Figur nur durch seinen Durchmesser K_1K_2 vertreten; die Kreisebene steht senkrecht auf der Zeichenebene. Jede zu der Kreisebene parallele Ebene schneidet den Kegel natürlich wieder in einem Kreis. Von einer Ebene, die die beiden extremen Seitenlinien OK_1 und OK_2 in den Punkten K_1' und K_2' so schneidet, daß $\sphericalangle OK_1'K_2' = \sphericalangle OK_2K_1$ und somit auch (da die Summe *aller* Winkel im Dreieck 2 Rechte beträgt) $\sphericalangle OK_2'K_1' = \sphericalangle OK_1K_2$ ist, wollen wir sagen, daß sie den Kegel in einem *Wechselschnitt* schneidet. Dann lautet unser Hilfssatz, dessen Beweis wir auf später verschieben wollen:

Der Wechselschnitt eines schiefen Kreiskegels ist wieder ein Kreis.

Da alle Parallelschnitte zu einem Kreisschnitt wieder Kreise erzeugen, so haben wir nach diesem Hilfssatz auf einem schiefen Kreiskegel *zwei* Parallelscharen von Kreisschnitten, von denen keine vor der anderen ausgezeichnet ist.

Die Projektion des Kreises K_1K_2 in E auf den Kreis $K_1'K_2'$ in E' von O aus ist nun eine solche, wie wir sie für unseren Beweis benötigen; sie führt nämlich, wie wir sofort sehen werden, den Mittelpunkt M von K_1K_2 *nicht* in den Mittelpunkt M' von $K_1'K_2'$ über. Zunächst stellen wir fest, daß die beiden Dreiecke K_1OK_2 und $K_1'OK_2'$ die Winkelhalbierende des Winkels bei O gemeinsam haben. Da diese Winkelhalbierende in jedem der beiden Dreiecke die Gegenseite K_1K_2 bzw. $K_1'K_2'$ im Verhältnis der beiden anliegenden Seiten teilt, diese aber nach Voraussetzung (nämlich im *schiefen* Kegel) ungleich sind, so geht sie weder durch die Mitte M von K_1K_2, noch durch die Mitte M' von $K_1'K_2'$. Überdies liegen die Mittelpunkte M und M' auf verschiedenen Seiten der Winkelhalbierenden. Um das einzusehen, klappen wir das Dreieck $OK_1'K_2'$ um die Winkelhalbierende OU' um. Da dieses Dreieck dem andern OK_1K_2 spiegelbildlich ähnlich ist, so kommt es nach dem Umklappen in eine solche Lage, daß $K_2'K_1'$ parallel zu K_1K_2 liegt. Jetzt müssen aber die Seitenmittelpunkte M und M' auf derselben Seite der Winkelhalbierenden liegen (da die Winkelhalbierende die Strecken K_1K_2 und $K_2'K_1'$ im gleichen Verhältnis teilt); sie müssen

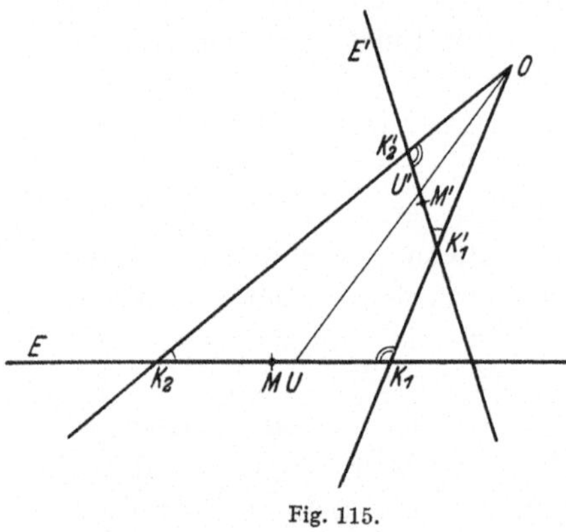

Fig. 115.

also vor dem Umklappen auf verschiedenen Seiten der Winkelhalbierenden gelegen haben. In dieser ursprünglichen Lage können sie daher unmöglich durch Projektion auseinander hervorgehen.

5. Hiermit ist unser Beweis, daß man mit dem Lineal allein zu einem Kreis seinen unbekannten Mittelpunkt nicht finden kann, schon erbracht, bis auf den noch nachzutragenden Beweis des Hilfssatzes über die Wechselschnitte an schiefen Kreiskegeln. An der Fig. 115 möge man sich den Beweis im Zusammenhang noch einmal klarmachen: Eine aus dem Kreise K_1K_2 und aus gewissen geraden Linien bestehende Figur in der Ebene E wird von O aus auf die Ebene E' projiziert, wobei Gerade in Gerade und der Kreis K_1K_2 in den Kreis $K_1'K_2'$ übergehen. Dabei aber wird der Mittelpunkt M von K_1K_2 *nicht* auf den Mittelpunkt M' von $K_1'K_2'$ projiziert. Eine Geradenkonstruktion, die in E zum Ziele geführt hätte, täte es also in E' nicht. Daher ist die gesuchte Konstruktion überhaupt unmöglich.

6. Schwieriger ist die Geometrie der Abbildung bei *zwei* gegebenen Kreisen. Wir bekommen von dem Projektionszentrum O aus stets zwei schiefe Kegel, und wir müssen es so einrichten, daß die Projektionsebene E' *beide* im Wechselschnitt schneidet.

Wir unterscheiden zwei Fälle. Es mögen erstens *die beiden Kreise in E ineinander liegen*. Die Zeichenebene legen wir senkrecht zu E durch die beiden Mittelpunkte M und N der beiden Kreise, deren Durchmesser in der Fig. 116 als K_1K_2 und L_1L_2 erscheinen mögen. Wenn es uns nun gelänge, das Projektionszentrum O so zu legen, daß die von O ausgehenden

Winkelhalbierenden in den Dreiecken OK_1K_2 und OL_1L_2 zusammenfallen, so könnten wir sagen: die Wechselschnitte liegen parallel zueinander, können also in derselben Ebene E' erzeugt werden. Zu diesem Zwecke muß die Winkelhalbierende OWW' die Ebene E' nur unter dem gleichen Winkel wie E treffen, aber in entgegengesetzter Orientierung. Dann sind ohne weiteres die in der Fig. 116 in übereinstimmender Weise gekennzeichneten Winkel einander gleich (da $\sphericalangle L_1OW = \sphericalangle L_2OW$ und $\sphericalangle K_1OW = \sphericalangle K_2OW$ nach Voraussetzung ist), so daß in der Tat E und E' Wechselschnitte zueinander erzeugen. Von O aus werden die ineinander liegenden Kreise K_1K_2 und L_1L_2 auf die Kreise $K_1'K_2'$ und $L_1'L_2'$ abgebildet, die gleichfalls ineinander liegen.

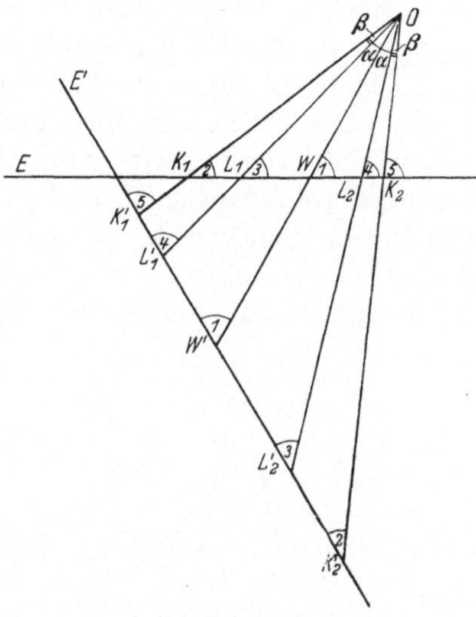

Fig. 116.

Ganz ebenso wie oben wird dann jede angenommene Konstruktionsvorschrift zur Auffindung der Mittelpunkte der Kreise mit dem Lineal ad absurdum geführt. Eine aus Geraden bestehende Konstruktion in E wird auf eine ebensolche in E' abgebildet. Da aber keiner der Mittelpunkte M und N wieder in einen Kreismittelpunkt übergeführt wird, kann die Konstruktion in E' nicht das Verlangte geleistet haben. Da aber E und E' für die fragliche Konstruktion völlig gleichberechtigt sein müßten, so kann es überhaupt keine solche Konstruktion geben.

Es handelt sich nun nur noch darum, den Punkt O so zu legen, daß die Annahme des Zusammenfallens der Winkelhalbierenden in den beiden Dreiecken OK_1K_2 und OL_1L_2 zutrifft. Bedenken wir aber, daß $\sphericalangle K_1OL_2 = \sphericalangle K_2OL_1$ sein muß (wie man aus den Gleichungen

$$\sphericalangle K_1OW = \sphericalangle K_2OW$$
$$\sphericalangle L_2OW = \sphericalangle L_1OW$$

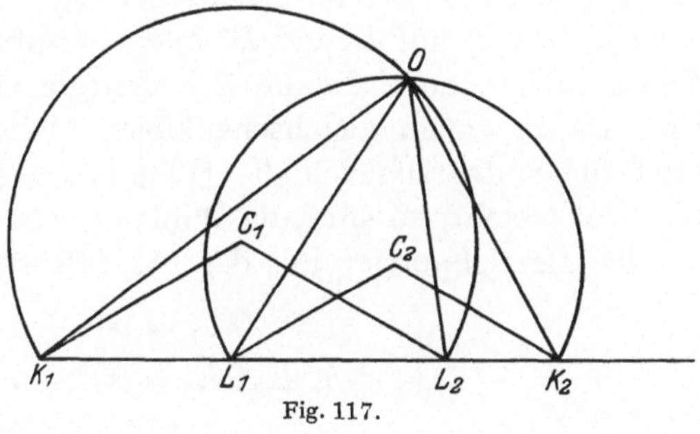

Fig. 117.

durch Addition erschließt), so können wir folgendermaßen vorgehen:

Wir nehmen $\sphericalangle K_1OL_2 = \sphericalangle K_2OL_1 = \delta$ willkürlich an und zeichnen sowohl über K_1L_2 als auch über K_2L_1 als Sehnen die Kreise, die δ als

Peripheriewinkel enthalten[1]. Diese beiden Kreisbogen, *die sich schneiden müssen*, da ihre Sehnen übereinander greifen, schneiden sich in O (Fig. 117). Dann ist zunächst $\measuredangle K_1 O L_2 = \measuredangle K_2 O L_1$, folglich auch $\measuredangle K_1 O L_1 = \measuredangle K_2 O L_2$. Die Winkelhalbierende von $\measuredangle L_1 O L_2$ halbiert daher auch den $\measuredangle K_1 O K_2$, was wir ja erreichen wollten.

7. Es bleibt noch der Fall zu erledigen, daß die *beiden gegebenen Kreise* ohne gegebenen Mittelpunkt *außerhalb voneinander liegen*. In diesem Fall erhalten wir natürlich auch zwei außerhalb voneinander liegende Projektionskegel, und es ist unmöglich, bei irgendeiner Lage von O eine gemeinsame Winkelhalbierende in den Dreiecken $O K_1 K_2$ und $O L_1 L_2$ zu finden.

In diesem Fall müssen wir den *Scheitelkegel* des einen Kegels zur Hilfe nehmen (Fig. 118). Wenn E' den Scheitelkegel $O L_1' L_2'$ von $O L_1 L_2$ und den Kegel $O K_1 K_2$ in $K_1' K_2'$ als Wechselschnitt zu der Ebene E schneiden soll, so muß erstens die Winkelhalbierende $O V$ von $L_1 O L_2$ die Ebene E unter dem gleichen Winkel schneiden, unter dem die aus $O V$ durch rückwärtige Verlängerung hervorgehende Winkelhalbierende $O V'$ von $L_1' O L_2'$ die Ebene E' schneidet; und zweitens muß die Winkelhalbierende $O U$ von $K_1 O K_2$ die Ebenen E und E'

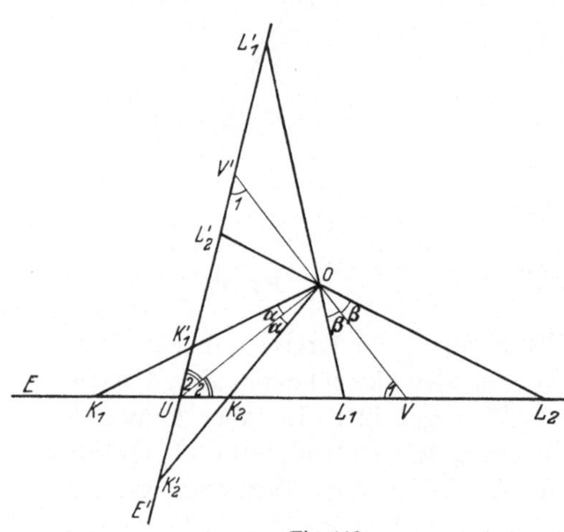

Fig. 118.

unter gleichen Winkeln schneiden. Die Orientierung der Ebenen zu den Geraden ist aus der Figur zu ersehen. Aus der Lage von $V O V'$ folgt, daß das Dreieck $U V V'$ gleichschenklig ist. Aus der Gleichheit der Winkel, die $O U$ mit E und E' bildet, ergibt sich weiter, daß $U O$ die Winkelhalbierende im Punkte U in dem gleichschenkligen Dreieck $U V V'$ wird. Da in einem gleichschenkligen Dreieck die Winkelhalbierende durch die Spitze zugleich die Höhe ist, d. h. senkrecht auf der Basis (hier $V V'$) steht, so sind die Winkel $V O U$ und $V' O U$ rechte Winkel. Mit den Bezeichnungen aus der Fig. 118 ist dann:

$$\measuredangle K_1 O L_1 = 90^0 + \alpha - \beta$$
$$\measuredangle K_2 O L_2 = 90^0 - \alpha + \beta$$

---

[1] Sind die Mittelpunkte dieser Kreise C_1 und C_2, so müssen die Zentriwinkel $K_1 C_1 L_2$ und $L_1 C_2 K_2$ auch einander gleich sein. Daraus ergibt sich für die Konstruktion der Fig. 117 die Anweisung:

$$\measuredangle C_1 K_1 L_2 = \measuredangle C_2 L_1 K_2 = 90^0 - \delta.$$

also

(1) $$\sphericalangle K_1 O L_1 + \sphericalangle K_2 O L_2 = 180^0.$$

Der Punkt O muß also so liegen, daß für die Winkel bei O die Gleichung (1) gilt. Wenn das aber der Fall ist, so stehen die Winkelhalbierenden der Winkel $K_1 O K_2$ und $L_1 O L_2$ in der Tat senkrecht aufeinander, denn

$$2 \sphericalangle U O V = 2 \sphericalangle U O K_2 + 2 \sphericalangle K_2 O L_1 + 2 \sphericalangle L_1 O V$$
$$= (\sphericalangle K_1 O U + \sphericalangle U O K_2 + \sphericalangle K_2 O L_1)$$
$$+ (\sphericalangle K_2 O L_1 + \sphericalangle L_1 O V + \sphericalangle V O L_2)$$
$$= \sphericalangle K_1 O L_1 + \sphericalangle K_2 O L_2 = 180^0,$$

also

$$\sphericalangle U O V = 90^0.$$

Ist dies aber der Fall, so kann man die Ebene E' so legen, wie in der Figur angegeben, so daß sie beide Kegel im Wechselschnitt zu der Ebene E schneidet. Die Projektion der Ebene E auf E' vom Punkte O aus leistet dann wieder die in unserm Beweis geforderte Abbildung, aus der wir wie bisher schließen, daß es eine aus lauter Geraden bestehende Konstruktion der Mittelpunkte der beiden Kreise $K_1 K_2$ und $L_1 L_2$ nicht geben kann.

Um nun einen Punkt O von der geschilderten Lage zu finden, können wir von den beiden Winkeln $\sphericalangle K_1 O L_1 = \varphi$ und $\sphericalangle K_2 O L_2 = \psi$ noch den einen ganz willkürlich wählen; ihre Summe aber muß 180^0 sein. Wir zeichnen dann über $K_1 L_1$ den Kreisbogen, der φ als Peripheriewinkel enthält, und über $K_2 L_2$ den Kreisbogen mit dem Peripheriewinkel ψ. Da $K_1 L_1$ und $K_2 L_2$ nach Voraussetzung übereinander greifen, so müssen sich diese beiden Kreisbogen schneiden; ihr Schnittpunkt ist dann ein Punkt O der gesuchten Eigenschaft.

Wir haben damit den Beweis für den Satz beendet, daß zwei sich nicht schneidende Kreise ohne Mittelpunkt nicht ausreichen, um alle elementaren Konstruktionen mit dem Lineal allein ausführbar zu machen.

Nachtrag:

Beweis des Satzes über die Wechselschnitte an schiefen Kreiskegeln. In **4.** haben wir einen Satz über die Wechselschnitte an schiefen Kreiskegeln formuliert, von dem wir dann dauernd Gebrauch gemacht haben, dessen Beweis wir jedoch zurückgestellt haben. Er soll nunmehr nachgetragen werden.

Wir denken uns den schiefen Kreiskegel wieder wie bisher im Durchschnitt gezeichnet (s. Fig. 119). Die Zeichenebene gehe durch die Spitze O des Kegels und stehe senkrecht auf dem Grundkreis, den sie in seinem Durchmesser $K_1 K_2$ schneide. Die Zeichenebene ist dann offenbar eine

Symmetrieebene des schiefen Kegels. Unser Ziel ist es, eine weitere Symmetrieebene aufzuweisen.

Um das Dreieck OK_1K_2 werde der Umkreis beschrieben. Ferner werde in diesem Dreieck die Winkelhalbierende des Winkels K_1OK_2

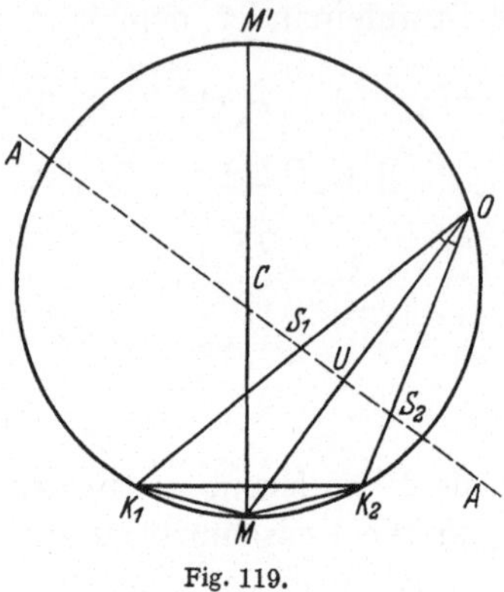

Fig. 119.

gezogen, die verlängert den Umkreis in M schneide. Da die beiden Winkel K_1OM und K_2OM einander gleich sein sollen, müssen auch die Kreisbögen K_1M und K_2M einander gleich sein, da zu gleichen Peripheriewinkeln gleiche Bögen gehören. Das Lot von dem Umkreismittelpunkt C auf die Sehne K_1K_2, das diese Sehne halbiert, trifft daher den Umkreis gleichfalls in dem Punkt M. Lassen wir den Umkreis um die Achse $M'CM$ rotieren, so beschreibt er als Umdrehungsfigur eine Kugel. Auf dieser Kugel liegen der Grundkreis K_1K_2 des Kegels und auch die

Spitze O; die Kugel ist also dem Kegel umschrieben. Der Punkt M hat somit von allen Punkten des Grundkreises K_1K_2 die gleiche Entfernung.

Die Gerade OM spielt nun in dem schiefen Kegel eine besondere Rolle, die den Anlaß dazu gegeben hat, sie als *Achse des Kegels* zu bezeichnen. Legt man nämlich durch die Achse eine Ebene, so schneidet diese den Kegel in einem Dreieck mit der Spitze O und den zwei auf dem Grundkreis gelegenen Ecken, die H_1 und H_2 heißen mögen; sie

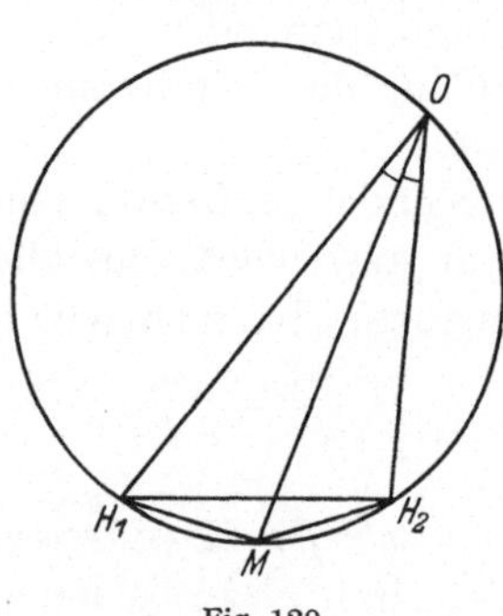

Fig. 120.

schneidet ferner die Kugel in einem Kreis, der der Umkreis des Schnittdreiecks OH_1H_2 ist. Auf diesem Umkreis liegt auch M und wir erhalten eine Figur, die zu Fig. 119 ganz analog ist (Fig. 120). Die Achse OM muß auch in dem Dreieck OH_1H_2 Winkelhalbierende sein, da wegen der Lage des Punktes M zu dem Kegelgrundkreis die beiden Sehnen H_1M und H_2M gleich lang sind, daher zu gleich großen Peripheriewinkeln H_1OM und H_2OM Anlaß geben. Wir merken also als Teilresultat an:

Die Achse des schiefen Kegels ist so beschaffen, daß jede durch sie hindurchgehende Ebene den Kegel in einem Dreieck schneidet, dessen Winkelhalbierende sie ist.

Wir schneiden den Kegel nun mit einer Ebene A, die *senkrecht* auf der Kegelachse steht; diese Ebene steht natürlich auch senkrecht zu der Zeichenebene, in der die Kegelachse liegt. In Fig. 119 ist die Spur der

Schnittebene A mit AA bezeichnet. In der Ebene A entsteht eine Schnittfigur als Durchschnitt mit dem schiefen Kegel. In der Fig. 121 ist diese Schnittfigur aufgezeichnet, indem die Ebene A zur Zeichenebene gemacht worden ist. Die Kegelachse steht also senkrecht auf dieser neuen Zeichenebene. Die alte Zeichenebene schneidet die neue Zeichenebene A in der Spur ZZ. Eine durch die Achse gehende sonst beliebige Ebene B schneide aus der Ebene A die Spur BB aus, auf der die Punkte $T_1 T_2$ Punkte des Kegels sein mögen. Da im Dreieck $T_1 O T_2$ die Achse UO zugleich senkrecht auf $T_1 T_2$ steht und nach dem oben bemerkten Teilresultat den Winkel $T_1 O T_2$ halbiert[1], so muß $T_1 U = T_2 U$ sein. Der Punkt U ist also ein Symmetriezentrum der Kegelschnittfigur in der Ebene A.[2]

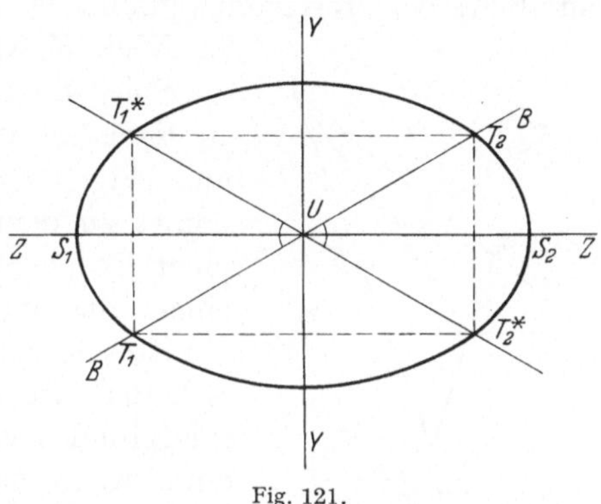

Fig. 121.

Nun muß es in der Schnittfigur u. a. auch noch die Punkte T_1^* und T_2^* geben, die in bezug auf ZZ Spiegelbilder von T_1 und T_2 sind, denn ZZ muß Symmetrielinie der Fig. 121 sein, da die „alte Zeichenebene", deren Spur ZZ ist, Symmetrieebene des schiefen Kegels war.

Man sieht nun leicht ein, daß auch die in U auf ZZ senkrecht stehende Gerade YY eine Symmetrielinie der Figur sein muß. Denn die 4 Punkte $T_1 T_2^* T_2 T_1^*$ bilden ein Rechteck mit dem Mittelpunkt U. (Wegen $T_1 U = T_2 U$ ist in den Spiegelbildern auch $T_1^* U = T_2^* U$; ferner sind die beiden Scheitelwinkel $\sphericalangle T_1 U T_1^*$ und $\sphericalangle T_2 U T_2^*$ einander gleich, daher die Dreiecke $T_1^* T_1 U$ und $T_2^* T_2 U$ einander kongruent und somit $T_1 T_1^* = T_2 T_2^*$. Da ferner $T_1 T_1^*$ und $T_2 T_2^*$ einander parallel sind als Lote auf ZZ, so ist $T_1 T_2^* T_2 T_1^*$ ein Parallelogramm. Es hat zwei gleich lange Diagonalen $T_1 T_2$ und $T_1^* T_2^*$, ist also ein Rechteck.) Eine solche Überlegung gilt natürlich nicht nur von unserer speziellen Figur, sondern man kann ganz allgemein den Satz aufstellen: Eine Figur, die eine Symmetrielinie und auf dieser ein Symmetriezentrum hat, besitzt auch eine zweite Symmetrielinie, nämlich die auf der ersten im Symmetriezentrum senkrecht stehende Gerade.

Für den schiefen Kegel bedeutet das nun, daß die durch die Achse

---

[1] In der Figur natürlich nicht gezeichnet, da O nicht in der Zeichenebene liegt, sondern senkrecht über U gelegen zu denken ist.

[2] Diese Schnittfigur würde sich übrigens bei genauerer Diskussion als eine Ellipse herausstellen. Doch braucht uns das hier nicht zu interessieren.

gehende Ebene, die auf der Zeichenebene in den Fig. 119 und 121 senkrecht steht, eine zweite Symmetrieebene des Kegels ist. Denn in dieser Ebene liegt die Gerade YY, die man sich in der Fig. 119 senkrecht zur Zeichenebene im Punkte U errichtet zu denken hat.

Spiegelt man den Kegel an dieser zweiten Symmetrieebene, so fällt sein Bild mit ihm selbst zusammen; diese Aussage ist nur eine Umschreibung der erörterten Symmetrie. Bei dieser Spiegelung aber geht der Kreis $K_1 K_2$, der auf dem Kegel liegt, in sein Spiegelbild $K_1' K_2'$ über, das natürlich wieder ein Kreis ist und auch auf dem Kegel liegen muß (Fig. 122). Dieser Kreis ist ein Wechselschnitt zu dem Kreisschnitt $K_1 K_2$. Die Lage seiner Ebene zu der Kegelachse ist genau diejenige, die oben zur Definition des Wechselschnittes hervorgehoben wurde. Im übrigen fällt auch der Kreis $K_1 K_2$ nicht etwa mit seinem Spiegelbild zusammen, da dies nur eintreten kann, wenn die Ebene des Kreises senkrecht zur Achse des Kegels ist. Dann aber hätten wir gegen die Voraussetzung einen geraden Kreiskegel statt des schiefen vor uns.

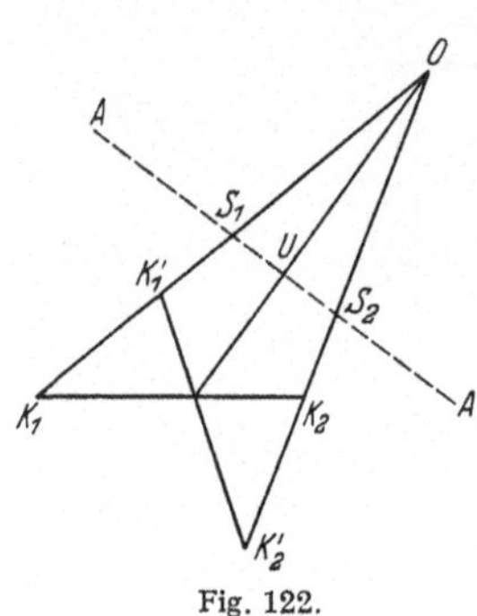

Fig. 122.

Damit haben wir den oben gebrauchten Satz über die Wechselschnitte schiefer Kegel bewiesen.

22. Eine Eigenschaft der Zahl 30.

Weder 10 noch 21 ist eine Primzahl. Aber $10 = 2 \cdot 5$ und $21 = 3 \cdot 7$ haben keinen Teiler, der beiden gemeinsam wäre, man nennt sie darum „teilerfremde Zahlen". 6 und 10 sind nicht zueinander teilerfremd, sie haben den Teiler 2 gemeinsam.

Die Zahl 10 ist zu folgenden der Zahlen von 1 bis 9 teilerfremd: 3, 7, 9; davon ist 9 keine Primzahl; aber sie ist trotzdem zu 10 teilerfremd. Anders liegt es bei 12; hier sind unter den Zahlen 1 bis 11 nur 5, 7, 11 zu 12 teilerfremd, also nur Primzahlen. In dieser Lage, die wir eben bei der 12 kennengelernt haben, sind, wie man leicht durchprobiert, die Zahlen

$$3, \ 4, \ 6, \ 8, \ 12, \ 18, \ 24, \ 30.$$

Ist 30 die letzte Zahl von der Art, daß alle unter ihr gelegenen, zu ihr teilerfremden Zahlen durchweg Primzahlen sind? Daß dem so ist, soll im folgenden bewiesen werden.

Wir beginnen mit einer sehr einfachen Bemerkung. Von 4 ab muß jede Zahl N der gekennzeichneten Art durch 2 teilbar sein; denn wäre sie ungerade, so wäre 4 zu ihr teilerfremd und doch keine Primzahl. Ebenso muß von 9 ab jedes solche N auch noch durch 3 teilbar sein, aus dem entsprechenden Grunde, und da sie ohnedies durch 2 teilbar ist, ist sie durch $2 \cdot 3$ teilbar. Indem man so fortschließt, ergibt sich die Tabelle:

Von	4	ab muß	N	durch		$2 =$	2	teilbar sein
,,	9	,,	,,	N	,,	$2 \cdot 3 =$	6	,, ,,
,,	25	,,	,,	N	,,	$2 \cdot 3 \cdot 5 =$	30	,, ,,
,,	49	,,	,,	N	,,	$2 \cdot 3 \cdot 5 \cdot 7 =$	210	,, ,,
,,	121	,,	,,	N	,,	$2 \cdot 3 \cdot 5 \cdot 7 \cdot 11 =$	2310	,, ,,

Zwischen 4 und 9 kommen also nur 4, 6, 8 in Betracht, zwischen 9 und 25 nur 12, 18, 24, zwischen 25 und 49 nur 30 (60, die nächste durch 30 teilbare Zahl, liegt schon über 49!), von 49 bis 121 keine, da 210 bereits größer als 121 ist (30 war noch kleiner als 49). Wir könnten auf diese Art unbegrenzt weiterschließen und damit die aufgestellte Behauptung sofort beweisen, wenn wir wüßten, daß dies so weitergeht, daß 13^2 unter $2 \cdot 3 \cdot 5 \cdot 7 \cdot 11$ liegt, 17^2 unter $2 \cdot 3 \cdot 5 \cdot 7 \cdot 11 \cdot 13$ und allgemein, falls wir wie in der 1. Vorlesung die sukzessiven Primzahlen

$$2, \ 3, \ 5, \ 7, \ 11, \ 13, \ 17, \ldots$$

mit

$$p_1, \ p_2, \ p_3, \ p_4, \ p_5, \ p_6, \ p_7, \ldots$$

bezeichnen, daß von $n = 4$ ab

$$(1) \qquad p_{n+1}^2 < p_1 \cdot p_2 \cdot p_3 \cdots p_n$$

ist.

Was der in der 1. Vorlesung wiedergegebene Euklidische Beweis lehrt, ist im Grunde genommen, daß

$$p_{n+1} < p_1 \cdot p_2 \cdots p_n$$

ist; was wir brauchen, ist

$$p_{n+1} < \sqrt{p_1 \cdot p_2 \cdots p_n},$$

also *mehr*, als der Euklidische Beweis ergibt. Andererseits, wenn wir (1) bewiesen haben, ist damit das Ausgangsproblem dieser Vorlesung ebenfalls erledigt. Wir werden uns deshalb jetzt nur noch mit dem Beweis der Behauptung (1) befassen, die auch an sich vielleicht das gleiche Interesse beanspruchen kann.

In Wahrheit gilt natürlich unvergleichlich mehr als (1): die nächste Primzahl hinter $p_5 = 11$ ist nicht nur unter $\sqrt{2 \cdot 3 \cdot 5 \cdot 7 \cdot 11} = \sqrt{2310}$ $= 48{,}06 \ldots$ gelegen, sondern bereits 13, usf.; nur ist es so ungemein schwer, bei der ungeheueren Unregelmäßigkeit der Primzahlen etwas Allgemeingültiges auszusagen; mit schweren Hilfsmitteln hat der russische Mathematiker Tschebyschef gezeigt, daß die auf p_n folgende Primzahl $p_{n+1} < 2 p_n$ ist. Das ist natürlich weit mehr als das, was wir hier brauchen, d. h. als das, was (1) besagt. Aber es ist die Frage, ob die so viel geringere Aussage (1) sich nicht einfach und mit elementaren Hilfsmitteln bezwingen läßt.

Einem Studenten aus Münster, BONSE, ist das 1907 auf eine Anregung seines Lehrers M. DEHN hin durch einen sehr scharfsinnigen Schluß gelungen, der nicht nur die Hilfsmittel der Analysis und der unendlichen Prozesse vermeidet, deren TSCHEBYSCHEF sich bedient, sondern der überhaupt keinerlei mathematische Kenntnisse voraussetzt, sowenig es etwa unsere erste Vorlesung getan hat.

1. Der Grundgedanke des Beweises knüpft unmittelbar an den Euklidischen Beweis an, der in der 1. Vorlesung wiedergegeben worden ist. Anstatt jedoch aus den ersten n Primzahlen den Ausdruck

$$N = p_1 p_2 \ldots p_n + 1 \quad \text{oder} \quad M = p_1 p_2 \ldots p_n - 1$$

zu bilden, ziehen wir nur einen Teil, etwa nur i der Zahlen $p_1, \ldots, p_n$ heran und bilden aus ihnen statt eines einzigen die folgenden p_i Ausdrücke:

$$M_1 = p_1 p_2 \ldots p_{i-1} \cdot 1 - 1,$$
$$M_2 = p_1 p_2 \ldots p_{i-1} \cdot 2 - 1,$$
$$M_3 = p_1 p_2 \ldots p_{i-1} \cdot 3 - 1,$$
$$M_4 = p_1 p_2 \ldots p_{i-1} \cdot 4 - 1,$$
$$\cdots\cdots\cdots\cdots\cdots\cdots\cdots\cdots$$
$$M_{p_i} = p_1 p_2 \ldots p_{i-1} \cdot p_i - 1.$$

Von diesen gilt nach dem genauen Vorbild des Euklidischen Schlusses das Folgende:

a) *keiner von ihnen ist durch irgendeine der Zahlen $p_1, p_2, \ldots, p_{i-1}$ teilbar*,

b) *höchstens einer von ihnen ist durch p_i teilbar*. Denn wären irgend zwei von ihnen, etwa $p_1 \ldots p_{i-1}\, x - 1$ und $p_1 \ldots p_{i-1}\, y - 1$ beide durch p_i teilbar, so auch ihre Differenz $p_1 \ldots p_{i-1}\, (x - y)$, und da p_i in den ersten $i - 1$ Faktoren nicht aufgehen kann, müßte es in $(x - y)$ aufgehen. Aber x, y sind irgendwelche der Zahlen $1, 2, 3, 4, \ldots, p_i$, und der Unterschied zweier solcher Zahlen wird im extremen Falle, wo die kleinere die 1, die größere die p_i ist, nur $p_i - 1$, also in jedem Falle weniger als p_i betragen. Darum kann p_i nicht in diesem Unterschied aufgehen, da nie eine größere Zahl in einer kleineren aufgehen kann,

c) *ebenso ist höchstens einer von ihnen durch p_{i+1}, höchstens einer von ihnen durch p_{i+2} usf., höchstens einer von ihnen durch p_n teilbar.*

Und nun kommt der erste entscheidende Schluß: wenn die Anzahl der Zahlen $p_i, p_{i+1}, \ldots, p_n$ kleiner ist als die der Ausdrücke $M_1, \ldots, M_{p_i}$ wenn also m. a. W.

$$(2) \qquad\qquad n - i + 1 < p_i$$

ist, so gibt es unter den Ausdrücken M sicher mindestens einen, der durch keine der Zahlen $p_i, p_{+1}, \ldots, p_n$ teilbar ist, da jede der Primzahlen $p_i, p_{i+1}, \ldots, p_n$ doch in höchstens einem der Ausdrücke M_1, $\ldots, M_{p_i}$ als Faktor enthalten ist. Und da überdies wegen a) auch $p_1, \ldots, p_{i-1}$ nicht in ihm aufgehen können, geht überhaupt keine der n ersten Primzahlen in ihm auf; heiße er M_h. Entweder wird nun M_h — der Schluß schreitet hier wieder genau nach dem Muster des Euklidischen Beweises fort — selbst eine Primzahl sein, und dann jedenfalls eine, die über p_n liegt; oder er wird in mehrere Primfaktoren zerfallen, unter denen aber $p_1, \ldots, p_n$ nicht vorkommen können, die also alle über p_n gelegen sind. Auf jeden Fall muß es also *hinter* p_n noch eine Primzahl geben, die in M_h aufgeht, oder gleich M_h selbst ist, also sicher nicht größer als M_h ist, und da das letzte M_{p_i} das größte von allen ist, auch sicher nicht größer als dieses letzte M_{p_i}. Es ist nicht gesagt, daß diese eben ins Auge gefaßte Primzahl gerade die nächste hinter p_n sein wird, p_{n+1}. Aber selbst wenn sie es nicht ist, wird sie noch größer sein als p_{n+1}, und darum wird p_{n+1} erst recht nicht über M_{p_i} gelegen sein können,

$$p_{n+1} \leqq p_1 \cdots p_{i-1} p_i - 1 < p_1 \cdots p_i.$$

Das vorläufige Ergebnis der Untersuchung ist also dieses: *Wenn* (2) *gilt, so ist*

(3) $$p_{n+1} < p_1 \cdots p_i.$$

2. Dieses Ergebnis der ganzen bisherigen Betrachtung ist sichtlich eine Verschärfung dessen, was der Euklidische Beweis liefert:

$$p_{n+1} < p_1 \cdots p_n.$$

Denn i ist weniger als n, die rechte Seite ist also erniedrigt worden. Es fragt sich nur, wie groß der Gewinn ist. Denn die Bedingung (2) erlaubt uns nicht, i beliebig klein zu nehmen, sondern i muß so groß sein, daß die Anzahl der Zahlen $p_i, \ldots, p_n$, also $n - i + 1$, kleiner als p_i, die erste von ihnen, ist. Eine wahrhaft raffinierte Bedingung. Orientieren wir uns an einem einfachen Beispiel über ihre Tragweite.

Sei $n = 5$, so daß es sich also um die 5 Primzahlen 2, 3, 5, 7, 11 handelt. Würden wir $p_i = 3$, also $i = 2$ wählen, so würde die Gruppe der Zahlen $p_i, \ldots, p_n$ aus den Zahlen 3, 5, 7, 11 bestehen, und deren Zahl $n - i + 1 = 5 - 2 + 1 = 4$ wäre nicht kleiner als $p_i = 3$, die erste von ihnen. Das i war also zu niedrig gegriffen. Wählen wir i um eins größer, $= 3$, so wird $p_i = 5$, und die Zahlen 5, 7, 11 sind nur noch 3 an Zahl und 3 ist wirklich kleiner als die erste der drei Zahlen, die 5. Daß jede noch größere Wahl von i erst recht die Forderung (2) befriedigen würde, bedarf keiner Erörterung.

Die These, die wir jetzt beweisen wollen, lautet nun: *Wählt man i so klein, wie es im Rahmen der Bedingung* (2) *irgend möglich ist, so ist*

(4) $$p_1 \cdots p_i < p_{i+1} \cdots p_n.$$

Für $n = 5$ ist diese These richtig. Denn es ist, wie man unmittelbar ausrechnet, $2 \cdot 3 \cdot 5 < 7 \cdot 11$. Um zu sehen, ob sie auch weiterhin gültig bleibt, müssen wir uns etwas genauer vorstellen, wie sich die Wahl des optimalen i bei wachsendem n entwickelt.

Wenn wir von $n = 5$ zu $n = 6$ übergehen, also die 6 ersten Primzahlen 2, 3, 5, 7, 11, 13 betrachten, so ist klar, daß wir $p_i = 5$ noch beibehalten können. Denn vorhin war die Anzahl $n - i + 1 = 3$, also sogar um 2 Einheiten kleiner als 5. Wenn jetzt also noch die 13 zu den Zahlen der Gruppe dazukommt, so wird deren Anzahl erst 4 sein und also immer noch kleiner als $p_i = 5$. Erst wenn wir zu $n = 7$ übergehen, würde die Gruppe nun noch die 17, also 5 Zahlen enthalten, und das wären nicht mehr weniger als 5. Hier also muß i um eins erhöht werden, also $p_i = 7$ gewählt werden. Nun darf die Gruppe bis zu 6 Zahlen enthalten, d. h. die Zahlen 7, 11, 13, 17, 19, 23. Die Wahl $p_i = 7$ reicht also für die nächsten 3 Schritte, bei $n = 7, 8, 9$; sodann muß $p_i = 11$ genommen werden, und da diesmal die nächste Primzahl hinter 7 nicht nur um 2, sondern um 4 größer ist als 7, wird diese Wahl nicht nur wiederum für die nächsten 3, sondern sogar für die nächsten 5 Schritte ausreichen. Am besten orientiert die folgende Tabelle, in der jeweils das p_i im Druck hervorgehoben ist:

$$
\begin{aligned}
n &= 5 : 2, 3, \mathbf{5}, 7, 11 \\
n &= 6 : 2, 3, \mathbf{5}, 7, 11, 13 \\
n &= 7 : 2, 3, 5, \mathbf{7}, 11, 13, 17 \\
n &= 8 : 2, 3, 5, \mathbf{7}, 11, 13, 17, 19 \\
n &= 9 : 2, 3, 5, \mathbf{7}, 11, 13, 17, 19, 23 \\
n &= 10 : 2, 3, 5, 7, \mathbf{11}, 13, 17, 19, 23, 29 \\
n &= 11 : 2, 3, 5, 7, \mathbf{11}, 13, 17, 19, 23, 29, 31 \\
n &= 12 : 2, 3, 5, 7, \mathbf{11}, 13, 17, 19, 23, 29, 31, 37 \\
n &= 13 : 2, 3, 5, 7, \mathbf{11}, 13, 17, 19, 23, 29, 31, 37, 41 \\
n &= 14 : 2, 3, 5, 7, \mathbf{11}, 13, 17, 19, 23, 29, 31, 37, 41, 43 \\
n &= 15 : 2, 3, 5, 7, 11, \mathbf{13}, 17, 19, 23, 29, 31, 37, 41, 43, 47
\end{aligned}
$$

. . . .

Nachdem wir übersehen gelernt haben, wie die Wahl des optimalen i bei wachsendem n fortschreitet, handelt es sich nun darum, ob gleichzeitig damit die These (4) ihre Gültigkeit beibehält. Daß sie für $n = 6$ noch in Geltung bleibt, ist klar. Denn wenn

$$
\tag{5} 2 \cdot 3 \cdot 5 < 7 \cdot 11, \text{ so ist auch}
$$

$$
\tag{6} 2 \cdot 3 \cdot 5 < 7 \cdot 11 \cdot 13;
$$

da beim Übergang von $n = 5$ zu $n = 6$ das i sich nicht geändert hat, ist die Sache selbstverständlich.

Beim Übergang von $n = 6$ zu $n = 7$ liegt die Sache anders. Hier tritt die 7 auf die linke Seite herüber; dafür kommt rechts die 17 dazu.

Wir wollen wissen, ob

$$(7) \qquad 2\cdot 3\cdot 5\cdot 7 < 11\cdot 13\cdot 17$$

ist. Ohne es zahlenmäßig auszurechnen, können wir es direkt aus (6) nicht folgern. Denn allerdings bleibt (6) als Ungleichung richtig, wenn wir links mit 7, rechts mit dem größeren 17 erweitern; aber das ergibt

$$2\cdot 3\cdot 5\cdot 7 < 7\cdot 11\cdot 13\cdot 17,$$

und darin steht rechts ein unerwünschter Faktor 7.

Wenn wir (5) statt (6) als Basis nehmen, dann können wir (7) sehr wohl daraus folgern, ohne es numerisch auszurechnen. Denn erweitern wir (5) links mit $7\cdot 7$, rechts mit $13\cdot 17$, so erhalten wir

$$2\cdot 3\cdot 5\cdot 7\cdot 7 < 7\cdot 11\cdot 13\cdot 17,$$

und indem wir hierin mit 7 kürzen, erhalten wir das gewünschte (7).

Diese Überlegung war zwar an den Übergang von $n = 6$ zu $n = 7$ angeknüpft; indem wir aber jede zahlenmäßige Ausrechnung als Beweisargument vermieden haben, ist klar, daß sie für jeden weiteren solchen Übergang in der gleichen Weise gelten wird. Dies beruht einfach auf dem Umstand, daß bei zunehmendem n das i nie zweimal unmittelbar nacheinander vermehrt wird, sondern daß jedesmal eine Atempause eintritt, die sogar noch größer ist, als wir es für den vorliegenden Zweck brauchen, indem sie in Wahrheit jedesmal mindestens nicht nur zwei, sondern mindestens drei Schritte (und oft noch mehr) umfaßt, wie die Tabelle deutlich hervortreten läßt. Also gilt (7) allgemein.

3. Erweitern wir (4) beiderseits mit $p_1 \ldots p_i$, so folgt

$$(p_1 \ldots p_i)^2 < p_1 \ldots p_n$$

oder

$$(8) \qquad p_1 \ldots p_i < \sqrt{p_1 \ldots p_n}.$$

Verbinden wir dieses Resultat mit dem von 1., das sich in (3) konzentriert, so folgt die Behauptung (1).

4. Es sei die Bemerkung angefügt, die BONSE näher ausführt, daß die schärfere Behauptung

$$(9) \qquad p_{n+1} < \sqrt[3]{p_1 \ldots p_n}$$

für $n \geq 5$ genau so bewiesen werden kann. Dies folgt einfach daraus, daß die „Atempause", auf der der Schluß am Ende von 2. beruhte, in Wahrheit stets mindestens 3 statt der nur benötigten 2 Schritte anhielt, und daß man bei Ausnutzung dieses Umstandes den Schluß auf die Kubikwurzeln ausdehnen kann. Zugleich ist klar, daß er unmittelbar nicht weitergetrieben werden kann.

Der Leser wird zugeben, daß diese ganze Betrachtung an Vorkenntnissen nichts anderes erfordert hat wie die 1. Vorlesung, d. h. selbst von der üblichen Schulmathematik nur den geringsten Teil. Sie hat lediglich an den nackten Verstand appelliert. Desto deutlicher zeigt sie, wie geistreich und wie schwer Mathematik sein kann, nicht nur durch die Vielheit der verschiedentlichen Zweige ihres Wissens, die sie zur Erreichung eines Zieles kombiniert und aufeinandertürmt, sondern auch dort, wo sie unter Verzicht auf solche Mannigfaltigkeit nur aus einer einzigen schlichten Gegebenheit heraus, wie hier aus dem Begriff der Primzahl, fast wie aus dem Nichts freischöpfend wirkliche Gedanken gebiert. Mag diese letzte Vorlesung an Schwierigkeit der Gedankenführung über das Maß der anderen hinausragen, so zeigt sie eben darum desto stärker und in desto größerer Reinheit, was das eigentliche Leitmotiv dieses ganzen Buches war.

Zusätze und Bemerkungen.

Zu 1.

Der Wortlaut des Satzes heißt bei Euklid IX, 20 folgendermaßen:

οἱ πρῶτοι ἀριθμοὶ πλείους εἰσὶ παντὸς τοῦ προτεθέντος πλήθους πρώτων ἀριθμῶν, der Primzahlen gibt es mehr als jede vorgelegte Menge von Primzahlen.

Der Beweis für die *Lücken* in der Primzahlreihe nach Kronecker: Vorl. über Zahlentheorie I, Leipzig 1901, S. 68.

Für einige ähnliche Folgen, wie z. B. 1, 5, 9, 13, ..., $4n + 1$, ... oder 3, 7, 11, 15, ..., $4n - 1$, ..., beides Folgen mit der Differenz 4, läßt sich das Vorhandensein unendlichvieler Primzahlen in ähnlich elementarer Art nachweisen, wie oben; die Folge 2, 6, 10, ..., $4n + 2$ dagegen, ebenfalls eine Folge mit der Differenz 4, enthält außer der 2 keine Primzahl, sondern lauter gerade Zahlen. Allgemein gilt der Satz bei Folgen mit irgend einer Differenz, wenn das Anfangsglied der Folge zu ihrer Differenz teilerfremd ist. Das hat Dirichlet 1837 mit den Hilfsmitteln der höheren Mathematik in einer berühmten und schwierigen Arbeit bewiesen (Abh. d. preuß. Ak. d. Wiss. S. 45—81 = Werke I, S. 307—342).

Die Bemerkung über Spengler findet man eingehend ausgeführt bei O. Toeplitz: „Mathematik und Antike", in „Die Antike" Bd. 1, S. 175—203, 1925.

Zu 2.

Die Interpretation unseres Gegenstandes an dem Schienennetz einer Straßenbahn legt die Vorstellung nahe, daß das Kurvennetz notwendig in einer Ebene gelegen sein muß. Das braucht es nicht. Auch für ein räumliches Kurvennetz gelten alle vollzogenen Schlüsse ohne weiteres. Darin wird sich der Gegenstand von Kap. 10, der eine gewisse äußerliche Ähnlichkeit mit diesem hier aufweist, grundsätzlich von ihm unterscheiden.

Zu 3.

Zu 2. Die Überlegung überträgt sich unmittelbar vom Kreise auf die Ellipse. Die Rolle des regelmäßigen Dreiecks übernimmt hier dasjenige, bei dem die Tangente in jeder Ecke der Gegenseite parallel läuft.

Zu 3. Die Vorbemerkung verdanken wir einer mündlichen Mitteilung von E. Steinitz.

Zu 4.

Der Ausspruch des Anaxagoras bei Diels: Die Fragmente der Vorsokratiker I, Nr. 46 B 3, 2. Aufl. S. 314_{16-19}, der Platons in den Gesetzen VII, $819\,d_5$—$820\,c_9$.

Der erste Beweis findet sich bei keinem griechischen Mathematiker erhalten, obgleich er seiner Art nach bei ihnen durchaus stehen könnte und möglicherweise auch gestanden hat. Der zweite steht explizite bei Euklid, Elemente X, 27, Zusatz, Heibergsche Ausgabe Bd. 3, S. 408; aber eine Andeutung bei Aristoteles in den Analytica priora $41\,a_{26}$ und $50\,a_{37}$ zeigt, daß er weit älter ist als Euklid.

Die Frage, ob die mathematische Stelle im Anfang von Platons Theätet dahin zu deuten ist, daß die Griechen zum Beweise der Irrationalität von $\sqrt{n}$ zuerst die Beweise von Typen des 1. praktizierten und später erst (Theätet) den Typus des 2. ersannen, würde hier zu weit führen.

Zu 5 und 6.

SCHWARZ, H. A.: Ges. Abh. II, S. 344—345; auch STEINER, J.: Werke II, S. 728—729; vgl. auch S. 45, Nr. 7 (= Crelle 16, 1837, S. 88), wo die Behauptung für ebene und zugleich auch für sphärische Dreiecke ausgesprochen ist, sowie S. 238, 3 aus dem Jahr 1841.

Der Beweis von FEJÉR ist noch ungedruckt und wird mit gütiger Erlaubnis des Autors hier veröffentlicht.

Die *Spitzwinkligkeit* des Grunddreiecks ist offenbar notwendig, da die Höhen nur bei einem solchen sämtlich im Innern des Dreiecks liegen. Bei einem stumpfwinkligen Dreieck wäre das Höhenfußpunktdreieck nicht im eigentlichen Sinn „einbeschrieben" (bei einem rechtwinkligen wäre es in eine Strecke ausgeartet).

Im Schwarzschen Beweis ist die Spitzwinkligkeit des Grunddreiecks dadurch zur Geltung gekommen, daß wir das Höhenfußpunktdreieck gleich als einbeschrieben vorausgesetzt und in der Spiegelungsfigur benutzt haben. Im Fejérschen Beweis kommen wir jedoch erst im Ergebnis auf das Höhenfußpunktdreieck. Die Spitzwinkligkeit kommt dadurch zur Geltung, daß der Winkel $U'A U''$ kleiner als zwei Rechte ist und daher die Schnittpunkte V, W von $U'U''$ mit $A C$ und $A B$ auf diesen Seiten selbst (und nicht auf ihren Verlängerungen) liegen. Ferner fällt der Höhenfußpunkt E wegen der Spitzwinkligkeit auf die Seite $B C$ selbst, nicht auf ihre Verlängerung.

Ein besonderer Vorzug des Fejérschen Beweises ist, daß er auch in der Nicht-Euklidischen Geometrie gültig bleibt, in der der Schwarzsche versagt, da dieser die Winkelsumme im Dreieck als $2 R$ benutzt und von der Parallelität im Euklidischen Sinne Gebrauch macht. Insbesondere gilt der Fejérsche Beweis auch für sphärische Dreiecke. Wenn man noch bedenkt, daß ein spitzwinkliges sphärisches Dreieck stets auch spitzseitig ist, so erkennt man leicht, daß der Fejérsche Beweis hier in jedem Schritt schlüssig bleibt.

Zu 8.

Die Benutzung einer noch allgemeiner definierten Verteilungszahl in der Kombinatorik geht auf VIGGO BRUN zurück (von ihm „Verteilungsfunktion" statt Verteilungszahl genannt), siehe NETTO: Lehrbuch der Kombinatorik, 2. Aufl. herausgegeben von V. BRUN und TH. SKOLEM, Kap. 14. Leipzig 1927. Auch den speziellen Fall der Verteilungsfunktion, mit dem wir uns im Text befassen, hat V. BRUN schon gesondert behandelt in seinem Aufsatz „Sur les éléments de l'analyse combinatoire", (L'Enseignement Mathématique Bd. 29 (1930) S. 231—237).

Zu 9.

1. BACHET in seiner Ausgabe des *Diophant* hat hervorgehoben, daß in einer Stelle des Diophant implizite die These von der Darstellung jeder Zahl als Summe von vier Quadraten enthalten sei. FERMAT hat in einem Briefe die Skizze eines Beweises für diese These gegeben, die EULER und LAGRANGE (Werke Bd. 3, S. 189—201. 1869) dann in der im Text angedeuteten Art bewiesen haben. Eine besonders durchsichtige Darstellung des Beweises findet man in LANDAUS „Vorlesungen über Zahlentheorie", Bd. 1, S. 107—109. Leipzig 1927.

2. WARING: Meditationes algebraicae, 3. Aufl., S. 349, Cambridge 1782, spricht nur die Vermutung aus, daß man stets mit 9 Kuben, 19 Biquadraten auskommt usf. Die Angaben über C. G. J. JACOBI findet man Werke Bd. 6, S. 322, die über WIEFERICH, Math. Ann. Bd. 66, S. 95—101 und 106—108, 1909; HILBERT, Math. Ann. Bd. 67, S. 281—300, 1909; HARDY und LITTLEWOOD, Math. Zeitschr. Bd. 23, 1925, S. 1—37.

3. J. LIOUVILLE hat den wiedergegebenen Beweis nur mündlich im Collège de France vorgetragen; veröffentlicht hat ihn LEBESGUE in den Exercices d'analyse numérique S. 113—115, 1859 (vgl. dazu P. BACHMANN,: Nied. Zahlenth. II, 1910, S. 329).

Zu 10.

Zu 1. Siehe GAUSS' Werke Bd. 8, Seite 272, 282—286. Ein Beweis dieses Satzes findet sich bei JULIU V. Sz. NAGY: Mathem. Zeitschr. Bd. 26, S. 579—592, insbesondere S. 580—581. Der Satz ist hier jedoch etwas anders formuliert und bewiesen als in unserm Text.

Zu 4. Daß eine geschlossene doppelpunktfreie Kurve ein inneres Gebiet von einem äußeren trennt, ist nicht selbstverständlich. Der Satz gilt auch nicht auf allen Flächen, z. B. nicht auf dem Torus. Der Satz muß also für die Ebene ausgesprochen werden und bedarf in solcher Form eines Beweises. Ein solcher ist zuerst von C. JORDAN gegeben worden, nach ihm von vielen andern. Man nennt den Satz nach seinem ersten Bearbeiter den Jordanschen Kurvensatz. Da auf dem Torus der Jordansche Kurvensatz nicht gilt, (s. Fig. 123), entfällt unsere ganze Argumentation für ihn. Man kann auf dem Torus in der Tat

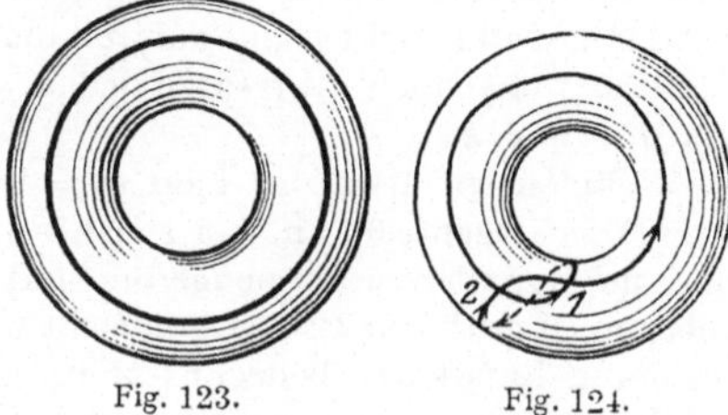

Fig. 123.   Fig. 124.

eine Kurve mit zwei Doppelpunkten und der Anordnung 1 2 1 2 angeben, wie die Fig. 124 zeigt.

Zu 5. Über alternierende Knoten siehe vor allem TAIT: Transactions of the Edinburgh Philos. Society, Bd. 28, S. 145. 1879.

Der in Fig. 39c dargestellte Knoten läßt sich übrigens durch Verzerrung ohne Zerreißung des Fadens in eine Kleeblattschlinge, also einen alternierenden Knoten, überführen. Es läßt sich aber keineswegs jeder Knoten in einen alternierenden deformieren. Neuerdings hat C. BANKWITZ ein Beispiel eines Knotens angegeben, der sich *nicht* alternierend projizieren läßt (Mathem. Ann., Bd. 103 (1930), S. 161).

Ähnliche Fragen wie in Kap. 2 und 10 werden untersucht bei J. PETERSEN: Die Theorie der regulären Graphs, Acta Mathematica Bd. 15, S. 193—220. 1891.

Zu 12b.

Zu 10. Die Eigenschaften geometrischer Gebilde, die bei Verzerrungen (aber nicht Zerreißungen) unverändert bleiben, bilden den Gegenstand einer eigenen mathematischen Disziplin, der *Analysis situs* oder *Topologie*. Unsere Untersuchungen über die regulären Polyeder sind rein topologischer Art.

In der Vorstellung des Aufblasens der regulären Polyeder zu einer Kugel liegt eine besondere topologische Voraussetzung. Man würde zu ganz anderen Resultaten kommen, wenn man statt dessen z. B. Polyeder untersuchte, die mit einer Ringfläche (s. **12a**, 5.) topologisch übereinstimmen. Dabei würde die rein topologische Bedeutung unserer Überlegungen in 7. bis 10. noch deutlicher hervortreten. Es stellt sich nämlich heraus, daß es auf einer Ringfläche *unendlich viele* im topologischen Sinne „reguläre" Landkarten gibt, von denen sich aber keine als maßgeometrisch reguläres Polyeder realisieren läßt.

Der Eulersche Polyedersatz heißt nämlich für die Ringfläche (s. **12a**, 5.)

$$(3^*) \qquad e - k + f = 0 .$$

Mit Hilfe der selbstverständlich auch hier gültigen Gleichungen (4) und (5) erhält man hier statt (6)

$$(6^*) \qquad f\,(2\,\varphi + 2\,\varepsilon - \varphi\,\varepsilon) = 0$$

also, da $f \neq 0$ ist,

$$(7^*) \qquad 2\,\varphi + 2\,\varepsilon - \varphi\,\varepsilon = 0$$

oder

$$(9^*) \qquad (\varphi - 2)\,(\varepsilon - 2) = 4 .$$

Statt der Ungleichung (9) tritt hier also eine *Gleichung* auf. Die Zerlegung von 4 in zwei Faktoren liefert folgende Möglichkeiten für $(\varphi - 2)(\varepsilon - 2)$:

$$1\cdot4,\ 2\cdot2,\ 4\cdot1.$$

Also für φ und ε die Tabelle

φ	3	4	6
ε	6	4	3

Diese Werte erfüllen (9*) und daher (7*). Dann ist aber (6*) für *jede* Zahl f erfüllt, da $f\cdot0 = 0$ stets richtig ist. Daher kann man in dem vorliegenden Falle aus den Werten φ und ε nicht f und damit e und k berechnen.

Und tatsächlich gibt es zu jedem der drei Paare φ, ε *unendlich viele* Werte von f, e und k.

Nehmen wir etwa das Paar $\varphi = 4$, $\varepsilon = 4$ und ordnen $a\cdot b$ Quadrate ($a > 1$, $b > 1$) im Rechteck an, bei sonst beliebigen a, b. Dieses Rechteck denken wir uns zum Zylinder zusammengerollt und diesen Zylinder zur Ringfläche zusammengebogen (Fig. 125 bis 127). Dann sieht man in der Tat, daß die Ringfläche mit einer regulären Landkarte bedeckt ist: in jeder Ecke stoßen $\varepsilon = 4$ Länder zusammen

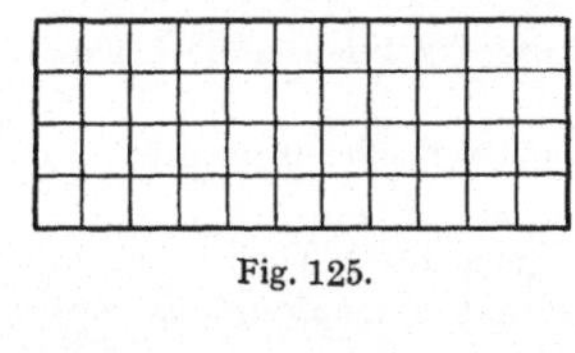

Fig. 125.

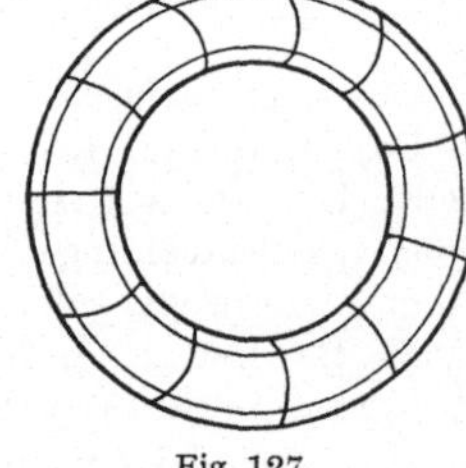

Fig. 126.   Fig. 127.

und jedes Land hat $\varphi = 4$ Grenzen. Wir haben hier $f = a\cdot b$ und, wie man sich leicht überlegt, $e = a\cdot b$, $k = 2\,ab$ und können dies für alle $a > 1$, $b > 1$ erreichen, also für unendlich viele f, e, k. Es gibt also im topologischen Sinne unendlich viele reguläre Polyeder vom Ringtypus.

(Etwas schwerer zu übersehen sind die regulären Landkarten auf der Ringfläche, die zu dem Wertepaar $\varphi = 6$, $\varepsilon = 3$ gehören. Darunter kommt der Fall $f = 7$, $e = 14$, $k = 21$ vor, der in Kap. **12a**, 5. im Zusammenhang mit dem Färbungsproblem für die Ringfläche erwähnt wurde.)

Im *maßgeometrischen* Sinne *regulär* läßt sich keines dieser Polyeder realisieren. Denn zu $\varphi = 4$, $\varepsilon = 4$ müßten die viereckigen Seitenflächen dann Quadrate sein. Je vier Quadrate um einen Punkt liegen aber *eben* und bilden gar keine körperliche Ecke. So würde man durch das Aneinanderfügen noch so vieler Quadrate nie die Oberfläche eines Körpers bekommen, sondern die Ebene fortschreitend weiter bedecken. (Ganz ebenso bei $\varphi = 6$, $\varepsilon = 3$: denn drei regelmäßige Sechsecke um einen Punkt herum liegen gleichfalls eben. Gleichfalls bei $\varphi = 3$, $\varepsilon = 6$: sechs gleichseitige Dreiecke um einen Punkt liegen eben und bilden keine Ecke.)

Zusammenfassend bemerken wir also: es ist *erstens* eine Besonderheit der Polyeder von der Art der Kugel, daß es unter ihnen nur *fünf* topologisch reguläre Typen gibt, während es *unendlich viele* topologisch reguläre Polyeder von der Art der Ringfläche gibt.

Zweitens: Topologische Regularität braucht nicht als maßgeometrische Regularität realisierbar zu sein. Für die ringförmigen Polyeder ist sie es nicht. Wenn man die fünf regulären Polyeder von der Art der Kugel doch als maßgeometrisch reguläre konstruieren kann, so nur auf Grund besonderer weiterer Eigenschaften, die mit Methoden der Maßgeometrie zu studieren sind.

Zu 14.

In seiner Abhandlung „Über die kleinste Kugel, die eine räumliche Figur einschließt" (Crelles Journal Bd. **123** (1901), S. 241—257), untersucht H. W. E. Jung das analoge Problem in n Dimensionen und findet als kleinsten stets zulässigen Radius r einer n-dimensionalen Pferchkugel für einen n-dimensionalen Punkt-haufen der Spannung d

$$r = d \sqrt{\frac{n}{2(n+1)}},$$

woraus das Ergebnis des Textes für $n = 2$ hervorgeht.

Zu 16.

Literatur: GABRIEL KŒNIGS: Leçons de Cinématique, Paris 1897, S. 273 bis 285, wo man noch weitere Geradführungen, aber weniger einfacher Art, findet.

Zu 18b.

STEINER, J.: Werke Bd. II, S. 193—195. Eine Ergänzung dieses Beweises in der am Schluß angedeuteten Richtung bei C. CARATHÉODORY und E. STUDY: Math. Ann. Bd. 68, S. 133—140; ein anderes Verfahren zum vollen Beweise bei EDLER: Göttinger Nachrichten 1882, S. 73.

Eine Bemerkung im Kommentar des SIMPLIKIOS zu ARISTOTELES De coelo, Berl. Ak. Ausg. VII, S. 412_{13} besagt, daß ARCHIMEDES und ZENODORUS bewiesen haben und schon vor ARISTOTELES bekannt gewesen sei, daß von den ebenen Figuren der Kreis, von den Körpern die Kugel bei gleichem Umfang den größten Inhalt hat.

Zu 19.

Zu diesem Artikel vergleiche insbesondere das Büchlein von A. LEMAN: Vom periodischen Dezimalbruch zur Zahlentheorie (B. G. Teubners Mathematisch-physikalische Bibliothek Nr. 19). GAUSS hat in seinen Disquisitiones arithmeticae, Artikel 312—318, die periodischen Dezimalbrüche behandelt, doch setzt er dort sehr viel aus der Zahlentheorie, die er in den vorangehenden Abschnitten dieses Werkes entwickelt hat, voraus. Die Disquisitiones arithmeticae sind in deut-scher Übersetzung erschienen: C. F. GAUSS: Untersuchungen über die höhere Arithmetik, deutsch herausgegeben von H. MASER (Berlin: Julius Springer 1889).

Zu 4. Die Anzahl $\varphi(n)$ ist von n abhängig und wird in der Zahlentheorie als die Eulersche Funktion bezeichnet. Man könnte $\varphi(n)$ offenbar auch definieren als die Anzahl der gekürzten echten Brüche mit dem Nenner n.

Zu 8. Sind $p, q, r, \ldots$, die *verschiedenen* in n aufgehenden Primzahlen, so ist allgemein

$$\varphi(n) = n \cdot \frac{p-1}{p} \cdot \frac{q-1}{q} \cdot \frac{r-1}{r} \cdots.$$

Für diese Formel findet man Beweise in jedem Lehrbuch der elementaren Zahlen-theorie, z. B. DIRICHLET-DEDEKIND: Vorlesungen über Zahlentheorie, Braunschweig 1894, § 11, oder E. LANDAU: Vorlesungen über Zahlentheorie, Bd. I, Kap. 4. Leipzig 1927.

Zu 20b.

Zu 6. Die Voraussetzung der Konvexität einer Kurve konstanter Breite ist strenggenommen überflüssig. Man kann nämlich beweisen, daß jede Jordansche Kurve (S. 169) konstanter Breite konvex sein muß, doch überschreitet dieser Be-weis vor allem wegen der Schwierigkeiten der topologischen Charakterisierung einer Jordanschen Kurve die Hilfsmittel dieses Buches.

Zu 7. Die im Satz IV ausgesprochene Eigenschaft einer Kurve konstanter Breite gilt auch für alle konvexen Kurven und läßt sich für diese direkt beweisen. Doch werden zu diesem Beweise, den man auch am besten in analytischer Formu-lierung durchführt, Grenzübergänge benutzt, die sich nicht so einfach geometrisch auffassen lassen, wie das in unserm Beweis benutzte konzentrische Zusammen-ziehen eines Kreises bis zur Berührung mit der Kurve.

Zu dem gesamten Kapitel: Den elementar zugänglichen Teil der Theorie der Kurven konstanter Breite haben wir in unsern Erörterungen wohl vollständig gegeben. Über schwierigere Fragen gibt es noch eine etwas zerstreute Literatur. Für die Kenner der Differential- und Integralrechnung werde hier vor allem auf das Buch von W. Blaschke „Kreis und Kugel" (Leipzig 1916) hingewiesen.

Zu 21.

Zu 1. Lorenzo Mascheroni (1750—1800) berichtet in dem Vorwort seines Buches „La geometria del compasso" (Pavia 1797), daß er sich mit Konstruktionen mit dem Zirkel allein zunächst vor allem praktischer Zwecke wegen beschäftigt habe. Aus verschiedenen Gründen sind Konstruktionen mit dem Zirkel viel genauer als solche mit dem Lineal, eine Tatsache, von der die Astronomen, wie Mascheroni wußte, bei den genauen Teilungen der Teilkreise ihrer Instrumente Gebrauch machen. Bei der eingehenden Beschäftigung mit den Zirkelkonstruktionen fand Mascheroni dann, daß er alle Euklidischen Aufgaben mit dem Zirkel allein lösen konnte. — Seinem Buch stellt Mascheroni eine Widmungsstrophe an Napoleon voran, die den Befreier Oberitaliens preist. Napoleon seinerseits hat nach seiner Rückkehr aus Italien die französischen Akademiker in einem Gespräch (10. Dezember 1797) auf die in Frankreich noch unbekannte Geometria del compasso aufmerksam gemacht. In der französischen Übersetzung (Géométrie du Compas, 2. éd., Paris 1828) wird dieser Hergang folgendermaßen geschildert:

„Lagrange et Laplace faisaient partie de la réunion, et dans une conversation que Bonaparte eut avec ces illustres géomètres, et particulièrement avec Laplace, il leur fit connaître la Géométrie du Compas, ouvrage alors tout nouveau et inconnu en France, en leur donnant la solution de quelques-uns des problèmes qui se trouvent dans cette production originale. Après avoir écouté Bonaparte avec attention, Laplace, qui avait été son professeur de Mathématiques à l'école de Brienne, lui dit en présence de tous les savans réunis autour d'eux: ‚Nous attendions tout de vous, général, excepté des leçons de Mathématiques.'"

Von 1797 an war Mascheroni Mitglied der internationalen Meterkommission in Paris.

Von dem dänischen Mathematiker Georg Mohr (geb. 1640 zu Kopenhagen, gest. 1697 zu Kieslingswalde bei Görlitz, wo er als Gast seines Freundes, des Mathematikers Walter v. Tschirnhaus, seine zwei letzten Lebensjahre verbracht hat) kennt man nur sein jetzt erst wieder aufgefundenes Werk „Euclides Danicus" (Amsterdam 1672), dessen erster Teil der erwähnten Aufgabe gewidmet ist. Dieses Buch ist jetzt von der Kgl. Dänischen Gesellschaft der Wissenschaften neu herausgegeben und mit einer deutschen Übersetzung von Julius Pál versehen worden (København 1928).

Jacob Steiner (1796—1863), Schweizer von Geburt, hat vor allem in Berlin gewirkt, wo er zunächst durch die Brüder Wilhelm und Alexander v. Humboldt gefördert wurde, und wo er von 1834 an Professor an der Universität und Mitglied der Akademie der Wissenschaften war. Die oben erwähnte Aufgabe behandelt er in seiner Schrift „Die geometrischen Konstructionen, ausgeführt mittelst der geraden Linie und eines festen Kreises, als Lehrgegenstand auf höheren Unterrichts-Anstalten und zur praktischen Benutzung" (Berlin 1833), neu gedruckt in Ostwalds Klassikern der exakten Wissenschaften Nr. 60.

Die Frage der Auffindbarkeit eines Kreismittelpunktes mit Hilfe des Lineals allein geht ebenso wie die Methode der Lösung auf David Hilbert zurück. Ausgeführt wurden diese Gedanken zuerst in einer Arbeit seines Schülers Detlef Cauer: „Über die Konstruktion des Mittelpunktes eines Kreises mit dem Lineal allein", Math. Ann., Bd. 73, S. 90—94, 1912 und Bd. 74, S. 462—464, 1913.

Zu 6. und 7. Wir haben nur die beiden Fälle sich *nicht* schneidender Kreise behandelt. Bei Versuchen, zu zwei sich schneidenden Kreisen auch eine Abbildung mittels Zentralprojektion zu suchen, wird man nicht zum Ziel kommen. Eine solche Abbildung würde ja wieder die Unmöglichkeit der Konstruktion der Kreismittelpunkte mit dem Lineal allein beweisen, während man, wie am Schlusse von 1. erwähnt, im Falle zweier sich schneidenden Kreise diese Konstruktion wirklich ausführen kann. Die Fig. 128 zeigt zunächst, wie man, von zwei parallelen Sehnen AA' und CC' ausgehend, einen Durchmesser finden kann: die Gerade DD' geht aus Symmetriegründen durch den Mittelpunkt. Durch ein zweites Paar von parallelen Sehnen wird man also einen zweiten Durchmesser finden können, der den ersten im gesuchten Mittelpunkte schneidet. Es handelt sich nun nur noch darum, mit dem Lineal allein zwei parallele Kreissehnen zu konstruieren. Eine

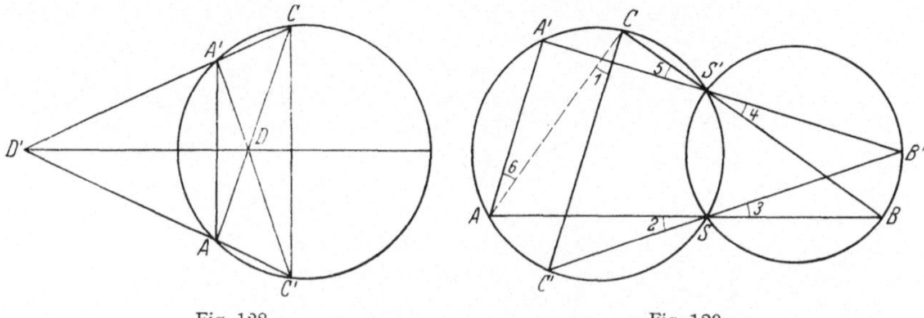

<table>
<tr><td>Fig. 128.</td><td>Fig. 129.</td></tr>
</table>

solche, recht einfache Konstruktion zeigt in unserem Falle die Fig. 129. Die Sehne AA' sei beliebig in dem einen der beiden Kreise gezeichnet. Man ziehe, in A beginnend, die Geraden ASB und $BS'C$ und entsprechend, in A' beginnend, die Geraden $A'S'B'$ und $B'SC'$. Die so gefundenen Punkte C und C' sind die Endpunkte der zu AA' parallelen Sehne CC'. Die Parallelität erkennt man sofort, indem man die in der Figur mit 1 bis 6 bezeichneten Winkel verfolgt, von denen der Reihe nach je zwei aufeinanderfolgende einander gleich sind, teils als Peripheriewinkel über demselben Bogen, teils als Scheitelwinkel. Daher sind auch die Winkel 1 und 6 einander gleich. Als Wechselwinkel an der Geraden AC erweisen sie dann die Parallelität von AA' und CC'.

Eine lineare Konstruktion der Mittelpunkte von drei sich nicht schneidenden Kreisen wollen wir hier nicht angeben. Sie ist umständlicher und setzt zu ihrem Verständnis die Kenntnis schwierigerer geometrischer Theorien voraus. Man kann eine solche Konstruktion bei CAUER a. a. O. nachsehen.

Zu dem *Nachtrag* bemerken wir noch, daß wir einen aus der Schulbuchliteratur bekannten kürzeren, aber mehr rechnerischen Beweis (z. B. BEHRENDSEN-GÖTTING: Lehrbuch der Mathematik, Oberstufe BI, S. 115 und 116, Leipzig 1926), absichtlich nicht gewählt haben, da er den Kern der Sache, nämlich die Symmetriebeziehungen am schiefen Kreiskegel, nicht deutlich genug hervortreten läßt.

Zu 22.

Die Arbeit von BONSE findet sich im Archiv d. Math. u. Phys. (3) Bd. 12, S. 292—295, 1907. Vgl. auch R. REMAK, ebenda (3) Bd. 15. S. 186—193, 1908. — In Wahrheit weiß man heute sehr viel mehr als die Aussage, daß $p_{n+1} < 2 p_n$ ist, immerhin noch nicht genug, um entscheiden zu können, ob zwischen je zwei aufeinanderfolgenden Quadratzahlen, also z. B. zwischen 100 und 121, zwischen 121 und 144 usf. stets mindestens je eine Primzahl liegen muß.

Anschauliche Geometrie. Von Geh.-Rat Prof. Dr. **David Hilbert,** Göttingen, und Dr. **Stefan Cohn-Vossen,** Köln. („Grundlehren der mathematischen Wissenschaften", Band XXXVII.) Mit 330 Abbildungen. VIII, 310 Seiten. 1932. RM 24.—; gebunden RM 25.80

„Das Buch soll dazu dienen, die Freude an der Mathematik zu mehren, indem es dem Leser erleichtert, in das Wesen der Mathematik einzudringen, ohne sich einem beschwerlichen Studium zu unterziehen. Der Leser soll gleichsam in dem großen Garten der Geometrie spazieren geführt werden, und jeder soll sich einen Strauß pflücken, wie er ihm gefällt", so heißt es im Vorwort. — An Hand von 330 vorzüglichen Abbildungen wird nun der überaus reiche Stoff vor dem Leser ausgebreitet. Es ist eine Lust, in dem Garten zu wandeln und von so sachkundiger Hand geführt zu werden. *„Zentralblatt für Mathematik"*

Elementarmathematik vom höheren Standpunkte aus. Von **Felix Klein.**

Erster Band: **Arithmetik — Algebra — Analysis.** Ausgearbeitet von E. Hellinger. Für den Druck fertig gemacht und mit Zusätzen versehen von Fr. Seyfarth. Vierte Auflage. Mit 125 Abbildungen. Etwa 330 Seiten. Erscheint im März 1933

*Zweiter Band: **Geometrie.** Ausgearbeitet von E. Hellinger. Für den Druck fertig gemacht und mit Zusätzen versehen von Fr. Seyfarth. Dritte Auflage. Mit 157 Abbildungen. XII, 302 Seiten. 1925.
RM 15.—; gebunden RM 16.50

*Dritter Band: **Präzisions- und Approximationsmathematik.** Ausgearbeitet von C. H. Müller. Für den Druck fertig gemacht und mit Zusätzen versehen von Fr. Seyfarth. Dritte Auflage. Mit 156 Abbildungen. X, 238 Seiten. 1928. RM 13.50; gebunden RM 15.—

(„Grundlehren der mathematischen Wissenschaften", Band XIV, XV und XVI.)

*** Vorlesungen über die Entwicklung der Mathematik im 19. Jahrhundert.** Von **Felix Klein.**

Teil I: Für den Druck bearbeitet von R. Courant und O. Neugebauer. Mit 48 Figuren. XIV, 386 Seiten. 1926. RM 21.—; gebunden RM 22.50

Teil II: **Die Grundbegriffe der Invariantentheorie und ihr Eindringen in die mathematische Physik.** Für den Druck bearbeitet von R. Courant und St. Cohn-Vossen. Mit 7 Figuren. X, 208 Seiten. 1927. RM 12.—; gebunden RM 13.50

(„Grundlehren der mathematischen Wissenschaften", Band XXIV und XXV.)

*** Die mathematische Methode.** Logisch-erkenntnistheoretische Untersuchungen im Gebiete der Mathematik, Mechanik und Physik. Von **Otto Hölder,** o. Professor an der Universität Leipzig. Mit 235 Abbildungen. X, 563 Seiten. 1924. RM 26.40

*** Allgemeine Erkenntnislehre.** Von **Moritz Schlick.** Zweite Auflage. („Naturwissenschaftliche Monographien und Lehrbücher", Band I.) IX, 375 Seiten. 1925. RM 18.—

Auf die Preise der vor dem 1. Juli 1931 erschienenen Bücher wird ein Notnachlaß von 10 %\/₀ gewährt.

Die Relativitätstheorie. Von Dr. **Ludwig Hopf,** Professor an der Technischen Hochschule Aachen. („Verständliche Wissenschaft", Band XIV.) Mit 30 Abbildungen. VIII, 148 Seiten. 1931.   Gebunden RM 4.80

---

* **Technisches Denken und Schaffen.** Eine leichtverständliche Einführung in die Technik von Dipl.-Ing. **Georg Hanffstengel,** a. o. Professor an der Technischen Hochschule zu Berlin. Vierte, neubearbeitete Auflage. Mit 175 Textabbildungen. XII, 228 Seiten. 1927.
Gebunden RM 6.90

Wahrscheinlichkeit, Statistik und Wahrheit. Von **Richard v. Mises,** Professor an der Universität Berlin. („Schriften zur wissenschaftlichen Weltauffassung", Band 3.) VII, 189 Seiten. 1928.
RM 9.60

Atomtheorie und Naturbeschreibung. Vier Aufsätze mit einer einleitenden Übersicht. Von **Niels Bohr.** IV, 77 Seiten. 1931.   RM 5.60

---

* **Das Atom und die Bohrsche Theorie seines Baues.** Gemeinverständlich dargestellt von **H. A. Kramers,** Dozent am Institut für Theoretische Physik der Universität Kopenhagen, und **Helge Holst,** Bibliothekar an der Königlichen Technischen Hochschule Kopenhagen. Deutsch von F. Arndt, Professor an der Universität Breslau. Mit 35 Abbildungen, 1 Bildnis und einer farbigen Tafel. VII, 192 Seiten. 1925.
RM 7.50; gebunden RM 8.70

---

* **Sterne und Atome.** Von **A. S. Eddington,** Plumian Professor der Astronomie an der Universität Cambridge. Ins Deutsche übertragen und mit der dritten englischen Auflage in Übereinstimmung gebracht von Dr. O. F. Bollnow, Göttingen. Zweite Auflage. Mit 11 Abbildungen. V, 125 Seiten. 1931.   RM 5.60; gebunden RM 6.90

---

* **Die Wunder des Weltalls.** Eine leichte Einführung in das Studium der Himmelserscheinungen. Von **Clarence Augustus Chant,** Professor für Astrophysik an der Universität Toronto (Canada). Ins Deutsche übertragen von Dr. W. Kruse, Bergedorf. („Verständliche Wissenschaft", Band IX.) Mit 138 Abbildungen. VIII, 184 Seiten. 1929.
Gebunden RM 5.80

Lehrbuch der Astronomie. Von Professor Dr. **Elis Strömgren** und Dr. **Bengt Strömgren,** Kopenhagen. Mit 186 Abbildungen im Text. VIII, 555 Seiten. 1933.   RM 30.—; gebunden RM 32.—

** Auf die Preise der vor dem 1. Juli 1931 erschienenen Bücher des Verlages Julius Springer-Berlin wird ein Notnachlaß von 10% gewährt.*